建设工程管理系列规划教材

建筑工程估价

第 3 版

主　编　许程洁
副主编　张　红　战　松
参　编　黄昌铁　李淑红　王炳霞　张艳梅
主　审　刘长滨

机械工业出版社

本书是在第 2 版的基础上，根据《建设工程工程量清单计价规范》（GB 50500—2013）、《建筑安装工程费用项目组成》（建标［2013］44号），《建设工程施工合同（示范文本）》（GF—2013—0201）和部分省、市颁布实施的工程造价相关定额及其文件中的有关规定、规则和规程修订而成的。

本书系统地介绍了建筑工程估价、建筑工程造价计价依据等基本概念，以及建设工程费用构成，投资估算、设计概算、施工图预算、工程结算、竣工决算等建设工程造价文件的编制，建设项目承发包合同价格，房屋建筑工程及装饰工程工程量计算，措施项目工程量计算等内容。

本书主要作为高等院校土木工程类、工程管理类、工程造价类等专业的本科教材或学习参考书，也可作为建筑设计、施工、造价管理、监理、咨询以及财政、金融、审计等部门从事工程造价、经济核算和工程招标投标的工作人员的学习参考书或培训教材。

本书配套编制了辅助教学课件，有需要的教师可通过 http：//www.cmpedu.com（机械工业出版社教育服务网）注册后免费下载使用。

图书在版编目（CIP）数据

建筑工程估价/许程洁主编. —3 版. —北京：机械工业出版社，2014.12（2022.6 重印）

（建设工程管理系列规划教材）

ISBN 978-7-111-48574-2

Ⅰ.①建… Ⅱ.①许… Ⅲ.①建筑工程—工程造价—估价
Ⅳ.①TU723.3

中国版本图书馆 CIP 数据核字（2014）第 260906 号

机械工业出版社（北京市百万庄大街 22 号　邮政编码 100037）
策划编辑：冷　彬　责任编辑：冷　彬　版式设计：霍永明
责任校对：张　薇　封面设计：马精明　责任印制：李　洋
北京雁林吉兆印刷有限公司印刷
2022 年 6 月第 3 版第 3 次印刷
184mm×260mm·15 印张·368 千字
标准书号：ISBN 978-7-111-48574-2
定价：32.00 元

电话服务		网络服务	
客服电话：010-88361066		机　工　官　网：www.cmpbook.com	
010-88379833		机　工　官　博：weibo.com/cmp1952	
010-68326294		金　书　网：www.golden-book.com	
封底无防伪标均为盗版		机工教育服务网：www.cmpedu.com	

第3版前言

本书第2版出版以来，被国内多所高等院校的土木工程、工程管理、工程造价等专业的师生选用，收到了很好的效果，取得了一定的社会效益，充分满足了高等院校的教学需求和社会需求。

为了提高教学效果和教学质量，满足高等院校教学改革和对学生培养目标的需要，使学生掌握建筑工程造价的最新动态和新的管理模式，此次对第2版进行了修订。通过本次修订，本书更加注重理论与工程实际相结合，并将国家和主管部门最新颁布实施的有关定额及文件中的一些规定、规则、规程等，如《建设工程工程量清单计价规范》（GB 50500—2013）、《建筑工程建筑面积计算规范》（GB/T 50353—2013）、《建筑安装工程费用项目组成》（建标〔2013〕44号文），《建设工程施工合同（示范文体）》（GF—2013—0201）等纳入相应章节，以体现本书的时效性和可操作性。

本书系统地介绍了建筑工程估价、建筑工程造价计价依据等基本概念，以及建设工程费用构成，投资估算、设计概算、施工图预算、工程结算、竣工决算等建设工程造价文件的编制，建设项目承发包合同价格，房屋建筑工程工程量计算，装饰工程工程量计算，措施项目工程量计算等内容。

本书由哈尔滨工业大学许程洁任主编，哈尔滨工业大学张红、沈阳建筑大学战松任副主编，北京建筑大学刘长滨教授担任主审。具体的编写分工为：

战　松　沈阳建筑大学　　　编写第1章、第4章第1节
许程洁　哈尔滨工业大学　　编写第2章、第4章第2节、第6章第2节
王炳霞　北京建筑大学　　　编写第3章1~4节
张　红　哈尔滨工业大学　　编写第4章第3节、第6章第5、6节、第7章、第9章
李淑红　东北林业大学　　　编写第5章、第8章
黄昌铁　沈阳建筑大学　　　编写第6章第1、3、4节
张艳梅　哈尔滨工业大学　　编写第3章第5节

由于编写时间和水平所限，本书难免存在不足之处，恳请广大读者批评指正。

编　者

目 录

第1章 概　　论

1.1　工程估价

1.1.1　工程估价的概念

在工程项目建设中，经常使用的价格术语有工程造价、工程估价及工程定价等。

工程造价是指建设项目从筹建到竣工验收所花费的全部费用的总和，或指建设一项工程预期开支或实际开支的全部固定资产投资费用。工程项目的建设，无论是国外还是国内，都需要经过以下几个阶段：可行性研究阶段、设计阶段、招标投标阶段、施工阶段、竣工验收阶段等。在工程项目建设的整个过程中，每个阶段都必须计算工程造价，它是一个由粗到细、由估算到确定的过程。从项目的可行性研究、设计到承包商的投标报价为止，属于工程造价的估算阶段，而且各阶段的估算精度是不同的，这就是工程估价。从业主接受承包商的报价、签订合同、项目施工开始到竣工验收为止，这个过程属于工程造价的确定阶段，这称为工程定价。

由此可以看出，工程造价的计算可分为两个阶段：工程估价和工程定价。估价阶段对工程造价计算的精确度是不同的，因此，在估算阶段的各个不同时期，需要对估价进行修正。

1.1.2　工程估价的程序

在工程建设中，承包商必须履行招标投标的程序才可能最终承揽到工程。工程的投标报价是承包商投标工作中的重要环节。一般情况下，工程估价的程序主要有以下几个阶段。

1. 工程估价的准备工作

在工程投标报价之前，工程估价是很重要的一环，为此估价师必须做好工程估价的各项准备工作。主要内容包括：招标文件的分析研究；工程项目情况调查；工程相关方面的询价等。

2. 工程量的计算及复核

在计算和复核工程量时，要严格按照相应工程量计算规则的有关规定进行。作为承包商的估价师，要认真复核工程量清单中所列的工程量，以便在安排人力、材料和机具设备时能有合适的施工进度计划。如果工程量不准确，则会对承包商的估价产生很大的影响。

3. 基础单价的计算

在国内工程估价中，人工工日单价、材料单价、机具台班单价的计算应参照相关的规定执行。

4. 人工费、材料费、施工机具使用费的计算

在确定了人工单价、材料单价、机具台班单价后，就可以根据人、材、机的消耗进行人工费、材料费、施工机具使用费的计算。

5. 其他费用的计算

人工费、材料费、施工机具使用费计算完毕后，按照国家规定的取费程序，计算分部分

项工程费、措施项目费、其他项目费、规费和税金等。

6. 综合单价的计算

以人工费、材料费、施工机具使用费、企业管理费、利润，以及一定范围的风险费用为依据，计算各项工作的综合单价。

7. 进行工、料、机分析和估价构成分析

以工程量为基础，以相应的计价定额为依据，对各项工作的人工、材料、机具台班耗用量进行分析。同时，估价师应将估价各组成部分及其数额、估价的总额列表进行分析。其目的有两个：一是判断估价各组成部分的计算是否有误，所占比例是否合理；二是为报价决策提供依据。

1.1.3　工程估价的计价特征

工程造价的特点，决定了工程造价的计价特征。了解这些特征，对工程造价的确定与控制是非常必要的，它也涉及与工程造价相关的一些概念。

1. 单价性计价特征

建筑产品的个体差别性决定了每项工程都必须单独计算造价。

2. 多次性计价特征

建设工程周期长、规模大、造价高，因此按建设程序要分阶段进行，相应地也要在不同阶段多次性计价，以保证工程造价确定与控制的科学性。多次性计价是个逐步深化、逐步细化和逐步接近实际造价的过程，如图 1-1 所示。

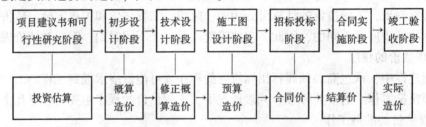

图 1-1　工程多次性计价示意图

图 1-1 中的连线表示对应关系，箭头表示多次性计价流程及逐步深化的过程。此图说明了多次性计价是一个由粗到细、由浅入深、由概略到精确的计价过程，也是一个复杂而重要的管理系统。

3. 组合性特征

工程造价的计算是分部组合而成的。这一特征和建设项目的组合性有关。一个建设项目是一个工程综合体。它可以分解成许多有内在联系的独立和不能独立的工程，如图 1-2 所示。从计价和工程管理的角度，分部分项工程还可以分解。由图 1-2 可以看出，建设项目的这种组合性决定了计价的过程是一个逐步组合的过程。这一特征在计算概算造价和预算造价时尤为明显，同时也反映到合同价和结算价。建设项目组合性计价的计算过程和计算顺序是：分部分项工程单价→单位工程造价→单项工程造价上→建设项目总造价。

4. 计价方法的多样性特征

适应多次性计价有各不相同的计价依据，以及对造价的不同精确度要求，计价方法有多样性特征。计算和确定概预算造价有两种基本方法，即单价法和实物法。计算和确定投资估算的方法有设备系数法、生产能力指数估算法等。不同的方法利弊不同，适应条件也不同，所以计价时要加以选择。

5. 依据的复杂性特征

影响造价的因素多、计价依据复杂、种类繁多，主要可分为以下几类：

1）计算设备和工程量的依据，包括项目建议书、可行性研究报告、设计文件等。

2）计算人工、材料、机械等实物消耗量的依据，包括投资估算指标、概算定额、计价定额等。

3）计算工程单价的价格依据，包括人工单价、材料价格、机具台班价格等。

4）计算设备单价的依据，包括设备原价、设备运杂费、进口设备关税等。

5）计算分部分项工程费、措施项目费、其他项目费和工程建设其他费用的依据，主要是相关的费用定额和指标。

6）政府规定的税、费等。

7）物价指数和工程造价指数。

依据的复杂性不仅使计算过程复杂，而且要求计价人员熟悉各类依据，并加以正确利用。

1.2 工程项目划分

工程项目一般可以按照建设项目、单项工程、单位工程三级标准进行划分；也可以按照五级标准进行划分，即前述标准的三项内容再加上分部工程和分项工程构成，如图1-2所示。

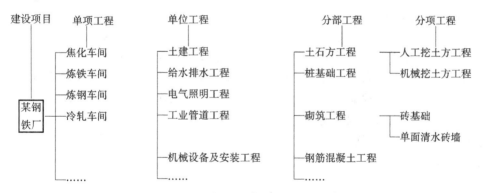

图1-2 建设项目划分示意图

1.2.1 建设项目

建设项目又称建设单位。一般是指具有一个设计任务书，按一个总体设计进行施工，经济上实行独立核算，行政上有独立组织形式的建设单位。在工业建设中，一般是以一座工厂为一个建设项目，如一个钢铁厂、汽车厂、机械制造厂等；在民用建设中，一般是以一个事业单位，如一所学校、一所医院等为一个建设项目；在交通运输建设中，是以一条铁路或公路等为一个建设项目。

1.2.2 单项工程

单项工程又称工程项目，是建设项目的组成部分。一个建设项目可以是一个单项工程，也可能包括几个单项工程。单项工程是具有独立的设计文件，建成后可以独立发挥生产能力或效益的工程。生产性建设项目的单项工程，一般是指能独立生产的车间。它包括厂房建筑，设备的安装及设备、工具、器具、仪器的购置等。非生产性建设项目的单项工程是指办公楼、教学楼、图书馆、食堂、宿舍等。

1.2.3 单位工程

单位工程是单项工程的组成部分，一般是指不能独立发挥生产能力，但具有独立施工条件的工程。如车间的厂房建筑是一个单位工程，车间的设备安装又是一个单位工程。此外，还有电气照明工程（包括室内外照明设备安装、线路敷设、变电与配电设备的安装工程等），特殊构筑物工程（如各种大型设备基础、烟囱、桥涵等）、工业管道工程等。

1.2.4 分部工程

分部工程是单位工程的组成部分，一般是按单位工程的各个部位划分的。如房屋建筑工程可划分为基础工程、主体工程、屋面工程等。分部工程也可以按照工程的工种来划分，如土石方工程、钢筋混凝土工程、装饰工程等。

1.2.5 分项工程

分项工程是分部工程的组成部分。如钢筋混凝土工程可划分为模板、钢筋、混凝土等分项工程；一般墙基工程可划分为开挖基槽、垫层、基础灌注混凝土（或砌石、砌砖）、防潮等分项工程。

1.3 工程建设程序

1.3.1 工程建设程序的概念

工程建设程序是工程建设活动过程中必须遵循的前后次序关系。工程建设是一种综合性的经济活动，它涉及纵横交错、内外配合的许多方面，需要进行大量的工作，其中有些工作是前后衔接的，有些工作是左右配合的，而有些工作又是交叉渗透的。在工程建设活动过程中，这些工作既不允许混淆或遗漏，又不允许颠倒或跳跃。人们通过大量工程建设实践发现了这个规律，并把它总结出来，就形成了工程建设程序。

1.3.2 工程建设程序的内容及其关系

工程建设程序包括工程项目从决策、设计、施工到竣工验收的全过程，内容很多，大体分为四个阶段。

第一阶段，工程项目论证阶段，包括编制项目建议书、可行性研究、选择建设地点三个步骤。

第二阶段，工程项目设计阶段，指工程项目的初步设计、技术设计、施工图设计等编制设计文件的步骤。

第三阶段，工程项目施工阶段，包括列入工程年度建设计划、建设准备、组织施工和生产准备四个步骤。

第四阶段，工程项目验收阶段，指对按设计文件内容建成的工程项目进行竣工验收、交付使用的步骤。工程建设程序的内容及其关系如图1-3所示。

1. 工程项目论证阶段

（1）编制项目建议书

通常，有了项目投资意向后，先进行项目策划，然后按项目隶属关系编制项目建议书。项目建议书是要求建设某一具体项目的建设文件，是工程建设程序中最初阶段的工作，是投资决策前对拟建项目的轮廓设想。它主要从宏观上来考察项目建设的必要性。因此，项目建议书论证的重点放在项目是否符合国家宏观经济政策，是否符合产业政策和产品结构要求，是否符合生产布局要求等方面，从而减少盲目建设和不必要的重复建设。项目建议书的主要作用是国家选择建设项目的依据。当项目建设书批准后即可立项，进行可行性研究。

项目建议书的内容主要有：项目提出的依据和必要性；拟建规模和建设地点的初步设想；资源情况、建设条件、协作关系、引进国别和厂商等方面的初步分析；投资估算和资金筹措设想；项目的进度安排；经济效果和社会效益的分析与初步估价。

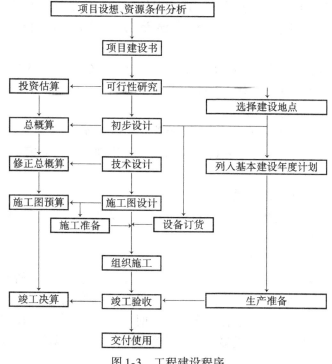

图 1-3 工程建设程序

（2）可行性研究

可行性研究就是为了取得最佳经济效果，对建设项目的技术先进性和经济合理性进行全面系统的分析和科学的论证，以使决策者作出投资决策的一种方法。

通过对建设项目的可行性研究，可以从技术和经济两个方面对建设项目进行尽可能详尽系统的研究和分析，并对建设项目投产后的经济效果进行预测，从而可以判断该建设项目是"可行"还是"不可行"。

可行性研究的目的，就是避免工程建设中的盲目性和风险性，避免社会劳动的浪费，提高工程建设投资的经济效果，保证投资决策的正确合理。

可行性研究的步骤有四个：投资机会研究、初步可行性研究、详细可行性研究、评价和决策阶段。

1）投资机会研究。投资机会研究就是用粗略的估计和对现有项目的比较，对各种设想项目和投资机会作出鉴定，确定有无进一步研究的必要。投资机会性质的研究是相当粗糙的，它不是凭借详细、准确的分析来判断，而是凭借大概的估算来判断；建设项目所需投资额，一般从现有的可比较项目中估算。投资机会研究中投资额的误差允许在±30%以内，研究费用一般占投资的0.5%左右。投资机会研究主要用来编制规划。

2）初步可行性研究。当工程项目的规划设想经过投资机会研究的分析鉴定，认为有生命力值得进一步研究时，才能进入初步可行性研究阶段。详细地提出可行性研究的论证分析，是项花费很多人力、物力、财力，并占用大量时间的工作。因此，为了避免浪费，在可行性研究之前，首先进行初步可行性研究，从而判断"可行"与"不可行"，如果可行，再进行详细的可行性研究。

详细可行性研究与初步可行性研究，内容是一样的，只是分析研究的详细程度不同而已。初步可行性研究中，投资额的允许误差为±20%，其研究费用占投资额的0.25%~1.25%。

3）详细可行性研究。详细可行性研究是为了对一个建设项目的投资决策，提供技术上、经济上和商业上的依据，而对建设项目从技术和经济两方面进行全面系统的研究分析，并对投产后的经济效果进行预测。

详细可行性研究中，投资额的允许误差为±10%，研究费用占小型项目投资额的1.0%~3.0%，占大型项目投资额的0.2%~1.0%。详细可行性研究的主要内容一般有以下十项：

① 总论。说明建设项目的背景和历史。

② 市场需求情况和拟建规模。通过调查市场产品的销售情况，说明市场需求程度，并提出建设项目的生产能力大小。

③ 资源。原材料及主要协作条件。

④ 建厂条件和厂址方案。对建厂、厂址及地区各种环境条件进行研究。

⑤ 项目设计方案。项目设计、引进技术、工程方案的研究。

⑥ 项目实施计划和进度要求。控制进度和工期及竣工投产和交付使用时间的研究。

⑦ 生产组织、劳动定员和人员培训。工厂管理机构设置、职员和工人构成、人员来源、人员培训的研究。

⑧ 财务和国民经济评价。

⑨ 环境保护。

⑩ 评价结论。提出技术上、经济上选择适应不同条件的意见，供投资决策者决策。

4）评价和决策阶段。把可行性研究的主要论证过程总结出来，作出最终结论，是可行还是不可行。

国家规定，凡是新建、扩建大中型建设项目及所有利用外资进行工程建设的项目，都必须编制可行性研究报告。可行性研究，由建设项目的主管部门或地区委托勘察设计单位、工程咨询单位按工程建设程序规定进行。凡是没有经过可行性研究，或可行性研究深度不够的建设项目，不应批准项目建议书。

（3）选择建设地点

选择建设地点就是在拟建地区、地点范围内，具体确定建设项目坐落的位置。它是建设项目进行设计的前提，又是生产力布局最根本的环节。因此，选择建设项目的地点一定要慎重考虑，认真调查，综合分析，提出多个建设地点方案，进行多方案比较后，确定出最佳建设地点。只有这样，才能保证建设地点恰如其分，有利于建设、生产和利用、促进所在地区的经济繁荣，改善城镇面貌，充分发挥建设项目的政治、经济、技术方面的作用。

对于工厂建设选址来讲，它要解决以下三个问题：资源、原料是否落实；工程地质和水文地质等自然建厂条件是否可靠；交通、电力等外部建厂条件是否经济合理。

建设地点选择工作，按隶属关系由主管部门组织勘察、设计单位和有关部门共同进行。按国家规定，大型项目和建设新工业区项目，需由住建部审查批准；中小型项目，按隶属关系由主管部门审查批准。

2. 工程项目设计阶段

(1) 工程项目设计的含义

设计是对工程项目的实施在技术上和经济上进行全面安排，形成综合的技术经济文件。设计文件是在建设项目的项目建议书和选点报告被批准后，主管部门委托设计单位来编制的。它是安排建设项目和组织施工的主要依据，也是多快好省地进行项目建设的一个决定性环节。

国家规定，一般建设项目，按初步设计和施工图设计两个阶段进行；技术复杂而又缺乏经验的项目，按初步设计、技术设计和施工图设计三个阶段进行。

各阶段设计都应按规定手续进行审批，设计文件一经批准，就不应随便改动。如需更改，须经原设计单位批准后，方可进行。未经许可，不得擅动。

(2) 初步设计

初步设计是对批准的计划任务提出的内容，进行概略的计算，作出初步的规定。它的任务就是说明在指定的地点、控制的投资额和规定的限期内，拟建工程在技术上的可靠性、经济上的合理性问题，并对建设项目作出基本的技术决定，同时编制出项目的设计总概算。

初步设计可用于主要设备的订货和施工的准备工作，如满足土地征用、基建投资控制、编制施工组织设计等，但不能据此组织施工。

初步设计的主要内容有：设计的指导思想；建设规模和产品方案；总体规划；工艺流程；设备选型；主要建筑物、构筑物和公用辅助设施；"三废"治理；占地面积；主要设备材料清单和材料用量；劳动定员；主要技术经济指标；建设工期；总概算等文字说明和设计图。

(3) 技术设计

技术设计是处在初步设计和施工图设计中间的一段设计，它是根据初步设计和更详细的调查资料来编制的，它进一步决定初步设计所采取的工艺过程和建筑结构等重大技术问题，并编制修正总概算。

(4) 施工图设计

施工图设计是在批准的初步设计的基础上，设计和绘制出更加具体详细的可据以施工图。

施工图设计一般应全面贯彻初步设计的各项重大决定，施工图设计的主要内容包括：平面图、剖面图、立面图、建筑详图、结构布置图及装饰图等；机械设备、水暖、电气等施工图；施工图预算。

3. 工程项目施工阶段

（1）编制年度建设计划

社会主义经济是有计划的商品经济，一切建设项目都应纳入国家计划，从而保证工程建设有计划地进行。工程建设项目的初步设计和总概算被批准后，必须经过综合平衡，才能列入年度建设计划。大中型项目由国家批准，小型项目由各地批准。批准的年度建设计划是实行建设拨款和贷款的主要依据。需多年建成的项目，要根据批准的总概算和总工期，考虑需要与可能，做到有计划、均衡地安排各年度建设计划，保证与当年分配的资金、设备、材料相一致。

（2）建设准备

为保证施工的顺利进行，必须做好各项建设准备工作。大中型项目计划任务书经批准后，主管部门就应指定一个企业或建设单位，组织精明强干的班子，负责做好设备订货和施工准备工作。施工准备的内容有：征地拆迁、委托设计、材料设备订货、施工单位进场前的准备工作（如"三通一平"、建设大型临时设施等）。做好施工准备后，打开工报告，经批准后即可组织施工。

（3）组织施工

施工是将设计意图和设计成果付诸实现的生产活动。它是将设计变成可供使用的建筑产品的最重要环节，因此要求施工必须按施工图和设计要求及施工验收规范来进行，并且遵循正确的施工顺序，从而保证建设项目的优质、低耗及尽早使用。

合理的施工程序一般是：先厂外，后厂内；先地下，后地上；先土建，后安装；先主体，后围护；先上游，后下游；先深，后浅；先干线，后支线等。

（4）生产准备

为保证工程一旦竣工就可以试车投产，施工项目在全面组织施工的同时，即竣工投产前，建设单位就应做好生产准备工作，为竣工投产创造好条件。生产准备工作的内容有：招收和培训生产人员，组织生产人员参加设备的调试和工程验收；落实原材料、协作产品、燃料、水、电、气等来源及其他协作配合条件；组织工具、器具的生产和购置；组织好生产指挥管理机构，制定管理制度，收集生产技术资料等。

4. 工程项目验收阶段

（1）工程项目竣工验收的含义

工程项目竣工验收是建设全过程的最后一个程序，是建设投资成果交付使用的标志，是全面考核工程建设工作的重要环节，是建设单位向国家汇报建设成果的过程。

如果工程项目按批准的设计文件所规定的内容完成，工业项目经负荷试运转考核合格，非工业项目符合设计要求能正常使用，就应及时组织验收。对于大型联合企业，可分期分批验收。

所有工程项目竣工以后，一律要验收合格，施工才能最后结束，未经验收合格的，竣工工程不得投入使用。

（2）竣工验收的组织

当施工单位完成施工任务后，建设单位要在正式验收前，组织设计单位和施工单位进行初验。初验合格后，向主管部门提出验收申请。施工单位要系统地整理好各种技术资料，在竣工验收时交给建设单位保存。建设单位要清理好财物，编制出竣工决算，报主管部门审查。

竣工验收的组织要根据工程项目的规模大小和隶属关系来确定。特大型工程项目，由国家发改委报国务院批准组织验收委员会验收。大中型工程项目，国务院各部委直属的，由主管部门会同项目所在省、市、自治区组织验收；各省、市、自治区所属的，由所在省、市、自治区组织验收。小型项目，由建设单位报上级主管部门组织验收。

（3）竣工验收的程序

竣工验收的程序，分为两阶段进行。

1）单项工程验收。一个单项工程完工后，由建设单位组织验收。

2）全部验收。整个项目的所有单项工程全部建成后，根据国家有关规定，按工程的不同情况，由负责验收单位会同建设单位、设计单位、施工单位、贷款银行、环保部门等组成的验收委员会进行验收。

1.4 建筑工程计价方式

工程计价是指按照规定的程序、方法和依据，对工程造价及其构成内容进行估计或确定的行为。工程计价依据是指在工程计价活动中，所要依据的与计价方法、计价内容和价格标准相关的工程建设法律法规、工程造价管理标准、工程计价定额、工程计价信息等。

1.4.1 工程计价的基本原理

建设项目是兼具单件性与多样性的集合体。每一个建设项目的建设都需要按业主的特定需要进行单独设计、单独施工，不能批量生产和按整个项目确定价格，只能采用特殊的计价程序和计价方法，即将整个项目进行分解，划分为可以按有关技术经济参数测算价格的基本构造要素（如定额项目、清单项目），这样就可以计算出基本构造要素的费用。一般来说，分解结构层次越多，基本子项越细，计算也更精确。

任何一个建设项目都可以分解为一个或几个单项工程；任何一个单项工程都是由一个或几个单位工程所组成，作为单位工程的各类建筑工程和安装工程仍然是一个比较复杂的综合实体，还需要进一步分解；就建筑工程来说，又可以按照施工顺序细分为土石方工程、地基处理与边坡支护工程、桩基工程、砌筑工程、混凝土及钢筋混凝土工程、金属结构工程、木结构工程、门窗工程、屋面及防水工程等分部工程；分解成分部工程后，从工程计价的角度，还需要把分部工程按照不同的施工方法、不同的构造及不同的规格，加以更为细致地分解，划分为更为简单细小的部分。经过这样逐步分解到分项工程后，就可以得到基本构造要素了。

工程造价计价的主要思路就是将建设项目细分至最基本的构成单位（如定额项目或清单项目），找到了适当的计量单位及当时当地的单价，就可以采取一定的计价方法，进行分部组合汇总，计算出相应工程造价。工程计价的基本原理就在于项目的分解与组合。无论是工程定额计价方法还是工程量清单计价方法，都是一种自下而上的分部组合计价方法。

工程计价的基本原理可表达如下：

建筑安装工程造价 $= \sum [$ 单位工程基本构造要素工程量(定额项目或清单项目) $\times$ 相应单价 $]$

$$(1-1)$$

1.4.2 工程定额计价的基本程序

工程定额计价是国家通过颁布统一的计价定额或指标，对建筑产品价格进行有计划的管理。国家以假定的建筑安装产品为对象，制定统一的定额。然后按定额规定的分部分项子目，逐项计算工程量，套用定额单价然后按规定的取费标准确定企业管理费、利润和税金，经汇总后即为工程概预算价值。工程概预算编制的基本程序，如图 1-4 所示。

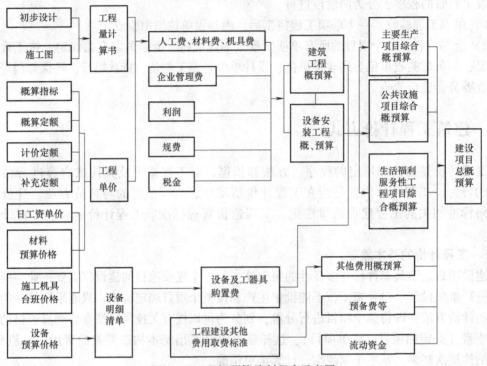

图 1-4 工程概预算编制程序示意图

工程概预算单位价格的形成过程，就是依据相应定额所确定的消耗量乘以定额单价或市场价，经过不同层次的计算形成相应造价的过程。可以用下列公式进一步明确工程定额计价的基本方法和程序：

每一计量单位建筑产品的基本构造要素（假定建筑产品）的工料单价 =

$$人工费 + 材料费 + 施工机具使用费 \quad (1-2)$$

其中：

$$人工费 = \sum(人工工日数量 \times 人工单价) \quad (1-3)$$

$$材料费 = \sum(材料用量 \times 材料单价) \quad (1-4)$$

$$机具使用费 = \sum(机具台班用量 \times 机具台班单价) \quad (1-5)$$

$$单位工程人材机的费用 = \sum(假定建筑产品工程量 \times 工料单价) \quad (1-6)$$

$$单位工程概预算造价 = 单位工程人材机费用 + 企业管理费 + 利润 + 规费 + 税金 \quad (1-7)$$

$$单项工程概预算造价 = \sum 单位工程概预算造价 + 设备及工器具购置费 \quad (1-8)$$

建设项目全部工程概预算造价 = $\sum$ 单项工程的概预算造价 + 预备费 + 有关的其他费用

$$(1-9)$$

1.4.3　工程量清单计价基本方法

工程量清单计价的过程可以分为两个阶段，即工程量清单编制和工程量清单应用两个阶段，工程量清单的编制程序如图 1-5 所示，工程量清单应用程序如图 1-6 所示。

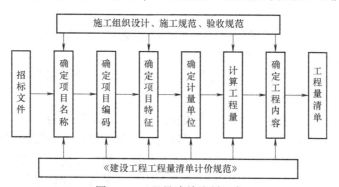

图 1-5　工程量清单编制程序

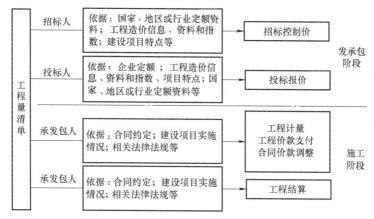

图 1-6　工程量清单应用程序

工程量清单计价的基本原理可以描述为：按照《建设工程工程量清单计价规范》的规定，在各相应专业工程计量规范规定的工程量清单项目设置和工程量计算规则基础上，针对具体工程的施工图和施工组织设计计算出各个清单项目的工程量，根据规定的方法计算出综合单价，并汇总各清单合价得出工程总价。其中：

$$分部分项工程费 = \sum(分部分项工程量 \times 相应分部分项综合单价) \qquad (1\text{-}10)$$
$$措施项目费 = \sum 各措施项目费 \qquad (1\text{-}11)$$
$$其他项目费 = 暂列金额 + 暂估价 + 计日工 + 总承包服务费 \qquad (1\text{-}12)$$
$$单位工程报价 = 分部分项工程费 + 措施项目费 + 其他项目费 + 规费 + 税金 \qquad (1\text{-}13)$$
$$单项工程报价 = \sum 单位工程报价 \qquad (1\text{-}14)$$
$$建设项目总报价 = \sum 单项工程报价 \qquad (1\text{-}15)$$

式中，综合单价是指完成一个规定清单项目所需的人工费、材料费和工程设备费、施工机具使用费和企业管理费、利润，以及一定范围内的风险费用。风险费用是隐含于已标价工程量清单综合单价中，用于化解发承包双方在工程合同中约定内容和范围内的市场价格波动风险的费用。

暂列金额是指招标人在工程量清单中暂定并包括在合同价款中的一笔款项。用于工程合同签订时尚未确定或者不可预见的所需材料、工程设备、服务的采购，施工中可能发生的工程变更、合同约定调整因素出现时的合同价款调整，以及发生的索赔、现场签证确认等的费用。

暂估价是指招标人在工程量清单中提供的用于支付必然发生但暂时不能确定价格的材料、工程设备的单价及专业工程的金额。

计日工是指在施工过程中，承包人完成发包人提出的工程合同范围以外的零星项目或工作，按合同中约定的单价计价的一种方式。

总承包服务费是指总承包人为配合协调发包人进行的工程分包，自行采购的设备、材料等进行管理、服务以及施工现场管理、竣工资料汇总整理等服务所需的费用。

工程量清单计价活动涵盖施工招标、合同管理以及竣工交付全过程，主要包括：编制招标工程量清单、招标控制价、投标报价，确定合同价，进行工程计量与价款支付、合同价款的调整、工程结算和工程计价纠纷处理等活动。

复习思考题

1. 什么是工程估价？
2. 工程造价的计价特点是什么？
3. 对工程项目进行估价通常采用的依据有哪些？
4. 进行工程项目估价应遵循的程序是什么？
5. 工程项目是如何划分的？
6. 工程项目论证阶段包括哪些内容？
7. 建设工程计价有几种方式？

第2章 建设工程费用

2.1 建设项目投资及工程造价的构成

建设项目总投资是为完成工程项目建设并达到使用要求或生产条件，在建设期内预计或实际投入的全部费用总和。生产性建设项目总投资包括建设投资、建设期利息和流动资金三部分；非生产性建设项目总投资包括建设投资和建设期利息两部分。其中，建设投资和建设期利息之和对应于固定资产投资，固定资产投资与建设项目的工程造价在量上相等。工程造价基本构成包括用于购买工程项目所含各种设备的费用，用于建筑施工和安装施工所需支出的费用，用于委托工程勘察设计应支付的费用，用于购置土地所需的费用，用于建设单位自身进行项目筹建和项目管理所花费的费用等。总之，工程造价是按照确定的建设内容、建设规模、建设标准、功能要求和使用要求等将工程项目全部建成，在建设期预计或实际支出的建设费用。

工程造价中的主要构成部分是建设投资，建设投资是为完成工程项目建设，在建设期内投入且形成现金流出的全部费用。根据国家有关法律、法规和国家发改委、建设部发布的《建设项目经济评价方法与参数（第三版）》（发改投资〔2006〕1325号）的规定，建设投资包括工程费用、工程建设其他费用和预备费三部分。工程费用是指建设期内直接用于工程建造、设备购置及其安装的建设投资，可分为建筑安装工程费和设备及工器具购置费；工程建设其他费用是指建设期发生的与土地使用权取得、整个工程项目建设以及未来生产经营有关的构成建设投资，但不包括在工程费用中的费用。预备费是在建设期内为各种不可预见因素的变化而预留的可能增加的费用，包括基本预备费和价差预备费。建设项目总投资具体的组成内容详见表2-1。

表2-1 建设项目总投资组成

项目	费用分类			费用组成
建设项目总投资	建设投资	第一部分 工程费用		建筑工程费
				设备及工器具购置费
				安装工程费
		第二部分 工程建设其他费用	建设用地费	
			与项目建设有关的其他费用	建设管理费
				可行性研究费
				研究试验费
				勘察设计费
				环境影响评价费
				劳动安全卫生评价费
				场地准备及临时设施费
				引进技术和引进设备其他费
				工程保险费
				特殊设备安全监督检验费
				市政公用设施费
			与未来生产经营有关的其他费用	联合试运转费
				专利及专有技术使用费
				生产准备及开办费
		第三部分 预备费		基本预备费
				价差预备费
	建设期利息			
	流动资金			

2.2 建筑安装工程费用

2.2.1 建筑安装工程费用组成

在工程建设中，建筑安装工作是创造价值的生产活动。建筑安装工程费用是指建设单位支付给从事建筑安装工程施工单位的完成工程项目建造、生产性设备及配套工程安装所需的全部生产费用，也称建筑安装工程造价。它由建筑工程费用和安装工程费用两部分组成。

1. 建筑工程费用

建筑工程费用通常包括以下内容：

1）各类房屋建筑工程和列入房屋建筑工程预算的供水、供暖、卫生、通风、煤气等设备费用及其装设、油饰工程的费用，列入建筑工程预算的各种管道、电力、电信和电缆导线敷设工程的费用。

2）设备基础、支柱、工作台、烟囱、水塔、水池、灰塔等建筑工程，以及各种炉窑的砌筑工程和金属结构工程的费用。

3）为施工而进行的场地平整，工程和水文地质勘察，原有建筑物和障碍物的拆除，施工临时用水、电、气、路和完工后的场地清理，环境绿化、美化等工作的费用。

4）矿井开凿、井巷延伸、露天矿剥离和石油、天然气钻井，修建铁路、公路、桥梁、水库、堤坝、灌渠及防洪等工程的费用。

2. 安装工程费用

安装工程费的内容包括：

1）生产、动力、起重、运输、传动和医疗、试验等各种需要安装的机械设备的装配费用，与设备相连的工作台、梯子、栏杆等设施的工程费用，附属于被安装设备的管线敷设工程费用，以及被安装设备的绝缘、防腐、保温、油漆等工作的材料费和安装费。

2）为测定安装工程质量，对单台设备进行单机试运转、对系统设备进行系统联动无负荷试运转工作的调试费。

2.2.2 建筑安装工程费用项目组成和计算

2.2.2.1 按费用构成要素划分

根据住建部、财政部颁布的《建筑安装工程费用项目组成》（2013［44］号文）的规定，按照费用构成要素划分，建筑安装工程费用由人工费、材料（含工程设备）费、施工机具使用费、企业管理费、利润、规费和税金组成。

其中，人工费、材料费、施工机具使用费、企业管理费和利润包含在分部分项工程费、措施项目费、其他项目费中，如图 2-1 所示。

1. 人工费

（1）人工费的含义、内容

人工费是指按工资总额构成规定，支付给从事建筑安装工程施工的生产工人和附属生产单位工人的各项费用。人工费的内容包括：

1）计时工资或计件工资（G_1）。它是指按计时工资标准和工作时间或对已做工作按计件单价支付给个人的劳动报酬。

2）奖金（G_2）。它是指对超额劳动和增收节支支付给个人的劳动报酬。如节约奖、劳

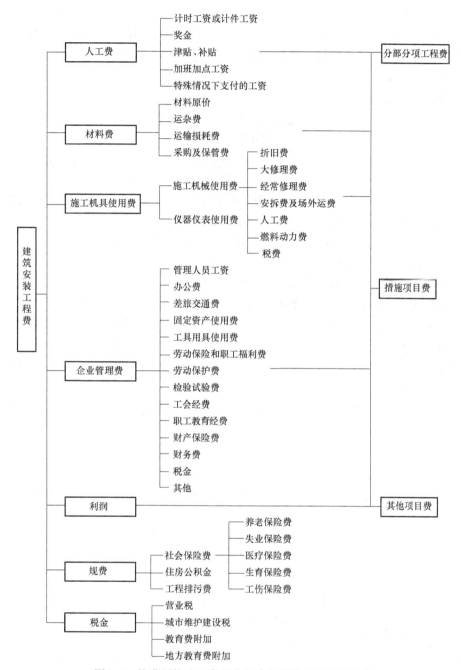

图 2-1　按费用构成要素划分的建筑安装工程费用组成

动竞赛奖等。

3）津贴补贴（G_3）。它是指为了补偿职工特殊或额外的劳动消耗和因其他特殊原因支付给个人的津贴，以及为了保证职工工资水平不受物价影响支付给个人的物价补贴。如流动施工津贴、特殊地区施工津贴、高温（寒）作业临时津贴、高空津贴等。

4）加班加点工资（G_4）。它是指按规定支付的在法定节假日工作的加班工资和在法定日工作时间外延时工作的加点工资。

5）特殊情况下支付的工资（G_5）。它是指根据国家法律、法规和政策规定，因病、工伤、产假、计划生育假、婚丧假、事假、探亲假、定期休假、停工学习、执行国家或社会义务等原因按计时工资标准或计时工资标准的一定比例支付的工资。

（2）人工费计算

人工费一般可按下式计算：

$$人工费 = \sum（工日消耗量 \times 日工资单价） \tag{2-1}$$

其中：

$$日工资单价（G）= \sum_1^5 G \tag{2-2}$$

$$日工资单价（G）= \frac{生产工人平均月工资（计时、计件）+ 平均月（奖金 + 津贴补贴 + 特殊情况下支付的工资）}{年平均每月法定工作日}$$

式（2-1）主要适用于施工企业投标报价时自主确定人工费，也是工程造价管理机构编制计价定额确定定额人工单价或发布人工成本信息的参考依据。

或

$$人工费 = \sum（工程工日消耗量 \times 日工资单价） \tag{2-3}$$

上式中，日工资单价是指施工企业平均技术熟练程度的生产工人在每工作日（国家法定工作时间内）按规定从事施工作业应得的日工资总额。

工程造价管理机构确定日工资单价应通过市场调查、根据工程项目的技术要求，参考实物工程量人工单价综合分析确定，最低日工资单价不得低于工程所在地人力资源和社会保障部门所发布的最低工资标准的：普工1.3倍、一般技工2倍、高级技工3倍。

工程计价定额不可只列一个综合工日单价，应根据工程项目技术要求和工种差别适当划分多种日人工单价，确保各分部工程人工费的合理构成。

式（2-3）适用于工程造价管理机构编制计价定额时确定定额人工费，是施工企业投标报价的参考依据。

2. 材料费

（1）材料费的含义、内容

材料费是指施工过程中耗费的原材料、辅助材料、构配件、零件、半成品或成品、工程设备的费用。内容包括：

1）材料原价。是指材料、工程设备的出厂价格或商家供应价格。

2）运杂费。是指材料、工程设备自来源地运至工地仓库或指定堆放地点所发生的全部费用。

3）运输损耗费。是指材料在运输装卸过程中不可避免的损耗。

4）采购及保管费。是指为组织采购、供应和保管材料、工程设备的过程中所需要的各项费用，包括采购费、仓储费、工地保管费、仓储损耗。

工程设备是指构成或计划构成永久工程一部分的机电设备、金属结构设备、仪器装置及其他类似的设备和装置。

（2）材料费计算

建筑安装工程材料费一般可按下式计算：

$$材料费 = \sum（材料消耗量 \times 材料单价） \tag{2-4}$$

$$材料单价 =（材料原价 + 运杂费）\times [1 + 运输损耗率（\%）] \times [1 + 采购保管费率（\%）] \tag{2-5}$$

工程设备费可按下式计算：

$$工程设备费 = \sum(工程设备量 \times 工程设备单价) \tag{2-6}$$

$$工程设备单价 = (设备原价 + 运杂费) \times [1 + 采购保管费率(\%)] \tag{2-7}$$

3. 施工机具使用费

（1）施工机具使用费的含义、内容

施工机具使用费是指施工作业所发生的施工机械、仪器仪表使用费或其租赁费。

1）施工机械使用费。施工机械使用费是指建筑安装工程项目施工中使用施工机械作业所发生的机械使用费以及机械安、拆费和场外运费等。它以施工机械台班耗用量乘以施工机械台班单价表示，施工机械台班单价应由下列七项费用组成：

① 折旧费。折旧费是指施工机械在规定的使用年限内，陆续收回其原值的费用。

② 大修理费。大修理费是指施工机械按规定的大修理间隔台班进行必要的大修理，以恢复其正常功能所需的费用。

③ 经常修理费。经常修理费是指施工机械除大修理以外的各级保养和临时故障排除所需的费用。包括为保障机械正常运转所需替换设备与随机配备工具附具的摊销和维护费用，机械运转中日常保养所需润滑与擦拭的材料费用以及机械停滞期间的维护和保养费用等。

④ 安拆费及场外运费。安拆费是指施工机械（大型机械除外）在现场进行安装与拆卸所需的人工、材料、机械和试运转费用以及机械辅助设施的折旧、搭设、拆除等费用；场外运费是指施工机械整体或分体自停放地点运至施工现场或由一施工地点运至另一施工地点的运输、装卸、辅助材料及架线等费用。

⑤ 人工费。它是指机上司机（司炉）和其他操作人员的人工费。

⑥ 燃料动力费。它是指施工机械在运转作业中所消耗的各种燃料及水、电等。

⑦ 税费。它是指施工机械按照国家规定应缴纳的车船使用税、保险费及年检费等。

2）仪器仪表使用费。仪器仪表使用费是指工程施工所需使用的仪器仪表的摊销及维修费用。

（2）施工机具使用费计算

1）施工机械使用费一般可按下式计算：

$$施工机械使用费 = \sum(施工机械台班消耗量 \times 机械台班单价) \tag{2-8}$$

$$
\begin{aligned}
机械台班单价 = {}& 台班折旧费 + 台班大修费 + 台班经常修理费 + 台班安拆费及场外运费 + \\
& 台班人工费 + 台班燃料动力费 + 台班车船税费
\end{aligned} \tag{2-9}
$$

需要注意的是，工程造价管理机构在确定计价定额中的施工机械使用费时，应根据《建筑施工机械台班费用计算规则》，结合市场调查编制施工机械台班单价。施工企业可以参考工程造价管理机构发布的台班单价，自主确定施工机械使用费的报价。

如果是租赁的施工机械，则施工机械使用费按下式计算：

$$施工机械使用费 = \sum(施工机械台班消耗量 \times 机械台班租赁单价) \tag{2-10}$$

2）仪器仪表使用费可按下式计算：

$$仪器仪表使用费 = 工程使用的仪器仪表摊销费 + 维修费 \tag{2-11}$$

4. 企业管理费

（1）企业管理费的含义、内容

企业管理费是指建筑安装企业组织施工生产和经营管理所需的费用。企业管理费的内容包括：

1）管理人员工资。管理人员工资是指按规定支付给管理人员的计时工资、奖金、津贴补贴、加班加点工资及特殊情况下支付的工资等。

2）办公费。办公费是指企业管理办公用的文具、纸张、账表、印刷、邮电、书报、办公软件、现场监控、会议、水电、烧水和集体取暖降温（包括现场临时宿舍取暖降温）等费用。

3）差旅交通费。差旅交通费是指职工因公出差、调动工作的差旅费、住勤补助费，市内交通费和误餐补助费，职工探亲路费，劳动力招募费，职工退休、退职一次性路费，工伤人员就医路费，工地转移费以及管理部门使用的交通工具的油料、燃料等费用。

4）固定资产使用费。固定资产使用费是指管理和试验部门及附属生产单位使用的属于固定资产的房屋、设备、仪器等的折旧、大修、维修或租赁费。

5）工具用具使用费。工具用具使用费是指企业施工生产和管理使用的不属于固定资产的工具、器具、家具、交通工具和检验、试验、测绘、消防用具等的购置、维修和摊销费。

6）劳动保险和职工福利费。劳动保险和职工福利费是指由企业支付的职工退职金、按规定支付给离休干部的经费，集体福利费、夏季防暑降温、冬季取暖补贴、上下班交通补贴等。

7）劳动保护费。劳动保护费是企业按规定发放的劳动保护用品的支出。如工作服、手套、防暑降温饮料以及在有碍身体健康的环境中施工的保健费用等。

8）检验试验费。检验试验费是指施工企业按照有关标准规定，对建筑以及材料、构件和建筑安装物进行一般鉴定、检查所发生的费用，包括自设实验室进行试验所耗用的材料等费用。不包括新结构、新材料的试验费，对构件做破坏性试验及其他特殊要求检验试验的费用和建设单位委托检测机构进行检测的费用，对此类检测发生的费用，由建设单位在工程建设其他费用中列支。但对施工企业提供的具有合格证明的材料进行检测不合格的，该检测费用由施工企业支付。

9）工会经费。工会经费是指企业按《工会法》规定的全部职工工资总额比例计提的工会经费。

10）职工教育经费。职工教育经费是指按职工工资总额的规定比例计提，企业为职工进行专业技术和职业技能培训，专业技术人员继续教育、职工职业技能鉴定、职业资格认定以及根据需要对职工进行各类文化教育所发生的费用。

11）财产保险费。财产保险费是指施工管理用财产、车辆等的保险费用。

12）财务费。财务费是指企业为施工生产筹集资金或提供预付款担保、履约担保、职工工资支付担保等所发生的各种费用。

13）税金。税金是指企业按规定缴纳的房产税、车船使用税、土地使用税、印花税等。

14）其他。包括技术转让费、技术开发费、投标费、业务招待费、绿化费、广告费、公证费、法律顾问费、审计费、咨询费、保险费等。

（2）企业管理费计算

1）计算方法。企业管理费的计算方法，按取费基数的不同分为以下三种。

① 以分部分项工程费作为计算基础。它是将企业管理费按其占分部分项工程费的百分比计算。通常可按下式计算：

$$企业管理费 = 分部分项工程费合计 \times 企业管理费费率(\%) \qquad (2\text{-}12)$$

② 以人工费和机械费合计作为计算基础。它是将企业管理费按其人工费和机械费合计的百分比计算。通常可按下式计算:

$$企业管理费 = (人工费 + 机械费) \times 企业管理费费率(\%) \qquad (2\text{-}13)$$

③ 以人工费作为计算基础。它是将企业管理费按其人工费的百分比计算。通常可按下式计算:

$$企业管理费 = 人工费合计 \times 企业管理费费率(\%) \qquad (2\text{-}14)$$

2) 费率确定。费率的确定分为以下三种情况。

① 以分部分项工程费作为计算基础。通常可按下式计算企业管理费费率:

$$企业管理费费率(\%) = \frac{生产工人平均管理费}{年有效施工天数 \times 人工单价} \times 人工费占分部分项工程费比例 \times 100\%$$

$$(2\text{-}15)$$

② 以人工费和机械费合计作为计算基础。通常可按下式计算企业管理费费率:

$$企业管理费费率(\%) = \frac{生产工人年平均管理费}{年有效施工天数 \times (人工单价 + 每日机械使用费)} \times 100\%$$

$$(2\text{-}16)$$

③ 以人工费作为计算基础。通常可按下式计算企业管理费费率:

$$企业管理费费率(\%) = \frac{生产工人年平均管理费}{年有效施工天数 \times 人工单价} \times 100\% \qquad (2\text{-}17)$$

需要说明的是,上述公式适用于施工企业投标报价时自主确定管理费,是工程造价管理机构编制计价定额确定企业管理费的参考依据。

工程造价管理机构在确定计价定额中企业管理费时,应以定额人工费(或定额人工费 + 定额机械费)作为计算基数,其费率根据历年工程造价积累的资料,辅以调查数据确定,列入分部分项工程和措施项目中。

5. 利润

(1) 利润的含义和计算

利润是指施工企业完成所承包工程获得的盈利。建筑安装工程利润的计算,可分以下两种情况:

1) 以人工费和机械费之和作为计算基础。

以人工费和机械费之和作为计算基础的利润,可按下式计算:

$$利润 = (人工费 + 机械费) \times 利润率 \qquad (2\text{-}18)$$

2) 以人工费作为计算基础。

以人工费作为计算基础的利润,可按下式计算:

$$利润 = 人工费合计 \times 利润率 \qquad (2\text{-}19)$$

(2) 补充说明

利润计算每种方法的适用范围,各地区都有明显规定,计算时必须按各地区的规定执行。其中:

1) 施工企业的利润,根据企业自身需求并结合建筑市场实际自主确定,列入报价中。

2) 工程造价管理机构在确定计价定额中的利润时,应以定额人工费(或定额人工费 + 定额机械费)作为计算基数,其费率根据历年工程造价积累的资料,并结合建筑市场实际确定，以单位（单项）工程测算，利润在税前建筑安装工程费的比例可按不低于5%且不高于7%的费率计算。

3）利润应列入分部分项工程和措施项目中。

6. 规费

（1）规费含义和内容

规费是指按国家法律、法规规定，由省级政府和省级有关权力部门规定必须缴纳或计取的费用。规费主要包括以下三项。

1）社会保险费。社会保险费由以下五项组成。

① 养老保险费。它是指企业按照规定标准为职工缴纳的基本养老保险费。

② 失业保险费。它是指企业按照规定标准为职工缴纳的失业保险费。

③ 医疗保险费。它是指企业按照规定标准为职工缴纳的基本医疗保险费。

④ 生育保险费。它是指企业按照规定标准为职工缴纳的生育保险费。

⑤ 工伤保险费。它是指企业按照规定标准为职工缴纳的工伤保险费。

2）住房公积金。它是指企业按照规定标准为职工缴纳的住房公积金。

3）工程排污费。它是指按照规定缴纳的施工现场工程排污费。

其他应列而未列入的规费，按实际发生计取。

（2）规费的计算

1）社会保险费和住房公积金。社会保险费和住房公积金应以定额人工费为计算基础，根据工程所在地省、自治区、直辖市或行业建设主管部门规定费率按下式计算：

$$\text{社会保险费和住房公积金} = \sum (\text{工程定额人工费} \times \text{社会保险费和住房公积金费率}) \tag{2-20}$$

式中，社会保险费和住房公积金费率，可以每万元发承包价的生产工人人工费和管理人员工资含量与工程所在地规定的缴纳标准综合分析取定。

2）工程排污费。工程排污费等其他应列而未列入的规费，应按工程所在地环境保护等部门规定的标准缴纳，按实计取列入。

7. 税金

（1）税金的含义和组成

在社会主义市场经济条件下，工程的价格应以价值为基础，价格是价值总和的货币体现。价值由三个部分组成：一是物资消耗的支出，即转移价值的货币表现；二是为劳动者支付的报酬部分，即工资，这是劳动所创造价值的货币体现；三是劳动者为社会的劳动（剩余劳动）所创造价值的货币体现。前两部分构成工程的成本，后一部分是工程中的盈利。这种盈利表现在建筑安装工程费用中，就是建筑安装工程费用中的利润和税金。

税收是国家财政收入的主要来源。它与其他收入相比，具有强制性、固定性和无偿性等特点。通常建筑施工企业也要像其他企业一样，按国家规定缴纳税金。

根据建筑安装工程施工生产的技术经济特点，建筑施工企业应向国家缴纳九种税金，即营业税、城市维护建设税、房产税、车船使用税、土地使用税、印花税、教育费附加、地方教育附加和所得税。其中，所得税属于利润所得分配税；其余的属于转嫁税，应列入建筑工程费用中；所得税则由施工企业所得收入中支付。上述某些税金项目若在前面的费用中已经列支，则在缴纳税金时不再列入。

按照国家规定，建筑安装工程费用中的税金是指国家税法规定的应计入建筑安装工程造价内的税金额。包括营业税、城市维护建设税、教育费附加和地方教育附加（房产税、车船使用税、土地使用税、印花税已计入企业管理费中）。

1）营业税。它是按计税营业额以营业税税率确定。其中建筑安装企业营业税税率为3%，营业税可按下式计算：

$$应纳营业税 = 计税营业额 \times 3\% \tag{2-21}$$

计税营业额是含税营业额，指从事建筑、安装、修缮、装饰及其他工程作业收取的全部收入，包括建筑、修缮、装饰工程所用原材料及其他物资和动力的价款。当安装的设备的价值作为安装工程产值时，亦包括所安装设备的价款。营业税的纳税地点为应税劳务的发生地。

2）城市维护建设税。它是指为筹集城市维护和建设资金，稳定和扩大城市、乡镇维护建设的资金来源，而对有经营收入的单位和个人征收的一种税。

城市维护建设税是按应纳营业税额乘以适用税率确定的，可按下式计算：

$$应纳城市维护建设税额 = 应纳营业税额 \times 适用税率 \tag{2-22}$$

城市维护建设税的纳税地点在市区的，其适用税率为营业税的7%；所在地为县镇的，其适用税率为营业税的5%；所在地为农村的，其适用税率为营业税的1%。城市维护建设税的纳税地点与营业税的纳税地点相同。

3）教育费附加。它是按应纳营业税额的3%确定，可按下式计算：

$$应纳教育费附加税额 = 应纳营业税额 \times 3\% \tag{2-23}$$

建筑安装企业的教育费附加要与营业税同时缴纳。即使办有职工子弟学校的建筑安装企业，也应当先缴纳教育费附加，教育部门可根据企业的办学情况，酌情返还给办学单位，作为对办学经费的补助。

4）地方教育附加。大部分地区地方教育附加按应纳营业税额的2%确定，可按下式计算：

$$应纳地方教育附加税额 = 应纳营业税额 \times 2\% \tag{2-24}$$

地方教育附加应专项用于发展教育事业，不得从地方教育附加中提取或列支征收或代征手续费。

（2）税金的综合计算

在工程造价的计算过程中，上述税金通常一起计算。由于营业税的计税依据是含税营业额，城市维护建设税和教育费附加的计税依据是应纳营业税额，而在计算税金时，往往已知条件是税前造价。因此，在实际计算和征收税金时，往往需要将税前造价转化为含税营业额，再按相应的公式计算税金。含税营业额可按下式计算：

$$营业额 = \frac{税前造价}{1-营业税率-营业税率 \times 城市维护建设税率-营业税率 \times 教育费附加率-营业税率 \times 地方教育附加率} \tag{2-25}$$

为简化计算，可以直接将上述税种合并为一个综合税率，按下式计算：

$$税金 = 税前造价 \times 综合税率(\%) \tag{2-26}$$

式中，综合税率根据工程所在地不同按下列情况分别确定。

1）纳税地点在市区的企业，按下式确定：

$$综合税率(\%) = \frac{1}{1-3\%-(3\%\times7\%)-(3\%\times3\%)-(3\%\times2\%)}-1=3.48\%$$

2）纳税地点在县城、镇的企业，按下式确定：

$$综合税率(\%) = \frac{1}{1-3\%-(3\%\times5\%)-(3\%\times3\%)-(3\%\times2\%)}-1=3.41\%$$

3）纳税地点不在市区、县城、镇的企业，按下式确定：

$$综合税率(\%) = \frac{1}{1-3\%-(3\%\times1\%)-(3\%\times3\%)-(3\%\times2\%)}-1=3.25\%$$

4）实行营业税改增值税的，按纳税地点现行税率计算。

【例2-1】 某一建筑施工企业承建某县中学教学楼，工程税前造价为1000万元，计算该施工企业应缴纳的营业税、城市维护建设税、教育费附加和地方教育附加分别是多少。

【解】

$$含税营业额 = \frac{1000}{1-3\%-(3\%\times5\%)-(3\%\times3\%)-(3\%\times2\%)}万元$$

$$=1034.126万元$$

$$应缴纳的营业税 = (1034.126\times3\%)万元=31.024万元$$

$$应缴纳的城市维护建设税 = (31.024\times5\%)万元=1.551万元$$

$$应缴纳的教育费附加 = (31.024\times3\%)万元=0.931万元$$

$$应缴纳的地方教育附加 = (31.024\times2\%)万元=0.62万元$$

2.2.2.2 按工程造价形成划分

建筑安装工程费用，按照工程造价形成划分由分部分项工程费、措施项目费、其他项目费、规费、税金组成。分部分项工程费、措施项目费、其他项目费包含人工费、材料费、施工机具使用费、企业管理费和利润，如图2-2所示。

1. 分部分项工程费

（1）分部分项工程费含义

分部分项工程费是指各专业工程的分部分项工程应予列支的各项费用。其中：

1）专业工程。它是指按现行国家计量规范划分的房屋建筑与装饰工程、仿古建筑工程、通用安装工程、市政工程、园林绿化工程、矿山工程、构筑物工程、城市轨道交通工程、爆破工程等各类工程。

2）分部分项工程。它是指按现行国家计量规范对各专业工程划分的项目。如房屋建筑与装饰工程划分的土石方工程、地基处理与桩基工程、砌筑工程、钢筋及钢筋混凝土工程等。

各类专业工程的分部分项工程划分，按照现行国家或行业计量规范执行。

（2）分部分项工程费计算

分部分项工程费可按下式计算：

$$分部分项工程费 = \sum(分部分项工程量\times综合单价) \tag{2-27}$$

式中，综合单价包括人工费、材料费、施工机具使用费、企业管理费、利润以及一定范围的风险费用。

2. 措施项目费

（1）措施项目费含义、内容

措施项目费是指为完成建设工程施工，发生于该工程施工前和施工过程中的技术、生

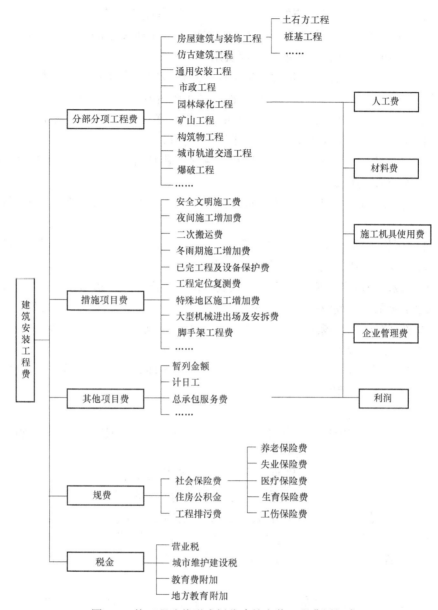

图 2-2　按工程造价形成划分建筑安装工程费用组成

活、安全、环境保护等方面的费用。措施项目费内容包括：

1）安全文明施工费。

① 环境保护费，指施工现场为达到环保部门要求所需要的各项费用。

② 文明施工费，指施工现场文明施工所需要的各项费用。

③ 安全施工费，指施工现场安全施工所需要的各项费用。

④ 临时设施费，指施工企业为进行建设工程施工所必须搭设的生活和生产用的临时建筑物、构筑物和其他临时设施费用。

临时设施包括：临时宿舍、文化福利及公用事业房屋与构筑物，仓库、办公室、加工厂以及规定范围内道路、水、电、管线等临时设施和小型临时设施。

临时设施费用包括：临时设施的搭设、维修、拆除费或摊销费等。

2）夜间施工增加费。夜间施工增加费是指因夜间施工所发生的夜班补助费、夜间施工降效、夜间施工照明设备摊销及照明用电等费用。

3）二次搬运费。二次搬运费是指因施工场地条件限制而发生的材料、构配件、半成品等一次运输不能到达堆放地点，必须进行二次或多次搬运所发生的费用。

4）冬雨期施工增加费。冬雨期施工增加费是指在冬季或雨季施工时需增加的临时设施、防滑、排除雨雪，人工及施工机械效率降低等费用。

5）已完工程及设备保护费。已完工程及设备保护费是指竣工验收前，对已完工程及设备采取的必要保护措施所发生的费用。

6）工程定位复测费。工程定位复测费是指工程施工过程中进行全部施工测量放线和复测工作的费用。

7）特殊地区施工增加费。特殊地区施工增加费是指工程在沙漠或其边缘地区、高海拔、高寒、原始森林等特殊地区施工增加的费用。

8）大型机械设备进出场及安拆费。大型机械设备进出场及安拆费是指机械整体或分体自停放场地运至施工现场或由一个施工地点运至另一个施工地点，所发生的机械进出场运输及转移费用及机械在施工现场进行安装、拆卸所需的人工费、材料费、机械费、试运转费和安装所需的辅助设施的费用。

9）脚手架工程费。脚手架工程费是指施工需要的各种脚手架搭、拆、运输费用，以及脚手架购置费的摊销（或租赁）费用。

（2）措施项目费计算

本部分中只列通用措施项目费的计算方法，各专业工程的措施项目及其包含的内容详见各类专业工程的现行国家或行业计量规范。

1）国家计量规范规定应予计量的措施项目，可按下式计算：

$$措施项目费 = \sum(措施项目工程量 \times 综合单价) \tag{2-28}$$

2）国家计量规范规定不宜计量的措施项目，计算方法如下。

① 安全文明施工费。安全文明施工费的计算分以下三种情况：

A. 以定额分部分项工程费与定额中可以计量的措施项目费之和作为计算基础，可按下式计算：

$$安全文明施工费 = (定额分部分项工程费 + 定额中可以计量的措施项目费) \times$$
$$安全文明施工费费率(\%) \tag{2-29}$$

B. 以定额人工费作为计算基础，可按下式计算：

$$安全文明施工费 = 定额人工费 \times 安全文明施工费费率(\%) \tag{2-30}$$

C. 以定额人工费与定额机械费之和作为计算基础，可按下式计算：

$$安全文明施工费 = (定额人工费 + 定额机械费) \times 安全文明施工费费率(\%) \tag{2-31}$$

上述安全文明施工费计算中，其费率由工程造价管理机构根据各专业工程的特点综合确定。

② 夜间施工增加费。夜间施工增加费的计算分以下两种情况：

A. 以定额人工费作为计算基础，可按下式计算：

$$夜间施工增加费 = 定额人工费 \times 夜间施工增加费费率(\%) \tag{2-32}$$

B. 以定额人工费与定额机械费之和作为计算基础,可按下式计算:

$$夜间施工增加费 = (定额人工费 + 定额机械费) \times 夜间施工增加费费率(\%) \quad (2\text{-}33)$$

③ 二次搬运费。二次搬运费的计算,分以下两种情况:

A. 以定额人工费作为计算基础,可按下式计算:

$$二次搬运费 = 定额人工费 \times 二次搬运费费率(\%) \quad (2\text{-}34)$$

B. 以定额人工费与定额机械费之和作为计算基础,可按下式计算:

$$二次搬运费 = (定额人工费 + 定额机械费) \times 二次搬运费费率(\%) \quad (2\text{-}35)$$

④ 冬雨期施工增加费。冬雨期施工增加费的计算,同样分以下两种情况:

A. 以定额人工费作为计算基础,可按下式计算:

$$冬雨期施工增加费 = 定额人工费 \times 冬雨期施工增加费费率(\%) \quad (2\text{-}36)$$

B. 以定额人工费与定额机械费之和作为计算基础,可按下式计算:

$$冬雨期施工增加费 = (定额人工费 + 定额机械费) \times 冬雨期施工增加费费率(\%)$$
$$(2\text{-}37)$$

⑤ 已完工程及设备保护费。已完工程及设备保护费的计算分以下两种情况:

A. 以定额人工费作为计算基础,可按下式计算:

$$已完工程及设备保护费 = 定额人工费 \times 已完工程及设备保护费费率(\%) \quad (2\text{-}38)$$

B. 以定额人工费与定额机械费之和作为计算基础,可按下式计算:

$$已完工程及设备保护费 = (定额人工费 + 定额机械费) \times 已完工程及设备保护费费率(\%)$$
$$(2\text{-}39)$$

上述②~⑤项措施项目的费率,由工程造价管理机构根据各专业工程特点和调查资料综合分析后确定。

3. 其他项目费

(1) 暂列金额

暂列金额是指建设单位在工程量清单中暂定并包括在工程合同价款中的一笔款项。用于施工合同签订时尚未确定或者不可预见的所需材料、工程设备、服务的采购,施工中可能发生的工程变更、合同约定调整因素出现时的工程价款调整,以及发生的索赔、现场签证确认等的费用。

暂列金额由建设单位根据工程特点,按有关计价规定估算,施工过程中由建设单位掌握使用、扣除合同价款调整后如有余额,归建设单位。

(2) 计日工

计日工是指在施工过程中,施工企业完成建设单位提出的施工图以外的零星项目或工作所需的费用。

计日工由建设单位和施工企业按施工过程中的签证计价。

(3) 总承包服务费

总承包服务费是指总承包人为配合、协调建设单位进行的专业工程发包,对建设单位自行采购的材料、工程设备等进行保管,以及施工现场管理、竣工资料汇总整理等服务所需的费用。

总承包服务费由建设单位在招标控制价中根据总包服务范围和有关计价规定编制,施工企业投标时自主报价,施工过程中按签约合同价执行。

4. 规费和税金

规费和税金，见前文 2.2.2.1 节按费用构成要素划分的相关内容。建设单位和施工企业均应按照省、自治区、直辖市或行业建设主管部门发布标准计算规费和税金，不得作为竞争性费用。

2.3 设备及工器具购置费

设备及工器具购置费用由设备购置费和工器具及生产家具购置费组成，它是固定资产投资中的积极部分。在生产性工程建设中，设备与工器具购置费用占工程造价比重的增大，意味着生产技术的进步和资本有机构成的提高。

2.3.1 设备购置费的组成和计算

设备购置费用是指为购置或自制设计文件规定的达到固定资产标准的各种机械和电气设备、工器具及生产家具等所需的全部费用。它由设备原价和设备运杂费组成。

机械设备一般包括：各种工艺设备、动力设备、起重运输设备、试验设备及其他机械设备等。

电气设备包括：各种变电、配电和整流电气设备，电气传动设备和控制设备，弱电系统设备和各种单独的电器仪表等。

设备分为需要安装和不需要安装的两类。需要安装设备是指其整个或个别部分装配起来，安装在基础或支架上才能动用的设备，如机床、锅炉等。不需要安装的设备是指不需要固定于一定的基础上或支架上就可以使用的设备。如汽车、电瓶车、电焊车等。

设备购置费，可按下式计算：

$$设备购置费 = 设备原价 + 设备运杂费 \tag{2-40}$$

式中，设备原价指国产设备或进口设备的原价；设备运杂费指除设备原价以外的关于设备采购、运输、途中包装及仓库保管等方面支出费用的总和。

2.3.1.1 国产设备原价的组成和计算

国产设备原价是指设备制造厂的交货价或订货合同价。它一般根据生产厂家或供应商的询价、报价、合同价确定，或采用一定的方法计算确定。国产设备原价分为国产标准设备原价和国产非标准设备原价。

1. 国产标准设备原价

国产标准设备是指按照主管部门颁布的标准图和技术要求，由我国设备生产厂批量生产的、符合国家质量检测标准的设备。

国产标准设备原价有两种，即带有备件的原价和不带有备件的原价。在计算时，一般采用带有备件的原价。

国产标准设备一般有完善的设备交易市场，因此可通过查询相关交易市场价格或向设备生产厂家询价得到国产标准设备原价。

2. 国产非标准设备原价

国产非标准设备是指国家尚无定型标准，各设备生产厂不可能在工艺过程中采用批量生产，只能按订货要求并根据具体的设计图制造的设备。非标准设备由于单件生产、无定型标准，所以无法获取市场交易价格，只能按其成本构成或相关技术参数估算其价格。

非标准设备原价有多种不同的计算方法，如成本计算估价法、系列设备插入估价法、分部组合估价法、定额估价法等。但无论采用哪种方法都应该使非标准设备计价接近实际出厂价，并且计算方法要简便。成本计算估价法是一种比较常用的估算非标准设备原价的方法。按成本计算估价法，非标准设备的原价的组成介绍如下。

（1）材料费

一般按下式计算：

$$材料费 = 材料净重 \times (1 + 加工损耗系数) \times 每吨材料综合价 \qquad (2\text{-}41)$$

（2）加工费

加工费包括生产工人工资和工资附加费、燃料动力费、设备折旧费、车间经费等；一般按下式计算：

$$加工费 = 设备总重(t) \times 设备每吨加工费 \qquad (2\text{-}42)$$

（3）辅助材料费

辅助材料费简称辅材费，包括焊条、焊丝、氧气、氩气、氮气、油漆、电石等费用。一般按下式计算：

$$辅助材料费 = 设备总重 \times 辅助材料费指标 \qquad (2\text{-}43)$$

（4）专用工具费

按上述（1）~（3）项之和乘以一定百分比计算。

（5）废品损失费

按上述（1）~（4）项之和乘以一定百分比计算。

（6）外购配套件费

按设备设计图所列的外购配套件的名称、型号、规格、数量、重量，根据相应的价格加运杂费计算。

（7）包装费

按上述（1）~（6）项之和乘以一定百分比计算。

（8）利润

按上述（1）~（5）项加第（7）项之和乘以一定利润率计算。

（9）税金

主要指增值税。一般按下列公式计算：

$$增值税 = 当期销项税额 - 进项税额 \qquad (2\text{-}44)$$
$$当期销项税额 = 销售额 \times 适用增值税率 \qquad (2\text{-}45)$$
$$销售额 = (1) \sim (8) 项之和$$

（10）非标准设备设计费

按国家规定的设计费收费标准计算。

综上所述，单台非标准设备原价可用下式表达：

单台非标准设备原价 = {[（材料费 + 加工费 + 辅助材料费）×（1 + 专用工具费率）×
（1 + 废品损失费率）+ 外购配套件费] ×（1 + 包装费率）-
外购配套件费} ×（1 + 利润率）+ 销项税额 +
非标准设备设计费 + 外购配套件费 (2-46)

【例 2-2】　某单位采购一台国产非标准设备，制造厂商生产该台设备所用材料费 20 万元，加工费 2 万元，辅助材料费 0.4 万元，为制造该设备，制造厂在材料采购过程中发生进项增值税额 3.5 万元。专用工具费率 1.5%，废品损失费率 10%，外购配套件费 5 万元，包装费率 1%，利润率为 7%，增值税率为 17%，非标准设备设计费 2 万元，计算该国产非标准设备的原价。

【解】 专用工具费 $= (20 + 2 + 0.4)$ 万元 $\times 1.5\% = 0.336$ 万元

废品损失费 $= (20 + 2 + 0.4 + 0.336)$ 万元 $\times 10\% = 2.274$ 万元

包装费 $= (22.4 + 0.336 + 2.274 + 5)$ 万元 $\times 1\% = 0.3$ 万元

利润 $= (22.4 + 0.336 + 2.274 + 0.3)$ 万元 $\times 7\% = 1.772$ 万元

销项税额 $= (22.4 + 0.336 + 2.274 + 5 + 0.3 + 1.772)$ 万元 $\times 17\% = 5.454$ 万元

该国产非标准设备的原价 $= (22.4 + 0.336 + 2.274 + 0.3 + 1.772 + 5.454 + 2 + 5)$ 万元
$$= 39.536 \text{ 万元}$$

2.3.1.2 进口设备原价的组成及计算

进口设备的原价是指进口设备的抵岸价，即设备抵达买方边境、港口或车站，交纳完各种手续费、税费后形成的价格。抵岸价通常是由进口设备到岸价（CIF）和进口从属费构成。进口设备的到岸价，即抵达买方边境港口或边境车站的价格。在国际贸易中，交易双方所使用的交货类别不同，则交易价格的构成内容也有所差异。进口从属费用包括银行财务费、外贸手续费、进口关税、消费税、进口环节增值税等，进口车辆的还需缴纳车辆购置税。

1. 进口设备的交易价格

在国际贸易中，较为广泛使用的交易价格术语有 FOB、CFR 和 CIF。

（1）FOB（free on board）

FOB 意为装运港船上交货，亦称为离岸价格。

FOB 是指当货物在指定的装运港越过船舷，卖方即完成交货义务。风险转移，以在指定的装运港货物越过船舷时为分界点。费用划分与风险转移的分界点相一致。

在 FOB 交货方式下，卖方的基本义务包括：办理出口清关手续，自负风险和费用，领取出口许可及其他官方文件；在约定的日期或期限内，在合同规定的装运港，按港口惯常的方式，把货物装上买方指定的船只，并及时通知买方；承担货物在装运港越过船舷之前的一切费用和风险；向买方提供商业发票和证明货物已交至船上的装运单据或具有同等效力的电子单证。买方的基本义务包括：负责租船订舱，按时派船到合同约定的装运港接运货物，支付运费，并将船期、船名及装船地点及时通知卖方；负担货物在装运港越过船舷后的各种费用及货物灭失或损坏的一切风险；负责获取进口许可证或其他官方文件，以及办理货物入境手续；受领卖方提供的各种单证，按合同规定支付货款。

（2）CFR（cost and freight）

CFR 意为成本加运费，或称之为运费在内价。

CFR 是指在装运港货物越过船舷卖方即完成交货，卖方必须支付将货物运至指定的目的港所需的运费和费用，但交货后货物灭失或损坏的风险，以及由于各种事件造成的任何额外费用，即由卖方转移到买方。与 FOB 价格相比，CFR 的费用划分与风险转移的分界点是不一致的。

在 CFR 交货方式下，卖方的基本义务包括：提供合同规定的货物，负责订立运输合同，并租船订舱，在合同规定的装运港和规定的期限内，将货物装上船并及时通知买方，支付运至目的港的运费；负责办理出口清关手续，提供出口许可证或其他官方批准的文件；承担货物在装运港越过船舷之前的一切费用和风险；按合同规定提供正式有效的运输单据、发票或具有同等效力的电子单证。买方的基本义务包括：承担货物在装运港越过船舷以后的一切风险及运输途中因遭遇风险所引起的额外费用；在合同规定的目的港受领货物，办理进口清关手续，交纳进口税；受领卖方提供的各种约定的单证，并按合同规定支付货款。

（3）CIF（cost insurance and freight）

CIF 意为成本加保险费、运费，习惯称到岸价格。

在 CIF 中，卖方除负有与 CFR 相同的义务外，还应办理货物在运输途中最低险别的海运保险，并应支付保险费。如买方需要更高的保险险别，则需要与卖方明确地达成协议，或者自行作出额外的保险安排。除保险这项义务之外，买方的义务与 CFR 相同。

2. 进口设备到岸价的组成及计算

进口设备到岸价的计算，可按下式进行：

$$进口设备到岸价（CIF）=离岸价格（FOB）+国际运费+运输保险费$$
$$=运费在内价（CFR）+运输保险费 \qquad (2\text{-}47)$$

（1）货价

货价一般指装运港船上交货价（FOB）。设备货价分为原币货价和人民币货价，原币货价一律折算为美元表示，人民币货价按原币货价乘以外汇市场美元兑换人民币汇率中间价确定。进口设备货价按有关生产厂商询价、报价、订货合同价计算。

（2）国际运费

国际运费即从装运港（站）到达我国目的港（站）的运费。我国进口设备大部分采用海洋运输，小部分采用铁路运输，个别采用航空运输。进口设备国际运费计算，可按下列公式进行：

$$国际运费（海、陆、空）=原币货价（FOB）\times 运费率 \qquad (2\text{-}48)$$
$$国际运费（海、陆、空）=单位运价 \times 运量 \qquad (2\text{-}49)$$

式中，运费率或单位运价参照有关部门或进出口公司的规定执行。

（3）运输保险费

对外贸易货物运输保险是由保险人（保险公司）与被保险人（出口人或进口人）订立保险契约，在被保险人交付议定的保险费后，保险人根据保险契约的规定对货物在运输过程中发生的承保责任范围内的损失给予经济上的补偿。这是一种财产保险。运输保险费，可按下式计算：

$$运输保险费 = \frac{原币货价（FOB）+国外运费}{1-保险费率} \times 保险费率 \qquad (2\text{-}50)$$

式中，保险费率按保险公司规定的进口货物保险费率计算。

3. 进口从属费的构成及计算

进口从属费，可按下式计算：

$$进口从属费 = 银行财务费 + 外贸手续费 + 关税 + 消费税 + 进口环节增值税 + 车辆购置税$$
$$(2\text{-}51)$$

（1）银行财务费

银行财务费一般是指在国际贸易结算中，中国银行为进出口商提供金融结算服务所收取的费用，可按下式简化计算：

$$银行财务费 = 离岸价格(FOB) \times 人民币外汇汇率 \times 银行财务费率 \qquad (2-52)$$

（2）外贸手续费

外贸手续费指按规定的外贸手续费率计取的费用，外贸手续费率一般取1.5%，可按下式计算：

$$外贸手续费 = 到岸价格(CIF) \times 人民币外汇汇率 \times 外贸手续费率 \qquad (2-53)$$

（3）关税

关税是由海关对进出国境或关境的货物和物品征收的一种税，可按下式计算：

$$关税 = 到岸价格(CIF) \times 人民币外汇汇率 \times 进口关税税率 \qquad (2-54)$$

到岸价格作为关税的计征基数时，通常又可称为关税完税价格。进口关税税率分为优惠和普通两种。优惠税率适用于与我国签订关税互惠条款的贸易条约或协定的国家的进口设备；普通税率适用于与我国未签订关税互惠条款的贸易条约或协定的国家的进口设备。进口关税税率按我国海关总署发布的进口关税税率计算。

（4）消费税

消费税仅对部分进口设备（如轿车、摩托车等）征收，可按下式计算：

$$应纳消费税税额 = \frac{到岸价格(CIF) \times 人民币民币外汇 + 关税}{1 - 消费税税率} \times 消费税税率 \qquad (2-55)$$

其中，消费税税率根据规定的税率计算。

（5）进口环节增值税

进口环节增值税是对从事进口贸易的单位和个人，在进口商品报关进口后征收的税种。我国增值税条例规定，进口应税产品均按组成计税价格和增值税税率直接计算应纳税额。可按下列公式计算：

$$进口环节增值税额 = 组成计税价格 \times 增值税税率 \qquad (2-56)$$
$$组成计税价格 = 关税完税价格 + 关税 + 消费税 \qquad (2-57)$$

增值税税率根据规定的税率计算。

（6）车辆购置税

进口车辆需缴进口车辆购置税，可按下式计算：

$$进口车辆购置税 = (关税完税价格 + 关税 + 消费税) \times 车辆购置税率 \qquad (2-58)$$

【例2-3】 某单位从国外进口设备，总重1000t，装运港船上交货价为400万美元，其工程建设项目位于国内某省会城市。如果国际运费标准为300美元/t，海上运输保险费率为3‰，银行财务费率为5‰，外贸手续费率为1.5%，关税税率为22%，增值税的税率为17%，消费税税率10%，银行外汇牌价为1美元 = 6.3元人民币，对该设备的原价进行估算。

【解】 进口设备 FOB = (400 × 6.3)万元 = 2520万元

国际运费 = (300 × 1000 × 6.3)元 = 1890000元 = 189万元

$$海运保险费 = \frac{2520 + 189}{1 - 0.3‰}万元 \times 0.3‰ = 8.15万元$$

CIF = (2520 + 189 + 8.15)万元 = 2717.15万元

$$银行财务费 = 2520万元 \times 5‰ = 12.6万元$$

$$外贸手续费 = 2717.15万元 \times 1.5\% = 40.76万元$$

$$关税 = 2717.15万元 \times 22\% = 597.77万元$$

$$消费税 = \frac{2717.15 + 597.77}{1 - 10\%}万元 \times 10\% = 368.32万元$$

$$增值税 = (2717.15 + 597.77 + 368.32)万元 \times 17\% = 626.15万元$$

$$进口从属费 = 12.6 + 40.76 + 597.77 + 368.32 + 626.15万元 = 1645.6万元$$

$$进口设备原价 = (2717.15 + 1645.6)万元 = 4362.75万元$$

2.3.1.3　设备运杂费的组成及计算

1. 设备运杂费的组成

设备运杂费是指国内采购设备自来源地、国外采购设备自到岸港运至工地仓库或指定堆放地点发生的采购、运输、运输保险、保管、装卸等费用。通常由下列各项组成：

（1）运费和装卸费

国产设备由设备制造厂交货地点起至工地仓库（或施工组织设计指定的需要安装设备的堆放地点）止所发生的运费和装卸费；进口设备则由我国到岸港口或边境车站起至工地仓库（或施工组织设计指定的需安装设备的堆放地点）止所发生的运费和装卸费。

（2）包装费

包装费是指在设备原价中没有包含的，为运输而进行的包装支出的各种费用。

（3）设备供销部门的手续费

设备供销部门的手续费按有关部门规定的统一费率计算。

（4）采购与仓库保管费

采购与仓库保管费指采购、验收、保管和收发设备所发生的各种费用，包括设备采购人员、保管人员和管理人员的工资、工资附加费、办公费、差旅交通费，设备供应部门办公和仓库所占固定资产使用费、工具用具使用费、劳动保护费、检验试验费等。这些费用可按主管部门规定的采购与保管费费率计算。

2. 设备运杂费的计算

设备运杂费可按下式计算：

$$设备运杂费 = 设备原价 \times 设备运杂费率 \qquad (2-59)$$

式中，设备运杂费率按各部门及省、市有关规定计取。

2.3.2　工器具及生产家具购置费的组成和计算

工器具及生产家具购置费是指新建或扩建项目初步设计规定的，保证初期正常生产必须购置的没有达到固定资产标准的设备、仪器、工卡模具、器具、生产家具和备品备件等的购置费用。一般以设备购置费为计算基数，按照部门或行业规定的工器具及生产家具费率，按下式计算：

$$工器具及生产家具购置费 = 设备购置费 \times 定额费率 \qquad (2-60)$$

2.4　工程建设其他费用

工程建设其他费用，是指从工程筹建起到工程竣工验收交付使用止的整个建设期间，除建筑安装工程费用和设备及工器具购置费用以外的，根据设计文件要求和国家有关规定，为保证工程建设顺利完成和交付使用后能够正常发挥效用而发生的，应在工程项目的建设投资中开支的各项费用。

工程建设其他费用是项目的建设投资中较常发生的费用项目，但并非每个项目都会发生这些费用项目，项目不发生的其他费用项目不计取。所以，它的特点是不属于建设项目中的任何一个工程项目，而是属于建设项目范围内的工程和费用。

2.4.1 建设用地费

任何一个建设项目都是在一个固定地点与地面相连接，必须占用一定量的土地，也就必然要发生为获得建设用地而支付的费用，这就是建设用地费。它是指为获得工程项目建设土地的使用权而在建设期内发生的各项费用，包括通过划拨方式取得土地使用权而支付的土地征用和迁移补偿费，或通过土地使用权出让方式取得土地使用权而支付的土地使用权出让金等。

1. 建设用地取得的基本方式

建设用地的取得，实质是依法获取国有土地的使用权。根据我国《房地产管理法》规定，获取国有土地使用权的基本方式有两种：一是出让方式，一是划拨方式。建设土地取得的其他方式还包括租赁和转让方式。

(1) 通过出让方式获取国有土地使用权

国有土地使用权出让，是指国家将国有土地使用权在一定年限内出让给土地使用者，由土地使用者向国家支付土地使用权出让金的行为。土地使用权出让最高年限按下列用途确定：

① 居住用地70年。

② 工业用地50年。

③ 教育、科技、文化、卫生、体育用地50年。

④ 商业、旅游、娱乐用地40年。

⑤ 综合或者其他用地50年。

通过出让方式获取国有土地使用权又分成两种具体方式：一是通过招标、拍卖、挂牌等竞争出让方式获取国有土地使用权，二是通过协议出让方式获取国有土地使用权。

1) 通过竞争出让方式获取国有土地使用权。具体的竞争方式又包括投标、竞拍和挂牌三种。按照国家相关规定，工业（包括仓储用地，但不包括采矿用地）、商业、旅游、娱乐和商品住宅等各类经营性用地，必须以招标、拍卖或者挂牌方式出让；上述规定以外用途的土地供地计划公布后，同一宗地有两个以上意向用地者的，也应当采用招标、拍卖或者挂牌方式出让。

2) 通过协议出让方式获取国有土地使用权。按照国家相关规定，出让国有土地使用权，除依照法律、法规和规章的规定，应当采用招标、拍卖或者挂牌方式外，还可采取协议方式。以协议方式出让国有土地使用权的出让金不得低于国家规定所确定的最低价。协议出让底价不得低于拟出让地块所在区域的协议出让最低价。

(2) 通过划拨方式获取国有土地使用权

国有土地使用权划拨，是指县级以上人民政府依法批准，在土地使用者缴纳补偿、安置等费用后将该土地交付其使用，或者将土地使用权无偿交付给土地使用者使用的行为。

国家对划拨用地有着严格的规定，下列建设用地，经县级以上人民政府依法批准，可以以划拨方式取得：

1) 国家机关用地和军事用地。

2) 城市基础设施用地和公益事业用地。

3) 国家重点扶持的能源、交通、水利等基础设施用地。

4) 法律、行政法规规定的其他用地。

依法以划拨方式取得土地使用权的，除法律、行政法规另有规定外，没有使用期限的限制。因企业改制、土地使用权转让或者改变土地用途等不再符合本目录的，应当实行有偿使用。

2. 建设用地取得的费用

建设用地如通过行政划拨方式取得，需承担征地补偿费用或对原用地单位或个人的拆迁补偿费用；若通过市场机制取得，则不但承担以上费用，还要向土地所有者支付有偿使用费，即土地出让金。

(1) 征地补偿费用

建设征用土地费用，由以下几个部分构成。

1) 土地补偿费。土地补偿费是对农村集体经济组织因土地被征用而造成经济损失的一种补偿。征用耕地的补偿费，为该耕地被征前3年平均年产值的6～10倍。征用其他土地的补偿费标准，由省、自治区、直辖市参照征用耕地的补偿费标准规定。土地补偿费归农村集体经济组织所有。

2) 青苗补偿费和地上附着物补偿费。青苗补偿费是因征地时对其正在生长的农作物受到损害而作出的一种赔偿。在农村实行承包责任制后，农民自行承包土地的青苗补偿费应付给本人，属于集体种植的青苗补偿费可纳入当年集体收益。凡在协商征地方案后抢种的农作物、树木等，一律不予补偿。地上附着物是指房屋、水井、树木、涵洞、桥梁、公路、水利设施、林木等地面建筑物、构筑物、附着物等，视协商征地方案前地上附着物价值与折旧情况确定补偿，应根据"拆什么、补什么，拆多少、补多少，不低于原来水平"的原则确定。如附着物产权属个人，则该项补助费付给个人。地上附着物的补偿标准，由省、自治区、直辖市规定。

3) 安置补助费。安置补助费应支付给被征地单位和安置劳动力的单位，作为劳动力安置与培训的支出，以及作为不能就业人员的生活补助。征收耕地的安置补助费，按照需要安置的农业人口数计算。需要安置的农业人口数，按照被征收的耕地数量除以征地前被征收单位平均每人占有耕地的数量计算。每一个需要安置的农业人口的安置补助费标准，为该耕地被征收前3年平均年产值的4～6倍。但是，每公顷被征收耕地的安置补助费，最高不得超过被征收前3年平均年产值的15倍。土地补偿费和安置补助费，尚不能使需要安置的农民保持原有生活水平的，经省、自治区、直辖市人民政府批准，可以增加安置补助费。但是，土地补偿费和安置补助费的总和不得超过土地被征收前3年平均年产值的30倍。

4) 新菜地开发建设基金。新菜地开发建设基金是指征用城市郊区商品菜地时支付的费用。这项费用交给地方财政，作为开发建设新菜地的投资。菜地是指城市郊区为供应城市居民蔬菜，连续3年以上常年种菜或者养殖鱼、虾等的商品菜地和精养鱼塘。一年只种一茬或因调整茬口安排种植蔬菜的，均不作为需要收取开发基金的菜地。征用尚未开发的规划菜地，不缴纳新菜地开发建设基金。在蔬菜产销放开后，能够满足供应，不再需要开发新菜地的城市，不收取新菜地开发基金。

5）耕地占用税。耕地占用税是对占用耕地建房或者从事其他非农业建设的单位和个人征收的一种税收，目的是合理利用土地资源、节约用地，保护农用耕地。耕地占用税征收范围，不仅包括占用耕地，还包括占用鱼塘、园地、菜地及其农业用地建房或者从事其他非农业建设均按实际占用的面积和规定的税额一次性征收。其中，耕地是指用于种植农作物的土地。占用前三年曾用于种植农作物的土地也视为耕地。

6）土地管理费。土地管理费主要作为征地工作中所发生的办公、会议、培训、宣传、差旅、借用人员工资等必要的费用。土地管理费的收取标准，一般是在土地补偿费、青苗费、地面附着物补偿费、安置补助费四项费用之和的基础上提取2%～4%。如果是征地包干，还应在四项费用之和后再加上粮食价差、副食补贴、不可预见费等费用，在此基础上提取2%～4%作为土地管理费。

（2）拆迁补偿费用

在城市规划区内国有土地上实施房屋拆迁，拆迁人应当对被拆迁人给予补偿、安置。

1）拆迁补偿。拆迁补偿的方式可以实行货币补偿和实行房屋产权调换。

货币补偿的金额，根据被拆迁房屋的区位、用途、建筑面积等因素，以房地产市场评估价格确定。具体办法由省、自治区、直辖市人民政府制定。

实行房屋产权调换的，拆迁人与被拆迁人按照计算得到的被拆迁房屋的补偿金额和所调换房屋的价格，结清产权调换的差价。

2）搬迁、安置补助费。拆迁人应当对被拆迁人或者房屋承租人支付搬迁补助费，对于在规定的搬迁期限届满前搬迁的，拆迁人可以付给提前搬家奖励费；在过渡期限内，被拆迁人或者房屋承租人自行安排住处的，拆迁人应当支付临时安置补助费；被拆迁人或者房屋承租人使用拆迁人提供的周转房的，拆迁人不支付临时安置补助费。

搬迁补助费和临时安置补助费的标准，由省、自治区、直辖市人民政府规定。有些地区规定，拆除非住宅房屋，造成停产、停业引起经济损失的，拆迁人可以根据被拆除房屋的区位和使用性质，按照一定标准给予一次性停产、停业综合补助费。

（3）出让金、土地转让金

土地使用权出让金为用地单位向国家支付的土地所有权收益，出让金标准一般参考城市基准地价并结合其他因素制定。基准地价由市土地管理局会同市物价局、市国有资产管理局、市房地产管理局等部门综合平衡后报市级人民政府审定通过，它以城市土地综合定级为基础，用某一地价或地价幅度表示某一类别用地在某一土地级别范围的地价，以此作为土地使用权出让价格的基础。

在有偿出让和转让土地时，政府对地价不作统一规定，但坚持以下原则：即地价对目前的投资环境不产生大的影响；地价与当地的社会经济承受能力相适应；地价要考虑已投入的土地开发费用、土地市场供求关系、土地用途、所在区类、容积率和使用年限等。有偿出让和转让使用权，要向土地受让者征收契税；转让土地如有增值，要向转让者征收土地增值税；土地使用者每年应按规定的标准缴纳土地使用费。土地使用权出让或转让，应先由地价评估机构进行价格评估后，再签订土地使用权出让和转让合同。

2.4.2 与项目建设有关的其他费用

1. 建设管理费

建设管理费是指建设单位为组织完成工程项目建设，从项目筹建开始直至办理竣工决算为止建设期内发生的各类管理性费用。

（1）建设管理费的内容

1）建设单位管理费。建设单位管理费是指建设单位发生的管理性质的开支。该项费用内容包括：工作人员工资、工资性补贴、施工现场津贴、职工福利费、住房基金、基本养老保险费、基本医疗保险费、失业保险费、工伤保险费、办公费、差旅交通费、劳动保护费、工具用具使用费、固定资产使用费、必要的办公及生活用品购置费、必要的通信设备及交通工具购置费、零星固定资产购置费、招募生产工人费、技术图书资料费、业务招待费、设计审查费、工程招标费、合同契约公证费、法律顾问费、咨询费、完工清理费、竣工验收费、印花税和其他管理性质开支。

2）工程监理费。工程监理费是指建设单位委托工程监理单位实施工程监理的费用。此项费用应按国家发改委与建设部联合发布的《建设工程监理与相关服务收费管理规定》（发改价格［2007］670号）计算。依法必须实行监理的建设工程施工阶段的监理收费实行政府指导价；其他建设工程施工阶段的监理收费和其他阶段的监理与相关服务收费实行市场调节价。

（2）建设单位管理费的计算

建设单位管理费按照工程费用之和（包括设备及工器具购置费和建筑安装工程费用）乘以建设单位管理费费率，按下式计算：

$$建设单位管理费 = 工程费用 \times 建设单位管理费费率 \qquad (2-61)$$

建设单位管理费费率按照建设项目的不同性质、不同规模确定。有的建设项目按照建设工期和规定的金额计算建设单位管理费。由于工程监理是受建设单位委托的工程建设技术服务，属建设管理范畴。如采用监理，建设单位部分管理工作量转移至监理单位。监理费应根据委托的监理工作范围和监理深度在监理合同中商定或按当地或所属行业部门有关规定计算；因此工程监理费用应从建设管理费用中开支，在工程建设其他费用项目中不得单独列项。

如建设单位采用工程总承包方式，其总包管理费由建设单位与总包单位根据总包工作范围在合同中商定，从建设管理费中支出。

2. 可行性研究费

可行性研究费是指在工程项目投资决策阶段，依据调研报告对有关建设方案、技术方案或生产经营方案进行的技术经济论证，以及编制、评审可行性研究报告所需的费用。

可行性研究费用应依据前期研究委托合同计列，或参照《建设项目前期工作咨询收费暂行规定》（计投资［1999］1283号）的规定计算。

3. 研究试验费

研究试验费指为本建设项目提供或验证设计数据、资料等进行必要的研究试验及按照设计规定在建设过程中必须进行试验、验证所需的费用，包括自行或委托其他部门研究试验所需人工费、材料费、试验设备及仪器使用费等。这项费用按照设计单位根据本工程项目的需要提出的研究试验内容和要求计算。在计算时要注意不应包括以下项目：

1）应由科技三项费用（即新产品试制费、中间试验费和重要科学研究补助费）开支的项目。

2）应在建筑安装费用中列支的施工企业对建筑材料、构件和建筑物进行一般鉴定、检查所发生的费用及技术革新的研究试验费。

3）应由勘察设计费或工程建设投资中开支的项目。

4. 勘察设计费

勘察设计费是指委托勘察设计单位对工程项目进行工程水文地质勘察、工程设计所发生的各项费用，包括以下内容：

1）工程勘察费、初步设计费（基础设计费）、施工图设计费（详细设计费）。

2）设计模型制作费。勘察设计费用的计算方法，依据勘察设计委托合同计列，或按照国家计委、建设部《工程勘察设计收费管理规定》（计价格〔2002〕10号）的规定计算。

5. 环境影响评价费

环境影响评价费是指按照《环境保护法》《环境影响评价法》等规定，在工程项目投资决策过程中，为全面、详细地对建设项目其进行环境污染或影响评价所需的费用。包括编制环境影响报告书（含大纲）、环境影响报告表以及对环境影响报告书（含大纲）、环境影响报告表进行评估等所需的费用。

该项费用应依据环境影响评价委托合同计列，或参照按照国家计委、国家环境保护总局《关于规范环境影响咨询收费有关问题的通知》（计价格〔2002〕125号）的规定计算。

6. 劳动安全卫生评价费

劳动安全卫生评价费是指按照劳动部《建设项目（工程）劳动安全卫生监察规定》（劳动部令第3号）和《建设项目（工程）劳动安全卫生预评价管理办法》的规定，在工程项目投资决策过程中，为预测和分析建设项目存在的职业危险、危害因素的种类和危险危害程度，并提出先进、科学、合理可行的劳动安全卫生技术和管理对策，编制劳动安全卫生评价报告所需的费用。包括以下内容：

1）编制建设项目劳动安全卫生预评价大纲所需费用。

2）编制劳动安全卫生预评价报告书所需费用。

3）为编制上述文件所进行的工程分析和环境现状调查等所需费用。

该项费用的计算方法，可依据劳动安全卫生预评价委托合同计列，或按照建设项目所在省、自治区、直辖市劳动行政部门规定的标准计算。

必须进行劳动安全卫生预评价的项目包括：

1）属于《国家计划委员会、国家基本建设委员会、财政部关于基本建设项目和大中型划分标准的规定》中规定的大中型建设项目。

2）属于《建筑设计防火规范》（GB 50016—2014）中规定的火灾危险性生产类别为甲类的建设项目。

3）属于劳动部颁布的《爆炸危险场所安全规定》中规定的爆炸危险场所等级为特别危险场所和高度危险场所的建设项目。

4）大量生产或使用《职业性接触毒物危害程度分级》（GB 5044—1985）规定的Ⅰ级、Ⅱ级危害程度的职业性接触毒物的建设项目。

5）大量生产或使用石棉粉料或含有10%以上的游离二氧化硅粉料的建设项目。

6）其他由劳动行政部门确认的危险、危害因素大的建设项目。

7. 场地准备及临时设施费

（1）场地准备和临时设施费的内容

1）建设项目场地准备费。建设项目场地准备费是指为使工程项目的建设场地达到开工条件，由建设单位组织进行的场地平整和对建设场地余留的有碍于施工建设的设施进行拆除清理等准备工作而发生的费用。

2）建设单位临时设施费。建设单位临时设施费是指建设单位为满足工程项目建设、生活、办公的需要，用于临时设施建设、维修、租赁、使用所发生或摊销的费用。

（2）场地准备和临时设施费的计算

1）场地准备和临时设施，应尽量与永久性工程统一考虑。建设场地的大型土石方工程应进入工程费用中的总图运输费用中。

2）新建项目的场地准备和临时设施费，应根据实际工程量估算，或按工程费用的比例计算。改扩建项目一般只计拆除清理费。

$$场地准备和临时设施费 = 工程费用 \times 费率 + 拆除清理费 \tag{2-62}$$

3）发生拆除清理费时，可按新建同类工程造价或主材费、设备费的比例计算。凡可回收材料的拆除工程采用以料抵工方式冲抵拆除清理费。

4）此项费用不包括已列入建筑安装工程费用中的施工单位临时设施费用。

8. 引进技术和引进设备其他费

引进技术和引进设备其他费是指引进技术和设备发生的但未计入设备购置费中的费用。

（1）引进技术和引进设备其他费内容

1）引进项目图样资料翻译复制费、备品备件测绘费。

2）出国人员费用。指买方人员出国设计联络、出国考察、联合设计、监造、培训等所发生的差旅费、生活费等。

3）来华人员费用。指卖方来华工程技术人员的现场办公费用、往返现场交通费用、接待费用等。

4）银行担保和承诺费。指引进项目由国内外金融机构出面承担风险和责任担保所发生的费用，以及支付贷款机构的承诺费用。

（2）引进技术和引进设备其他费计算方法

1）引进项目图样资料翻译复制费。根据引进项目的具体情况计列或按引进货价（F. O. B）的比例估列；引进项目发生备品备件测绘费时按具体情况估列。

2）出国人员费用。依据合同规定的出国人次、期限和相应的费用标准计算；生活费用按照财政部、外交部规定的现行标准计算；差旅费按中国民航公布的票价计算。

3）来华人员费用。依据引进合同或协议有关条款及来华技术人员派遣计划进行计算。来华人员接待费用可按每人次费用指标计算。引进合同价款中已包括的费用内容不得重复计算。

4）银行担保和承诺费。银行担保和承诺费应按担保或承诺协议计取。编制投资估算和概算时，可以担保金额或承诺金额为基数乘以费率计算。

9. 工程保险费

工程保险费是指为转移工程项目建设的意外风险，在建设期内对建筑工程、安装工程、机械设备和人身安全进行投保而发生的费用。包括建筑安装工程一切险、引进设备财产保险和人身意外伤害险等。

工程保险费根据工程类别的不同，分别以其建筑、安装工程费乘以建筑、安装工程保险费率计算具体如下。

（1）民用建筑

民用建筑包括住宅楼、综合性大楼、商场、旅馆、医院、学校等按照建筑工程费的 2‰~4‰计算。

（2）其他建筑

其他建筑包括工业厂房、仓库、道路、码头、水坝、隧道、桥梁、管道等，按照建筑工程费的 3‰~6‰计算。

（3）安装工程

安装工程包括农业、工业、机械、电子、电器、纺织、矿山、石油、化学及钢铁工业、钢结构桥梁等，按照建筑工程费的 3‰~6‰计算。

10. 特殊设备安全监督检验费

特殊设备安全监督检验费是指安全监察部门对在施工现场组装的锅炉及压力容器、压力管道、消防设备、燃气设备、电梯等特殊设备和设施实施安全检验收取的费用。此项费用按照建设项目所在省（市、自治区）安全监察部门的规定标准计算。无具体规定的，在编制投资估算和概算时可按受检设备现场安装费的比例估算。

11. 市政公用设施费

市政公用设施费是指使用市政公用设施的工程项目，按照项目所在地省级人民政府有关规定建设或缴纳的市政公用设施建设配套费用，以及绿化工程补偿费用。此项费用按工程所在地人民政府规定标准计列。

2.4.3 与未来生产经营有关的其他费用

1. 联合试运转费

联合试运转费是指新建项目或新增加生产能力的工程，在交付生产前按照批准的设计文件所规定的工程质量标准和技术要求，对整个生产线或装置进行负荷联合试运转所发生的费用净支出（试运转支出大于收入的差额部分费用）。

试运转支出包括试运转所需原材料、燃料及动力消耗、低值易耗品、其他物料消耗、工具用具使用费、机械使用费、保险金、施工单位参加试运转人员工资及专家指导费等；试运转收入包括试运转期间的产品销售收入和其他收入。

联合试运转费不包括应由设备安装工程费用开支的调试及试车费用，以及在试运转中暴露出来的因施工原因或设备缺陷等发生的处理费用。

2. 专利及专有技术使用费

（1）专利及专有技术使用费内容

1）国外设计及技术资料费、引进有效专利、专有技术使用费和技术保密费。

2）国内有效专利、专有技术使用费用。

3）商标权、商誉和特许经营权费等。

（2）计算方法

1）按专利使用许可协议和专有技术使用合同的规定计列。

2）专有技术的界定应以省、部级鉴定批准为依据。

3）项目投资中只计算需在建设期支付的专利及专有技术使用费。协议或合同规定在生产期分年支付的使用费应在成本中核算。

4）一次性支付的商标权、商誉及特许经营权费按协议或合同规定计列。协议或合同规定在生产期支付的商标权或特许经营权费应在生产成本中核算。

5）为项目配套的专用设施投资，包括专用铁路线、专用公路、专用通信设施、送变电站、地下管道、专用码头等，如由项目建设单位负责投资但产权不归属本单位的，应作无形资产处理。

3. 生产准备及开办费

（1）生产准备及开办费的内容

生产准备及开办费指在建设期内，建设单位为保证项目正常生产而发生的人员培训费、提前进厂费以及投产使用必备的办公、生活家具用具及工器具等的购置费用。包括以下内容：

1）人员培训费及提前进厂费。包括自行组织培训或委托其他单位培训的人员工资、工资性补贴、职工福利费、差旅费、劳动保护费、学习资料费等。

2）为保证初期正常生产（或营业、使用）所必需的生产办公、生活家具用具购置费。

3）为保证初期正常生产（或营业、使用）必需的第一套不够固定资产标准的生产工具、器具、用具购置费（不包括应计入设备购置费中的备品备件费）。

（2）生产准备及开办费的计算方法

1）新建项目按设计定员为基数计算，改扩建项目按新增设计定员为基数计算。

$$生产准备费 = 设计定员 \times 生产准备费指标(元/人) \tag{2-63}$$

2）可采用综合的生产准备费指标进行计算，也可以按上述费用内容分类计算。

2.4.4 补充说明

一般建设项目很少发生或一些具有较明显行业特征的工程建设其他费用项目，如移民安置费、水资源费、水土保持评价费、地震安全性评价费、地质灾害危险性评价费、河道占用补偿费、超限设备运输特殊措施费、航道维护费、植被恢复费、种质检测费、引种测试费用等，各省（市、自治区）、各部门可在实施办法中补充或具体项目发生时依据有关政策规定计取。

2.5 预备费和建设期利息

2.5.1 预备费

预备费又称不可预见费，我国现行规定的预备费包括基本预备费和价差预备费。

1. 基本预备费

（1）基本预备费的内容

基本预备费是指针对项目实施过程中可能发生难以预料的支出而事先预留的费用，又称工程建设不可预见费，主要指设计变更及施工过程中可能增加工程量的费用，基本预备费一般由以下四部分构成：

1）在批准的初步设计范围、技术设计、施工图设计及施工过程中所增加的工程费用；设计变更、工程变更、材料代用、局部地基处理等增加的费用。

2）一般自然灾害造成的损失和预防自然灾害所采取的措施费用。实行工程保险的工程项目，该费用应适当降低。

3）竣工验收时为鉴定工程质量对隐蔽工程进行必要的挖掘和修复费用。

4）超规超限设备运输增加的费用。

（2）基本预备费的计算

基本预备费以工程费用和工程建设其他费用两者之和为计取基础，乘以基本预备费费率，按下式进行计算：

$$基本预备费 = (工程费用 + 工程建设其他费用) \times 基本预备费费率 \qquad (2\text{-}64)$$

式中，基本预备费费率的取值应执行国家及部门的有关规定。

2. 价差预备费

（1）价差预备费的内容

价差预备费是指为在建设期内利率、汇率或价格等因素的变化而预留的可能增加的费用，亦称为价格变动不可预见费。价差预备费的内容包括：人工费、设备、材料、施工机械的价差费，建筑安装工程费、工程建设其他费用调整，利率、汇率调整等增加的费用。

（2）价差预备费的测算方法

价差预备费一般根据国家规定的投资综合价格指数，按估算年份价格水平的投资额为基数，采用复利方法计算。计算公式为：

$$PF = \sum_{t=1}^{n} I_t \left[(1+f)^m (1+f)^{0.5} (1+f)^{t-1} - 1 \right] \qquad (2\text{-}65)$$

式中　PF——价差预备费；

　　　n——建设期年份数；

　　　I_t——估算静态投资额中第 t 年投入的工程费用；

　　　f——年涨价率；按政府部门有规定的按规定执行，没有规定的由可行性研究人员预测。

　　　m——建设前期年限（从编制估算到开工建设，单位：年）。

【例 2-4】　某项目建筑安装工程费 5000 万元，设备购置费 3000 万元，项目建设前期年限为 1 年，建设期为 3 年，各年投资计划额为：第一年完成投资 20%，第二年 60%，第三年 20%。年均投资价格上涨率为 6%，求建设项目建设期间价差预备费。

【解】　工程费用 = (5000 + 3000) 万元 = 8000 万元

建设期第一年完成投资 = 8000 万元 × 20% = 1600 万元

第一年价差预备费为：$PF_1 = I_1 \left[(1+f)(1+f)^{0.5} - 1 \right] = 146.14$ 万元

第二年完成投资 = 8000 万元 × 60% = 4800 万元

第二年价差预备费为：$PF_2 = I_2 \left[(1+f)(1+f)^{0.5}(1+f) - 1 \right] = 752.72$ 万元

第三年完成投资 = 8000 万元 × 20% = 1600 万元

第三年价差预备费为：$PF_3 = I_3 \left[(1+f)(1+f)^{0.5}(1+f)^2 - 1 \right] = 361.96$ 万元

所以，建设期的价差预备费为：

$$PF = (146.14 + 752.72 + 361.96) 万元 = 1260.82 万元$$

2.5.2　建设期利息

建设期利息是指在建设期内发生的为工程项目筹措资金的融资费用及债务资金利息。

当总贷款是分年均衡发放时，建设期利息的计算可按当年借款在年中支用考虑，即当年贷款按半年计息，上年贷款按全年计息。计算公式为：

$$q_j = \left(P_{j-1} + \frac{1}{2}A_j\right)i \qquad (2\text{-}66)$$

式中　q_j——建设期第 j 年应计利息；

P_{j-1}——建设期第 $(j-1)$ 年末累计贷款本金与利息之和；

A_j——建设期第 j 年贷款金额；

i——年利率。

国外贷款利息的计算中，还应包括国外贷款银行根据贷款协议向贷款方以年利率的方式收取的手续费、管理费、承诺费，以及国内代理机构经国家主管部门批准的以年利率的方式向贷款单位收取的转贷费、担保费、管理费等。

【例 2-5】　某新建项目，建设期 3 年，分年均衡进行贷款，第一年贷款 300 万元，第二年贷款 600 万元，第三年贷款 400 万元，年利率为 12%，建设期内利息只计息不支付，计算建设期利息。

【解】　在建设期，各年利息计算如下：

$$q_1 = \frac{1}{2}A_1 i = \frac{1}{2} \times 300 \text{ 万元} \times 12\% = 18 \text{ 万元}$$

$$q_2 = \left(P_1 + \frac{1}{2}A_2\right)i = \left(300 + 18 + \frac{1}{2} \times 600\right)\text{万元} \times 12\% = 74.16 \text{ 万元}$$

$$q_3 = \left(P_2 + \frac{1}{2}A_3\right)i = \left(318 + 600 + 74.16 + \frac{1}{2} \times 400\right)\text{万元} \times 12\% = 143.06 \text{ 万元}$$

所以，建设期利息 $= q_1 + q_2 + q_3 = (18 + 74.16 + 143.06)$ 万元 $= 235.22$ 万元

以上工程项目的投资可分为静态投资和动态投资两部分。建设工程静态投资是指以编制投资计划或概预算造价时的社会整体物价水平和银行利率、汇率、税率等为基本参数，按照有关文件规定计算得出的建设工程投资额。其内容包括：建筑工程费、设备购置费、安装工程费、工程建设其他费用和基本预备费；建设工程动态投资是指在建设期内，因建设工程贷款利息、汇率变动以及建设期间由于物价变动等引起的建设工程投资增加额。

2.6　建筑安装工程计价程序

建筑安装工程各项费用之间存在着密切的内在联系，前者是后者的计算基础。因此，费用计算必须按照一定的程序进行，避免重项或漏项，做到计算清晰、结果准确。在进行建筑安装工程费用计算时，要按照当地当时的费用项目构成、费用计算方法等，遵照一定的程序进行计算。

2.6.1　建设单位工程招标控制价计价程序

建设单位工程招标控制价计价程序见表 2-2。

2.6.2　施工企业工程投标报价计价程序

施工企业工程投标报价计价程序见表 2-3。

2.6.3　竣工结算计价程序

竣工结算计价程序见表 2-4。

表 2-2 建设单位工程招标控制价计价程序

工程名称： 标段：

序号	内 容	计 算 方 法	金额/元
1	分部分项工程费	按计价规定计算	
1.1			
1.2			
1.3			
1.4			
1.5			
⋮			
2	措施项目费	按计价规定计算	
2.1	其中:安全文明施工费	按规定标准计算	
3	其他项目费		
3.1	其中:暂列金额	按计价规定估算	
3.2	专业工程暂估价	按计价规定估算	
3.3	计日工	按计价规定估算	
3.4	总承包服务费	按计价规定估算	
4	规费	按规定标准计算	
5	税金(扣除不列入计税范围的工程设备金额)	$(1+2+3+4)\times$规定税率	

招标控制价合计 = 1 + 2 + 3 + 4 + 5

表 2-3 施工企业工程投标报价计价程序

工程名称： 标段：

序号	内 容	计 算 方 法	金额/元
1	分部分项工程费	自主报价	
1.1			
1.2			
1.3			
1.4			
1.5			
⋮			
2	措施项目费	自主报价	
2.1	其中:安全文明施工费	按规定标准计算	
3	其他项目费		
3.1	其中:暂列金额	按招标文件提供金额计列	
3.2	专业工程暂估价	按招标文件提供金额计列	
3.3	计日工	自主报价	
3.4	总承包服务费	自主报价	
4	规费	按规定标准计算	
5	税金(扣除不列入计税范围的工程设备金额)	$(1+2+3+4)\times$规定税率	

投标报价合计 = 1 + 2 + 3 + 4 + 5

表 2-4 竣工结算计价程序

工程名称： 标段：

序号	汇总内容	计算方法	金额/元
1	分部分项工程费	按合同约定计算	
1.1			
1.2			
1.3			
1.4			
1.5			
⋮			
2	措施项目费	按合同约定计算	
2.1	其中:安全文明施工费	按规定标准计算	
3	其他项目费		
3.1	其中:专业工程结算价	按合同约定计算	
3.2	其中:计日工	按计日工签证计算	
3.3	其中:总承包服务费	按合同约定计算	
3.4	索赔与现场签证	按发承包双方确认数额计算	
4	规费	按规定标准计算	
5	税金(扣除不列入计税范围的工程设备金额)	(1+2+3+4)×规定税率	

竣工结算总价合计 = 1 + 2 + 3 + 4 + 5

复习思考题

1. 建筑安装工程费包括哪些内容？
2. 分部分项工程费包括哪些内容？
3. 什么是直接费？它包括哪些内容？
4. 措施项目费一般包括哪些内容？
5. 施工现场的哪些设施属于临时设施？
6. 什么是企业管理费？它包括哪些内容？
7. 计入建筑安装工程造价中的税金包括哪些内容？
8. 什么是设备及工器具购置费？它包括哪些内容？如何计算？
9. 工程建设其他费用包括哪些内容？如何计算？

第3章 建筑工程造价计价依据

3.1 建筑工程造价计价方法概述

建筑工程造价计价是指按照规定的程序、方法和依据，对工程造价及其构成内容进行估计或确定的行为。建筑工程造价计价依据是指在工程计价活动中，所要依据的与计价内容、计价方法和价格标准相关的工程计量计价标准、工程计价定额及工程造价信息等。

3.1.1 建筑工程造价的计算

建筑工程造价的计算可分为工程计量和工程计价两个环节。

1. 工程计量

工程计量工作包括工程项目的划分和工程量的计算。

（1）单位工程基本构造单元的确定

单位工程基本构造单元的确定，即划分工程项目。编制工程概算预算时，主要是按工程定额进行项目的划分；编制工程量清单时主要是按照工程量清单计量规范规定的清单项目进行划分。

（2）工程量计算

工程量计算就是按照工程项目的划分、工程量计算规则、施工图设计文件和施工组织设计对分项工程实物量进行计算。工程实物量是计价的基础，不同的计价依据有不同的计算规则规定。目前，工程量计算规则包括以下两大类。

1）各类工程定额规定的计算规则。

2）各专业工程计量规范附录中规定的计算规则。

2. 工程计价

工程计价包括工程单价确定和工程总价的计算。

（1）工程单价确定

工程单价是指完成单位工程基本构造单元的工程量所需要的基本费用。工程单价包括工料单价和综合单价。

1）工料单价包括人工、材料、机具台班费用，是各种人工消耗量、各种材料消耗量、各类机具台班消耗量与其相应单价的乘积。用下式表示：

$$工料单价 = \sum（人材机消耗量 \times 相应人材机单价） \tag{3-1}$$

2）综合单价包括人工费、材料费、机具台班费，还包括企业管理费、利润和风险因素。综合单价根据国家、地区、行业定额或企业定额消耗量和相应生产要素的市场价格来确定。

（2）工程总价计算

工程总价是指经过规定的程序或办法逐级汇总形成的相应工程造价。根据采用单价的不同，工程总价的计算程序有所不同。

1）采用工料单价时，在工料单价确定后，乘以相应定额项目工程量并汇总，得出人材机的费用，再按照相应的取费程序计算企业管理费、利润、规费和税金等其他各项费用，汇总后形成相应工程造价。

　　2）采用综合单价时，在综合单价确定后，乘以相应项目工程量，经汇总即可得出分部分项工程费，再按相应的办法计取措施项目费、其他项目费、规费、税金，各项目费用汇总后得出相应工程造价。

3.1.2　建筑工程造价计价标准和依据

　　建筑工程造价计价标准和依据主要包括建筑工程造价的相关规章规程、工程量清单计价和计量规范、工程定额和相关工程造价信息。

　　从目前我国现状来看，工程定额主要用于在项目建设前期各阶段对于建设投资的预测和估计，在工程建设交易阶段，工程定额通常只能作为建设产品价格形成的辅助依据。工程量清单计价依据主要适用于合同价格形成及后续的合同价格管理阶段。建筑工程造价计价的相关规章规程，则根据其具体内容可能适用于不同阶段的建筑工程造价计价活动。工程造价信息是建筑工程造价计价活动所必需的依据。

　　1. 建筑工程造价计价的相关规章规程

　　现行建筑工程造价计价活动相关的规章规程，主要包括建筑工程发包与承包计价管理办法、建设项目投资估算编审规程、建设项目设计概算编审规程、建设项目施工图预算编审规程、建设工程招标控制价编审规程、建设项目工程结算编审规程、建设项目全过程造价规程、建设工程造价成果文件质量标准、建设工程造价鉴定规程等。

　　2. 工程量清单计价和计量规范

　　工程量清单计价和计量规范由《建设工程工程量清单计价规范》（GB 50500—2013）、《房屋建筑与装饰工程工程量计算规范》（GB 50854—2013）、《仿古建筑工程量计算规范》（GB 50855—2013）、《通用安装工程工程量计算规范》（GB 50856—2013）、《市政工程工程量计算规范》（GB 50857—2013）、《园林绿化工程工程量计算规范》（GB 50858—2013）、《矿山工程工程量计算规范》（GB 50859—2013）、《构筑物工程工程量计算规范》（GB 50860—2013）、《城市轨道交通工程工程量计算规范》（GB 50861—2013）、《爆破工程工程量计算规范》（GB 50862—2013）等组成。

　　3. 工程定额

　　工程定额主要指国家、省、有关专业部门制定的各种定额，包括工程消耗量定额和工程计价定额等。

　　工程定额是完成规定计量单位的合格建筑安装产品所消耗资源的数量标准。它是一个综合概念，是建筑工程造价计价和管理中各类定额的总称，包括许多种类的定额，可以按照不同的原则和方法对它进行分类。

　　（1）按生产要素分类

　　按生产要素分类，可以把工程定额划分为劳动消耗定额、机具消耗定额和材料消耗定额三种。

　　（2）按编制程序和用途分类

　　按编制程序和用途分类，可以把工程定额分为施工定额、预算定额、概算定额、概算指标、投资估算指标五种。

　　上述各种定额的相互联系见表3-1。

表 3-1　各种定额间关系的比较

	施工定额	预算定额	概算定额	概算指标	投资估算指标
对象	施工过程或基本工序	分项工程和结构构件	扩大的分项工程或扩大的结构构件	单位工程	建设项目 单项工程 单位工程
用途	编制施工预算	编制施工图预算	编制扩大初步设计概算	编制初步设计概算	编制投资估算
项目划分	最细	细	较粗	粗	很粗
定额水平	平均先进	平均	平均	平均	平均
定额性质	生产性定额	计价性定额	计价性定额	计价性定额	计价性定额

（3）按专业划分

由于工程建设涉及众多的专业，不同的专业所含的内容也不同，因此就确定人工、材料和机具台班消耗数量标准的工程定额来说，也需按不同的专业分别进行编制和执行。

1）建筑工程定额按专业对象分为建筑及装饰工程定额、房屋修缮工程定额、市政工程定额、铁路工程定额、公路工程定额、矿山井巷工程定额等。

2）安装工程定额按专业对象分为电气设备安装工程定额、机械设备安装工程定额、热力设备安装工程定额、通信设备安装工程定额、化学工业设备安装工程定额、工业管道安装工程定额、工艺金属结构安装工程定额等。

（4）按编制单位和执行范围分类

工程定额可以分为全国统一定额、行业统一定额、地区统一定额、企业定额、补充定额五种。

上述各种定额虽然适用于不同的情况和用途，但是它们是一个互相联系的、有机的整体，在实际工作中配合使用。工程定额的分类，如图 3-1 所示。

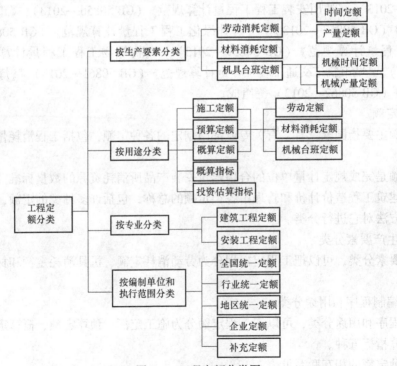

图 3-1　工程定额分类图

4. 工程造价信息

工程造价信息主要包括价格信息、工程造价指数和已完工程信息等。

3.1.3　建筑工程造价计价基本程序

建筑工程造价计价活动涵盖施工招标投标、合同管理及竣工交付全过程，主要包括：编制招标工程量清单、招标控制价、投标报价，确定合同价，进行工程计量与价款支付、合同价款的调整、工程结算和工程计价纠纷处理等活动。具体程序详见第1章相关内容。

3.2　工程量清单计价与计量规范

工程量清单是载明建设工程分部分项工程项目、措施项目、其他项目的名称和相应数量，以及规费和税金项目等内容的明细清单。包括招标工程量清单和已标价工程量清单。其中招标工程量清单是招标人依据国家标准、招标文件、设计文件及施工现场实际情况编制的，随招标文件发布供投标报价的工程量清单，包括其说明和表格；已标价工程量清单是构成合同文件组成部分的投标文件中已表明价格，经算术性错误修正（如有）且承包人已确认的工程量清单，包括其说明和表格。招标工程量清单应由具有编制能力的招标人或受其委托，具有相应资质的工程造价人编制。采用工程量清单方式招标，招标工程量清单必须作为招标文件的组成部分，其准确性和完整性由招标人负责。招标工程量清单应以单位（项）工程为单位编制，由分部分项工程项目清单、措施项目清单 其他项目清单、规费和税金项目清单组成。

3.2.1　工程量清单计价与计量规范概述

《建设工程工程量清单计价规范》（GB 50500，以下简称《计价规范》）包括总则、术语、一般规定、工程量清单编制、招标控制价、投标报价、合同价款约定、工程计量、合同价款调整、合同价款期中支付、竣工结算与支付、合同解除的价款结算与支付、合同价款争议的解决、工程造价鉴定、工程计价资料与档案、工程计价表格及11个附录。

各专业工程量计量规范包括总则、术语、工程计量、工程量清单编制和附录。

1. 工程量清单计价规范的适用范围

计价规范适用于建设工程发承包及其实施阶段的计价活动。使用国有资金投资的建设工程发承包，必须采用工程量清单计价；非国有资金投资的建设工程，宜采用工程量清单计价；不采用工程量清单计价的建设工程，应执行计价规范中除工程量清单等专门性规定外的其他规定。

国有资金投资的工程建设项目包括全部使用国有资金（含国家融资资金）投资或国有资金投资为主的工程建设项目。

（1）使用国有资金投资项目的范围

1）使用各级财政预算资金的项目。

2）使用纳入财政管理的各种政府性专项建设资金的项目。

3）使用国有企事业单位自有资金，并且国有资产投资者实际拥有控制权的项目。

（2）国家融资投资项目的范围

1）使用国家发行债券所筹资金的项目。

2）使用国家对外借款或者担保所筹资金的项目。

3）使用国家政策性贷款的项目。

4）国家授权投资主体融资的项目。

5）国家特许的融资项目。

（3）国有资金（含国家融资资金）为主的工程建设项目　是指国有资金占投资总额50%以上，或虽不足50%但国有投资者实质上拥有控股权的工程建设项目。

2. 工程量清单计价的作用

（1）提供一个平等的竞争条件

采用施工图预算来投标报价，由于施工图的设计缺陷，不同施工企业的人员理解不一，计算出的工程量也不同，报价就更相去甚远，也容易产生纠纷。而工程量清单报价为投标者提供了一个平等竞争的条件，相同的工程量，由企业根据自身的实力来填写不同的单价。投标人的这种自主报价，使得企业的优势体现到投标报价中，可在一定程度上规范建筑市场秩序，确保工程质量。

（2）满足市场经济条件下竞争的需要

招投标过程就是竞争的过程，招标人提供工程量清单，投标人根据自身情况确定综合单价，利用单价与工程量逐项计算每个项目的合价，再分别填入工程量清单表内，计算出投标总价。单价成了决定性的因素，定高了不能中标，定低了又要承担过大的风险。单价的高低直接取决于企业管理水平和技术水平的高低，这种局面促成了企业整体实力的竞争，有利于我国建设市场的快速发展。

（3）有利于提高工程计价效率，能真正实现快速报价

采用工程量清单计价方式，避免了传统计价方式下招标人与投标人在工程量计算上的重复工作，各投标人以招标人提供的工程量清单为统一平台，结合自身的管理水平和施工方案进行报价，促进了各投标人企业定额的完善和工程造价信息的积累和整理，体现了现代工程建设中快速报价的要求。

（4）有利于工程款的拨付和工程造价的最终结算

中标后，业主要与中标单位签订施工合同，中标价就是确定合同价的基础，投标清单上的单价就成了拨付工程款的依据。业主根据施工企业完成的工程量，可以很容易地确定进度款的拨付额。工程竣工后，根据设计变更、工程量增减等，业主也很容易确定工程的最终造价，可在某种程度上减少业主与施工单位之间的纠纷。

（5）有利于业主对投资的控制

采用施工图预算计价，业主对因设计变更、工程量的增减所引起的工程造价变化不敏感，往往等到竣工结算时才知道这些变更对项目投资的影响有多大，但常常是为时已晚。而采用工程量清单报价的方式则可对投资变化一目了然，在设计变更时，能马上知道它对工程造价的影响，业主就能根据投资情况来决定是否变更或进行方案比较，以确定最恰当的处理方法。

3.2.2　分部分项工程项目清单

分部分项工程是"分部工程"和"分项工程"的总称。"分部工程"是单位工程的组成部分，"分项工程"是分部工程的组成部分。

分部分项工程项目清单必须载明项目编码、项目名称、项目特征、计量单位和工程量，分部分项工程项目清单必须根据各专业工程计量规范规定的项目编码、项目名称、项目特征、计量单位和工程量计算规则进行编制。其格式见表3-2，在分部分项工程量清单的编制

过程中，由招标人负责前六项内容填列，金额部分在编制招标控制价或投标报价时填列。

表 3-2　分部分项工程和单价措施项目清单与计价表

工程名称：　　　　　　　　　　　　标段　　　　　　　　　　　第　页　共　页

序号	项目编码	项目名称	项目特征	计量单位	工程量	金额/元		
						综合单价	合价	其中:暂估价
本页小计								
合计								

1. 项目编码

项目编码是分部分项工程和措施项目清单名称的阿拉伯数字标识。分部分项工程量清单项目编码分五级设置，用 12 位阿拉伯数字表示。其中 1、2 位为相关工程国家计量规范代码，3、4 位为专业工程顺序码，5、6 位为分部工程顺序码，7、8、9 位为分项工程项目名称顺序码，这 9 位应按计价规范附录的规定设置；10~12 位为清单项目编码，应根据拟建工程的工程量清单项目名称设置，不得有重号，这 3 位清单项目编码由招标人针对招标工程项目具体编制，并应自 001 起顺序编制。

项目编码结构如图 3-2 所示（以房屋建筑与装饰工程工程量计算规范为例）：

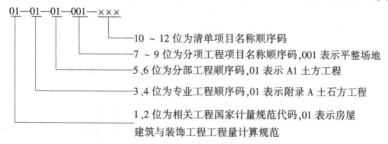

图 3-2　工程量清单项目编码结构

2. 项目名称

分部分项工程量清单的项目名称应按各专业工程计量规范附录的项目名称结合拟建工程的实际确定。附录表中的"项目名称"为分项工程项目名称，是形成分部分项工程量清单项目名称的基础。即在编制分部分项工程量清单时，以附录中的分项工程项目名称为基础，考虑该项目的规格、型号、材质等特征要求，结合拟建工程的实际情况，使其工程量清单项目名称具体化、细化，以反映影响工程造价的主要因素。例如"墙面一般抹灰"这一分项工程在形成工程量清单项目名称时可以细化为"外墙面抹灰""内墙面抹灰"等。清单项目名称应表达详细、准确，各专业工程计量规范中的分项工程项目名称如有缺陷，招标人可作补充，并报当地工程造价管理机构（省级）备案。

3. 项目特征

项目特征是构成分部分项工程项目、措施项目自身价值的本质特征。它是对项目的准确描述，是确定一个清单项目综合单价不可缺少的重要依据，是区分清单项目的依据，也是履行合同义务的基础。分部分项工程量清单的项目特征应按各专业工程计量规范附录中规定的项目特征，结合技术规范、标准图集、施工图，按照工程结构、使用材质及规格或安装位置等，予以详细而准确的表述和说明。凡项目特征中未描述到的其他独有特征，由清单编制人视项目具体情况确定，以准确描述清单项目为准。

在各专业工程计量规范附录中还有关于各清单项目"工作内容"的描述。工作内容是指完成清单项目可能发生的具体工作和操作程序，但应注意的是，在编制分部分项工程量清单时，工作内容通常无需描述，因为在计价规范中，工程量清单项目与工程量计算规则、工作内容有一一对应关系，当采用计价规范这一标准时，工作内容均有规定。

4. 计量单位

计量单位应采用基本单位，除各专业另有特殊规定外均按以下规定的单位计量：

1）以质量计算的项目——吨或千克（t 或 kg）；

2）以体积计算的项目——立方米（m^3）；

3）以面积计算的项目——平方米（m^2）；

4）以长度计算的项目——米（m）；

5）以自然计量单位计算的项目——个、套、块、樘、组、台……

6）没有具体数量的项目——系统、项……

各专业有特殊计量单位的，另外加以说明。当计量单位有两个或两个以上时，应根据所编工程量清单项目的特征要求，选择最适宜表现该项目特征并方便计量的单位。

计量单位的有效位数应遵守下列规定：

1）以"t"为单位，应保留小数点后 3 位数字，第 4 位小数四舍入。

2）以"m""m^2""m^3""kg"为单位，应保留小数点后 2 位数字，第 3 位小数四舍五入。

3）以"个""件""根""组""系统"等为单位，应取整数。

5. 工程量的计算

工程量主要通过工程量计算规则计算得到。工程量计算规则是指对清单项目工程量的计算规定。除另有说明外，所有清单项目的工程量应以实体工程量为准，并以完成后的净值计算；投标人投标报价时，应在单价中考虑施工中的各种损耗和需要增加的工程量。

根据工程量清单计价与计量规范的规定，工程量计算规则可以分为房屋建筑与装饰工程、仿古建筑工程、通用安装工程、市政工程、园林绿化工程、矿山工程、构筑物工程、城市轨道交通工程、爆破工程九大类。

以房屋建筑与装饰工程为例，其计量规范中规定的实体项目包括土石方工程，地基处理与边坡支护工程，桩基工程，砌筑工程，混凝土及钢筋混凝土工程，金属结构工程，木结构工程，门窗工程，屋面及防水工程，保温、隔热、防腐工程，楼地面装饰工程，墙、柱面装饰与隔断、幕墙工程，天棚工程，油漆、涂料、裱糊工程，其他装饰工程，拆除工程，措施项目，并分别制定了它们的项目的设置和工程量计算规则。

随着工程建设中新材料、新技术、新工艺等的不断涌现，计量规范附录所列的工程量清单项目不可能包含所有项目。在编制工程量清单时，当出现计量规范附录中未包括的清单项目时，编制人应作补充。在编制补充项目时应注意以下三个方面：

1）补充项目的编码应按计量规范的规定确定。具体做法是：补充项目的编码由计量规范的代码与 B 和 3 位阿拉伯数字组成，并应从 001 起顺序编制，例如房屋建筑与装饰工程如需补充项目，则其编码应从 01B001 开始起顺序编制，同一招标工程的项目不得重码。

2）在工程量清单中，应附补充项目的项目名称、项目特征、计量单位、工程量计算规则和工作内容。

3）将编制的补充项目报省级或行业工程造价管理机构备案。

3.2.3 措施项目清单

1. 措施项目列项

措施项目是指为完成工程项目施工，发生于该工程施工准备和施工过程中的技术、生活、安全、环境保护等方面的项目。

措施项目清单应根据相关工程现行国家计量规范的规定编制，根据拟建工程的实际情况列项。例如，《房屋建筑与装饰工程工程量计算规范》中规定的措施项目包括脚手架工程，混凝土模板及支架（撑），垂直运输，超高施工增加，大型机具设备进出场及安拆，施工排水、降水，安全文明施工及其他措施项目。

2. 措施项目清单的标准格式

（1）措施项目清单的类别

措施项目费用的发生与使用时间、施工方法或者两个以上的工序相关，并大都与实际完成的实体工程量的大小关系不大，如安全文明施工，夜间施工，非夜间施工照明，二次搬运，冬雨期施工，地上、地下设施、建筑物的临时保护设施，已完工程及设备保护等。

但是有些非实体项目则是可以计算工程量的项目，如脚手架工程，混凝土模板及支架（撑），垂直运输，超高施工增加，大型机具设备进出场及安拆，施工排水、降水等，与完成的工程实体具有直接关系，并且是可以精确计算的项目，用分部分项工程量清单的方式采用综合单价，更有利于措施费的确定和调整。措施项目中不能计算工程量的项目清单，以"项"为计量单位进行编制（表3-3）；可以计算工程量的项目清单，宜采用分部分项工程量清单的方式编制，列出项目编码、项目名称、项目特征、计量单位和工程量（表3-2）。

表 3-3 总价措施项目清单与计价表

工程名称：　　　　　　　　标段：　　　　　　　　　第　页　共　页

序号	项目编码	项目名称	计算基础	费率(%)	金额/元
		安全文明施工			
		夜间施工			
		二次搬运			
		冬雨期施工			
		已完工程及设备保护			
		…			
合　计					

注：1. 本表适用于以"项"计算的措施项目。

2. 投标人可根据施工组织设计采取措施增减项目。

（2）措施项目清单的编制

措施项目清单的编制需考虑多种因素，除工程本身的因素外，还涉及水文、气象、环境、安全等因素。措施项目清单应根据拟建工程的实际情况列项。若出现计价规范中未列的项目，可根据工程实际情况补充。

措施项目清单的编制依据主要有：

1）施工现场情况、地勘水文资料、工程特点。

2）常规施工方案。

3）与建设工程有关的标准、规范、技术资料。

4）拟定的招标文件。

5）建设工程设计文件及相关资料。

3.2.4　其他项目清单

其他项目清单是指分部分项工程量清单、措施项目清单所包含的内容以外，因招标人的特殊要求而发生的与拟建工程有关的其他费用项目和相应数量的清单。工程建设标准的高低、工程的复杂程度、工程的工期长短、工程的组成内容、发包人对工程管理要求等都直接影响其他项目清单的具体内容。其他项目清单包括暂列金额、暂估价（包括材料暂估单价、工程设备暂估单价、专业工程暂估价）、计日工、总承包服务费。其中，暂列金额应根据工程特点，按有关计价规定估算；暂估价中的材料、工程设备暂估价应根据工程造价信息或参照市场价格估算；专业工程暂估价应分不同专业，按有关计价规定估算；计日工应列出项目和数量。

其他项目清单宜按照表3-4的格式编制，出现未包含在表格中内容的项目，可根据工程实际情况补充。

表 3-4　其他项目清单与计价汇总表

工程名称：　　　　　　　　　　标段：　　　　　　　　　　第　页　共　页

序号	项目名称	计算单位	金额/元	备注
1	暂列金额			明细详见表3-6
2	暂估价			
2.1	材料(工程设备)暂估价			明细详见表3-7
2.2	专业工程暂估价			明细详见表3-8
3	计日工			明细详见表3-9
4	总承包服务费			明细详见表3-10
	合计			

注：材料暂估单价进入清单项目综合单价的，此处不汇总。

1. 暂列金额

暂列金额是指招标人在工程量清单中暂定并包括在合同价款中的一笔款项。用于工程合同签订时尚未确定或者不可预见的所需材料、工程设备、服务的采购，施工中可能发生的工程变更、合同约定调整因素出现时的合同价款调整，以及发生的索赔、现场签证确认等的费用。不管采用何种合同形式，其理想的标准是，一份合同的价格就是其最终的竣工结算价格，或者至少两者应尽可能接近。我国规定对政府投资工程实行概算管理，经项目审批部门批复的设计概算是工程投资控制的刚性指标，即使商业性开发项目也有成本的预先控制问题，否则，无法相对准确预测投资的收益和科学合理地进行投资控制。但工程建设自身的特性决定了工程的设计需要根据工程进展不断地进行优化和调整，业主需求可能会随工程建设进展出现变化，工程建设过程还会存在一些不能预见、不能确定的因素。消化这些因素必然会影响合同价格的调整，暂列金额正是因这类不可避免的价格调整而设立的，以便达到合理确定和有效控制工程造价的目标。设立暂列金额并不能保证合同结算价格就不会再出现超过合同价格的情况。是否超出合同价格完全取决于工程量清单编制人对暂列金额预测的准确性，以及工程建设过程是否出现了其他事先未预测到的事件。

暂列金额应根据工程特点，按有关计价规定估算。暂列金额可按照表 3-5 的格式列示。

表3-5　暂列金额明细表

工程名称：　　　　　　　　　　标段：　　　　　　　　　　　第　页　共　页

序号	项 目 名 称	计量单位	暂定金额/元	备注
1				
2				
合　　计				

注：此表由招标人填写，如不能详列，也可只列暂定金额总额，投标人应将上述暂列金额计入投标总价中。

2. 暂估价

暂估价是指招标人在工程量清单中提供的用于支付必然发生但暂时不能确定价格的材料、工程设备的单价以及专业工程的金额，包括材料暂估单价、工程设备暂估单价和专业工程暂估价。暂估价类似于 FIDIC 合同条款中的 Prime Cost Items，属于在招标阶段预见肯定要发生，只是因为标准不明确或者需要由专业承包人完成，暂时无法确定价格。暂估价数量和拟用项目应当结合工程量清单中的暂估价表予以补充说明。为方便合同管理，需要纳入分部分项工程量清单项目综合单价中的暂估价应只是材料、工程设备暂估单价，以方便投标人组价。

专业工程的暂估价一般应是综合暂估价，包括除规费和税金以外的管理费、利润等取费。总承包招标时，专业工程设计深度往往是不够的，一般需要交由专业设计人设计。国际上，出于提高可建造性考虑，一般由专业承包人负责设计，以发挥其专业技能和专业施工经验的优势。这类专业工程交由专业分包人完成是国际工程的良好实践，目前在我国工程建设领域也已经比较普遍。公开透明地合理确定这类暂估价的实际开支金额的最佳途径就是通过施工总承包人与工程建设项目招标人共同组织的招标。

暂估价中的材料、工程设备暂估单价应根据工程造价信息或参照市场价格估算，列出明细表；专业工程暂估价应分不同专业，按有关计价规定估算，列出明细表。暂估价可按照表3-6、表3-7 的格式列示。

表3-6 材料（工程设备）暂估单价表

工程名称：　　　　　　　　　　　标段：　　　　　　　　　　　第 页 共 页

序号	材料(工程设备)名称、规格、型号	计量单位	数量	暂估价/元	备注
1					
2					
3					

注：此表由招标人填写，并在备注栏说明暂估价的材料、工程设备拟用在哪些清单项目上，投标人应将上述材料、工程设备暂估单价计入工程量清单综合单价报价中。

表3-7 专业工程暂估价表

工程名称：　　　　　　　　　　　标段：　　　　　　　　　　　第 页 共 页

序号	工程名称	工程内容	金额/元	备注
1				
2				
3				

注：此表由招标人填写，投标人应将上述专业工程暂估价计入投标总价中。

3. 计日工

计日工是指在施工过程中，承包人完成发包人提出的工程合同范围以外的零星项目或工作，按合同中约定的单价计价的一种方式。它是为了解决现场发生零星工作的计价而设立的。国际上常见的标准合同条款中，大多数都设立了计日工（Daywork）计价机制。计日工对完成零星工作所消耗的人工工时、材料数量、施工机具台班进行计量，并按照计日工表中填报的适用项目的单价进行计价支付。计日工适用的所谓零星项目或工作一般是指合同之外的或者因变更而产生的、工程量清单中没有相应项目的额外工作，尤其是那些难以事先商定价格的额外工作。

计日工应列出项目名称、计量单位和暂估数量，按照表3-8的格式列示。

表3-8 计日工表

工程名称：　　　　　　　　　　　标段：　　　　　　　　　　　第 页 共 页

编号	项目名称	单位	暂定数量	综合单价/元	合价/元
一	人工				
1					
2					
…					
	人工小计				
二	材料				
1					
2					
…					
	材料小计				
三	施工机具				
1					
2					
…					
	施工机具小计				
	总计				

注：此表项目名称、数量由招标人填写，编制招标控制价时，单价由招标人按有关规定确定；投标时，单价由投标人自主报价，计入投标总价中。

4. 总承包服务费

总承包服务费是指总承包人为配合协调发包人进行的专业工程发包，对发包人自行采购的材料、工程设备等进行保管，以及施工现场管理、竣工资料整理等服务所需的费用。招标人应预计该项费用，并按投标人的投标报价向投标人支付该项费用。

总承包服务费应列出服务项目及其内容等。总承包服务费按照表3-9的格式列示。

表3-9 总承包服务费计价表

工程名称：　　　　　　　　标段：　　　　　　　　第　页　共　页

序号	项目名称	项目价值/元	服务内容	计算基础	费率（%）	金额/元
1	发包人发包专业工程					
2	发包人提供材料					
合　计						

注：此表项目名称、服务内容由招标人填写，编制招标控制价时，费率及金额由招标人按有关计价规定确定；投标时，费率及金额由投标人自主报价，计入投标总价中。

3.2.5 规费、税金项目清单

规费项目清单应按照下列内容列项：社会保险费，包括养老保险费、失业保险费、医疗保险费、工伤保险费、生育保险费；住房公积金；工程排污费。出现计价规范中未列的项目，应根据省级政府或省级有关部门的规定列项。

税金项目清单应包括下列内容：营业税；城市维护建设税；教育费附加；地方教育费附加。出现计价规范未列的项目，应根据税务部门的规定列项。

规费、税金项目计价表见表3-10。

表3-10 规费、税金项目计价表

工程名称：　　　　　　　　标段：　　　　　　　　第　页　共　页

序号	项目名称	计算基础	计算基数	计算费率（%）	金额/元
1	规费	定额人工费			
1.1	社会保险费	定额人工费			
（1）	养老保险费	定额人工费			
（2）	失业保险费	定额人工费			
（3）	医疗保险费	定额人工费			
（4）	工伤保险费	定额人工费			
（5）	生育保险费	定额人工费			
1.2	住房公积金	定额人工费			
1.3	工程排污费	按工程所在地环境保护部门收取标准,按实计入			
2	税金	分部分项工程费＋措施项目费＋其他项目费＋规费－按规定不计税的工程设备金额			
合　计					

编制人（造价人员）：　　　　　　　　复核人（造价工程师）：

3.3 施工定额

3.3.1 施工定额概述

1. 施工定额的概念

施工定额是指正常的施工条件下，以同一性质的施工过程为测定对象而规定的完成单位合格产品所需消耗的劳动力、材料、机具台班使用的数量标准。施工定额是直接用于施工管理中的一种定额，是建筑安装企业的生产定额，也是施工企业组织生产和加强管理，在企业内部使用的一种定额。

2. 施工定额的组成

为了适应组织施工生产和管理的需要，施工定额的项目划分很细，是建筑工程定额中分项最细、定额子目最多的一种定额，也是建筑工程定额中的基础性定额。在预算定额的编制过程中，施工定额的人工、材料、机具台班消耗的数量标准，是编制预算定额的重要依据。施工定额由劳动定额、材料消耗定额和机具台班使用定额三个相对独立的部分组成。

3. 施工定额的作用

（1）施工定额是企业编制施工组织设计、施工作业计划、资源需求计划的依据

建筑施工企业编制施工组织设计，全面安排和指导施工生产，确保生产顺利进行，确定工程施工所需人工、材料、机具等的数量，必须借助于现行的施工定额；施工作业计划是施工企业进行计划管理的重要环节，它可对施工中劳动力的需要量和施工机具的使用进行平衡，同时又能计算材料的需要量和实物工程量等。而所有这些工作，都需要以施工定额为依据。

（2）施工定额是编制单位工程施工预算，加强企业成本管理和经济核算的依据

根据施工定额编制的施工预算，是施工企业用来确定单位工程产品中的人工、材料、机具和资金等消耗量的一种计划性文件。运用施工预算，考核工料消耗，企业可以有效地控制在生产中消耗的人力、物力，达到控制成本、降低费用开支的目的。同时，企业可以运用施工定额进行成本核算，挖掘企业潜力，提高劳动生产率，降低成本。在招标投标竞争中提高竞争力。

（3）施工定额是衡量企业工人劳动生产率，贯彻按劳分配推行经济责任制的依据

施工定额中的劳动定额是衡量和分析工人劳动生产率的主要尺度。企业可以通过施工定额实行内部经济承包、签发包干合同，衡量每一个施工队。计算劳动报酬与奖励，奖勤罚懒，开展劳动竞赛，制定评比条件，调动劳动者的积极性和创造性，促使劳动者超额完成定额所规定的合格产品数量，不断提高劳动生产率。

（4）施工定额是编制预算定额的基础

建筑工程预算定额是以施工定额为基础编制的，这就使预算定额符合现实的施工生产和经营管理的要求，使施工中所耗费的人力、物力能够得到合理的补偿。当前建筑工程施工中，由于应用新材料、采用新工艺而使预算定额缺项时，就必须以施工定额为依据，制定补充预算定额。

从上述作用可以看出，编制和执行好施工定额并充分发挥其作用，对于促进施工企业内

部施工组织管理水平的提高，加强经济核算，提高劳动生产率，降低工程成本，提高经济效益，具有十分重要的意义，它对编制预算定额等工作也具有十分重要的作用。

3.3.2　施工定额的编制原则

1. 平均先进原则

平均先进水平，是在正常的施工条件下，大多数施工队组和生产者经过努力能够达到和超过的水平。这种水平使先进者感到一定压力，使处于中间水平的工人感到定额水平可望可及，对于落后工人不迁就，使他们认识到必须花大力气去改善施工条件，提高技术操作水平，珍惜劳动时间，节约材料消耗，尽快达到定额的水平。所以平均先进水平是一种可以鼓励先进，勉励中间，鞭策落后的定额水平，是编制施工定额的理想水平。

2. 简明适用性原则

简明适用，就是定额的内容和形式要方便于定额的贯彻和执行。简明适用性原则，要求施工定额内容要能满足组织施工生产和计算工人劳动报酬等多种需要，同时，又要简单明了，容易掌握，便于查阅、计算和携带。

3. 以专家为主编制定额的原则

编制施工定额，要以专家为主，这是实践经验的总结。施工定额的编制要求有一支经验丰富、技术与管理知识全面、有一定政策水平的稳定的专家队伍。贯彻以专家为主编制施工定额的原则，必须注意走群众路线。因为广大建筑安装工人是施工生产的实践者又是定额的执行者，最了解施工生产的实际和定额的执行情况及存在问题，要虚心向他们求教。

4. 独立自主的原则

施工企业作为具有独立法人地位的经济实体，应根据企业的具体情况和要求，结合政府的技术政策和产业导向，以企业盈利为目标，自主地制定施工定额。贯彻这一原则有利于企业自主经营；有利于执行现代企业制度；有利于施工企业摆脱过多的行政干预，更好地面对建筑市场竞争的环境。也有利于促进新的施工技术和施工方法的采用。

3.3.3　劳动定额

3.3.3.1　劳动定额的概念和表现形式

劳动定额又称人工定额，是指在正常施工技术和合理劳动组织条件下，完成单位合格产品所必需的劳动消耗量标准。这个标准是国家和企业对工人在单位时间内完成产品的数量和质量的综合要求。

按其表现形式的不同，劳动定额可以分为时间定额和产量定额两种，采用复式表示时，其分子为时间定额，分母为产量定额，表 3-11 为 $1m^3$ 砌体的劳动定额。

表 3-11　$1m^3$ 砌体的劳动定额

| | | 双　面　清　水 | | | | 单　面　清　水 | | | | | 序号 |
		0.5 砖	1 砖	1.5 砖	2 砖及 2 砖以上	0.5 砖	0.75 砖	1 砖	1.5 砖	2 砖及 2 砖以上	
综合	塔吊	$\dfrac{1.49}{0.671}$	$\dfrac{1.2}{0.833}$	$\dfrac{1.14}{0.877}$	$\dfrac{1.06}{0.943}$	$\dfrac{1.45}{0.69}$	$\dfrac{1.41}{0.709}$	$\dfrac{1.16}{0.862}$	$\dfrac{1.08}{0.926}$	$\dfrac{1.01}{0.99}$	一
	机吊	$\dfrac{1.69}{0.592}$	$\dfrac{1.41}{0.709}$	$\dfrac{1.34}{0.746}$	$\dfrac{1.26}{0.794}$	$\dfrac{1.64}{0.61}$	$\dfrac{1.61}{0.621}$	$\dfrac{1.37}{0.730}$	$\dfrac{1.28}{0.781}$	$\dfrac{1.22}{0.82}$	二
砌砖		$\dfrac{0.996}{1}$	$\dfrac{0.69}{1.45}$	$\dfrac{0.62}{1.62}$	$\dfrac{0.54}{1.85}$	$\dfrac{0.952}{1.05}$	$\dfrac{0.908}{1.10}$	$\dfrac{0.65}{1.54}$	$\dfrac{0.563}{1.78}$	$\dfrac{0.494}{2.02}$	三

		双 面 清 水				单 面 清 水					序号
		0.5砖	1砖	1.5砖	2砖及2砖以上	0.5砖	0.75砖	1砖	1.5砖	2砖及2砖以上	
运输	塔吊	$\frac{0.412}{2.43}$	$\frac{0.418}{2.39}$	$\frac{0.418}{2.39}$	$\frac{0.418}{2.39}$	$\frac{0.412}{2.43}$	$\frac{0.415}{2.41}$	$\frac{0.418}{2.39}$	$\frac{0.418}{2.39}$	$\frac{0.418}{2.39}$	四
	机吊	$\frac{0.61}{1.64}$	$\frac{0.619}{1.62}$	$\frac{0.619}{1.62}$	$\frac{0.619}{1.62}$	$\frac{0.61}{1.64}$	$\frac{0.613}{1.63}$	$\frac{0.619}{1.62}$	$\frac{0.619}{1.62}$	$\frac{0.619}{1.62}$	五
调制砂浆		$\frac{0.081}{12.3}$	$\frac{0.096}{10.4}$	$\frac{0.101}{9.9}$	$\frac{0.102}{9.8}$	$\frac{0.081}{12.3}$	$\frac{0.085}{11.8}$	$\frac{0.096}{10.4}$	$\frac{0.101}{9.9}$	$\frac{0.102}{9.8}$	六
编号		4	5	6	7	8	9	10	11	12	

1. 时间定额

时间定额是指在一定的生产技术和生产组织条件下，某工种、某种技术等级的工人班组或个人，完成符合质量要求的单位产品所必需的工作时间。包括工人的有效工作时间（准备与结束时间、基本工作时间、辅助工作时间），不可避免的中断时间和工人必需的休息时间。

时间定额以工日为单位，每个工日工作时间按现行制度规定为8h，可按下列公式计算：

$$单位产品时间定额(工日)=1/每工产量 \qquad (3-2)$$

或
$$单位产品时间定额(工日)=小组成员工日数总和/台班产量 \qquad (3-3)$$

2. 产量定额

产量定额是指在一定的生产技术和生产组织条件下，某工种、某种技术等级的班组或个人，在单位时间内（工日）应完成合格产品的数量。可按下列公式计算：

$$每工产量=1/单位产品时间定额 \qquad (3-4)$$

或
$$台班产量=小组成员工日数综合/单位产品时间定额(工日) \qquad (3-5)$$

从时间定额和产量定额的概念和计算式可以看出，两者互为倒数关系，即：

$$时间定额=1/产量定额 \qquad (3-6)$$

时间定额和产量定额，是劳动定额的两种不同的表现形式。但是，它们有各自的用途。时间定额，以工日为单位，便于计算分部分项工程的工日需要量，计算工期和核算工资。因此，劳动定额通常采用时间定额进行计量。产量定额是以产品的数量进行计量，用于小组分配产量任务、编制作业计划和考核生产效率。

3.3.3.2 工作时间分析

工作时间的分析，是将劳动者整个生产过程中所消耗的工作时间，根据其性质、范围和具体情况进行科学划分、归类，明确规定哪些属于定额时间，哪些属于非定额时间，找出作定额时间损失的原因，以便拟定技术组织措施，消除产生非定额时间的因素，以充分利用工作时间，提高劳动生产率。

对工作时间的研究和分析，可以分为工人工作时间和机械工作时间两个系统进行。

1. 工人工作时间

工人在工作班内消耗的工作时间，按其消耗的性质，基本可以分为两大类：定额时间（必需消耗的时间）和非定额时间（损失时间），如图3-3所示。

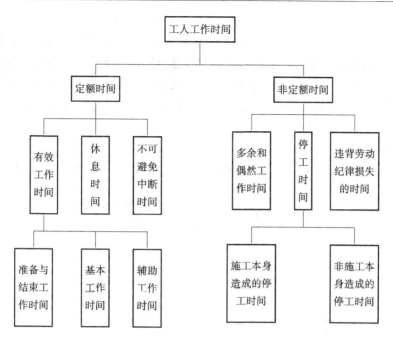

图 3-3　工人工作时间分析

（1）定额时间

定额时间是工人在正常施工条件下，为完成一定产品（工作任务）所消耗的时间。包括有效工作时间、休息时间和不可避免中断时间的消耗。

1）有效工作时间是指与完成产品有直接有关的时间消耗。其中包括基本工作时间、辅助工作时间、准备与结束工作时间的消耗。

① 基本工作时间，是指直接与施工过程的技术操作发生关系的时间消耗。如砌砖施工过程的挂线、铺灰浆、砌砖等工作时间。基本工作时间一般与工作量的大小成正比。

② 辅助工作时间，是指为了保证基本工作顺利完成而同技术操作无直接关系的辅助性工作时间。例如，修磨校验工具、移动工作梯、工人转移工作地点等所需的时间。辅助工作一般不改变产品的形状、位置和性能。

③ 准备与结束工作时间，工人在执行任务前的准备工作（包括工作地点、劳动工具、劳动对象的准备）和完成任务后的整理工作时间。

2）休息时间，是工人在工作过程中为恢复体力所必需的短暂休息和生理需要的时间消耗。

3）不可避免的中断时间，由于施工工艺特点所引起的工作中断时间。如汽车装卸货物的停车时间，安装工人等候构件起吊的时间等。

（2）非定额时间

非定额时间是和产品生产无关，而与施工组织和技术上的缺陷有关，与工人在施工过程中的个人过失或某些偶然因素有关的时间消耗，包括多余和偶然工作时间、停工时间和违反劳动纪律的损失时间

1）多余和偶然工作时间，指在正常施工条件下不应发生的时间消耗。重砌质量不合格的墙体及抹灰工不得不补上偶然遗留的墙洞等。

2）停工时间，是工作班内停止工作造成的工时损失。停工时间按其性质可分为施工本身造成的停工时间和非施工本身造成的停工时间两种。施工本身造成的停工时间，是由于施工组织不善、材料供应不及时、工作面准备工作做得不好、工作地点组织不良等情况引起的停工时间。非施工本身造成的停工时间，是由于水源、电源中断引起的停工时间。

3）违反劳动纪律的损失时间，在工作班内工人迟到、早退、闲谈、办私事等原因造成的工时损失。

2. 机械工作时间

机械工作时间的分类与工人工作时间的分类基本相同，也分为定额时间和非定额时间，如图 3-4 所示。

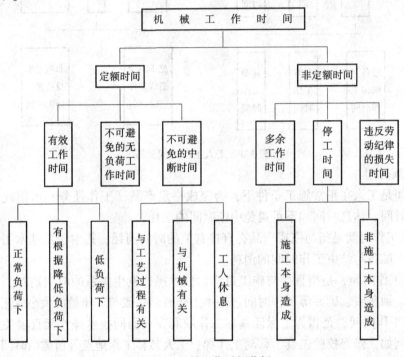

图 3-4　机械工作时间分析

（1）定额时间

定额时间包括有效工作时间、不可避免的无负荷工作时间和不可避免的中断时间。

1）有效工作时间，包括正常负荷下的工作时间、有根据地降低负荷下的工作时间、低负荷下的工作时间。

① 常负荷下的工作时间，是机器在与机器说明书规定的计算负荷相符的情况下进行工作的时间。

② 根据地降低负荷下的工作时间，是在个别情况下由于技术上的原因，机器在低于其计算负荷下工作的时间。例如，汽车运输重量轻而体积大的货物时，不能充分利用汽车的载重吨位因而不得不降低其计算负荷。

③ 负荷下的工作时间，是由于工人或技术人员的过错所造成的施工机械在降低负荷的情况下工作的时间。例如，工人装车的砂石数量不足引起的汽车在降低负荷的情况下工作所延续的时间。

2）不可避免的无负荷工作时间，是由施工过程的特点和机械结构的特点造成的机械无负荷工作时间。例如筑路机在工作区末端调头等。

3）不可避免的中断时间，是与工艺过程的特点、机械使用中的保养、工人休息等有关的中断时间。如汽车装卸货物的停车时间，给机械加油的时间，工人休息时的停机时间。

（2）非定额时间

非定额时间包括机械多余的工作时间、机械停工时间和违反劳动纪律的停工时间。

1）机械多余的工作时间，指机具完成任务时无须包括的工作占用时间。例如砂浆搅拌机搅拌时多运转的时间和工人没有及时供料而使机械空运转的延续时间。

2）机械停工时间，是指由于施工组织不好及由于气候条件影响所引起的停工时间。例如未及时给机械加水、加油而引起的停工时间。

3）违反劳动纪律的停工时间，由于工人迟到、早退等原因引起的机械停工时间。

3.3.3.3　劳动定额的编制方法

劳动定额是根据国家的政策、劳动制度、有关技术文件及资料制定的。制定劳动定额，常用的方法有四种：技术测定法、比较类推法、统计分析法、经验估计法，如图 3-5 所示。

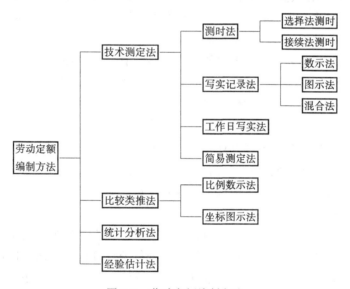

图 3-5　劳动定额编制方法

1. 技术测定法

技术测定法是根据生产技术和施工组织条件，对施工过程中各工序，采用测时法、写实记录法、工作日写实法和简易测定法，测出各工序的工时消耗等资料，再对所获得的资料进行科学的分析，制定出劳动定额的方法。

（1）测时法

测时法主要适用于测定那些定时重复的循环工作的工时消耗，是精确度比较高的一种计时观察法。有选择法和接续法两种。

（2）写实记录法

写实记录法是一种研究各种性质的工作时间消耗的方法。采用这种方法，可以获得分析工作时间消耗的全部资料。

写实记录法的观察对象，可以是一个工人，也可以是一个工人小组。写实记录法按记录时间的方法不同分为数示法、图示法和混合法三种。

1）数示法写实记录，是三种写实记录法中精确度较高的一种，可以同时对两个工人进行观察，观察的工时消耗，记录在专门的数示法写实记录表中。数示法用来对整个工作班或半个工作班进行长时间观察，因此能反映工人或机器工作日全部情况。

2）图示法写实记录，可同时对三个以下的工人进行观察，观察资料记入图示法写实记录表中。

3）混合法写实记录，可以同时对3个以上的工人进行观察，记录观察资料的表格仍采用图示法写实记录表。填写表格时，各组成部分延续时间用图示法填写，完成每一组成部分的工人人数，则用数字填写在该组成部分时间线段的上面。

（3）工作日写实法

工作日写实法是研究整个工作班内的各种工时消耗，包括基本工作时间、准备与结束工作时间、不可避免的中断时间及损失时间等的一种测定方法。

这种方法既可以用来观察、分析定额时间消耗的合理利用情况，又可以研究、分析工时损失的原因，与测时法、写实记录法比较，具有技术简便、费力不多、应用面广和资料全面的优点。在我国是一种采用较广的编制定额的方法。

工作日写实法，利用写实记录表记录观察资料，记录方法也同图示法或混合法。记录时间时不需要将有效工作时间分为各个组成部分，只需划分适合于技术水平和不适合于技术水平两类。但是工时消耗还需按性质分类记录。

2. 比较类推法

对于同类型产品规格多，工序重复、工作量小的施工过程，常用比较类推法。采用此法制定定额是以同类型工序和同类型产品的实耗工时为标准，类推出相似项目定额水平的方法。此法必须掌握类似的程度和各种影响因素的异同程度。

3. 统计分析法

统计分析法是把过去施工生产中的同类工程或同类产品的工时消耗的统计资料，与当前生产技术和施工组织条件的变化因素结合起来，进行统计分析的方法。这种方法简便易行，适用于施工条件正常、产品稳定、工序重复量大和统计工作制度健全的施工过程。但是，过去的记录，只是实耗工时，不反映生产组织和技术的状况。所以，在这样的条件下求出的定额水平，只是已达到的劳动生产率水平，而不是平均水平。实际工作中，必须分析研究各种变化因素，使定额能真实地反映施工生产平均水平。

4. 经验估计法

根据定额专业人员、经验丰富的工人和施工技术人员的实际工作经验，参考有关定额资料，对施工管理组织和现场技术条件进行调查、讨论和分析制定定额的方法，叫做经验估计法。经验估计法通常作为一次性定额使用。

3.3.4　材料消耗定额

1. 材料消耗定额的概念

材料消耗定额是指在合理和节约使用材料的条件下，生产质量合格的单位产品所必须消耗的一定品种、规格的材料、半成品、构配件及不可避免的损耗等的数量标准。

2. 材料消耗定额的组成

材料消耗定额由两大部分所组成：一部分是直接用于建筑安装工程的材料，称为材料净用量；另一部分则是操作过程中不可避免产生的废料和施工现场因运输、装卸中出现的一些损耗，称为材料的损耗量。

材料损耗量可用材料损耗率来表示，见表3-12。

表3-12 材料损耗率表

材料名称	工程项目	损耗率（％）	材料名称	工程项目	损耗率（％）
标准砖	基础	0.4	石灰砂浆	抹墙及墙裙	1
标准砖	实砖墙	1	水泥砂浆	抹天棚	2.5
标准砖	方砖柱	3	水泥砂浆	抹墙及墙裙	2
白瓷砖		1.5	水泥砂浆	地面、屋面	1
陶瓷锦砖	（马赛克）	1	混凝土（现制）	地面	1
铺地砖	（缸砖）	0.8	混凝土（现制）	其余部分	1.5
砂	混凝土工程	1.5	混凝土（预制）	桩基础、梁、柱	1
砾石		2	混凝土（预制）	其余部分	1.5
生石灰		1	钢筋	现、预制混凝土	2
水泥		1	铁件	成品	1
砌筑砂浆	砖砌体	1	钢材		6
混合砂浆	抹墙及墙裙	2	木材	门窗	6
混合砂浆	抹天棚	3	玻璃	安装	3
石灰砂浆	抹天棚	1.5	沥青	操作	1

材料消耗率，是指材料的损耗量与材料净用量的比值。可按下式计算：

$$材料损耗率 = 材料损耗量 / 材料净用量 × 100\% \tag{3-7}$$

材料损耗率确定后，材料消耗定额可按下式计算：

$$材料消耗量 = 材料净用量 + 材料损耗量 \tag{3-8}$$

或

$$材料消耗量 = 材料净用量 × (1 + 材料损耗率) \tag{3-9}$$

现场施工中，各种建筑材料的消耗，主要取决于材料的消耗定额。用科学的方法正确地规定材料净用量指标及材料的损耗率，对降低工程成本、节约投资，具有十分重要的意义。

3. 材料消耗定额的编制方法

（1）主要材料消耗定额的编制方法

主要材料消耗定额的编制方法有四种：观测法、试验法、统计法和计算法。

1）观测法。观测法是在现场对施工过程观察，记录产品的完成数量、材料的消耗数量及作业方法等具体情况，通过分析与计算，来确定材料消耗指标的方法。

此法通常用于制定材料的损耗量。通过现场观测，获得必要的现场资料，才能测定出哪些材料是施工过程中不可避免的损耗，应该计入定额内；哪些材料是施工过程中可以避免的损耗，不应计入定额内。在现场观测中，同时测出合理的材料损耗量，即可据此制定出相应的材料消耗定额。

2）试验法。试验法是在实验室里，用专门的设备和仪器，来进行模拟试验，测定材料消耗量的一种方法。如混凝土、砂浆、钢筋等，适于实验室条件下进行试验。

试验法的优点是能在材料用于施工前就测定出了材料的用量和性能，如混凝土、钢筋的强度、硬度，砂、石料粒径的级配和混合比等。缺点是由于脱离施工现场，实际施工中某些对材料消耗量影响的因素难以估计到。

3）统计法。统计法是以长期现场积累的分部分项工程的拨付材料数量、完成产品数量及完工后剩余材料数量的统计资料为基础，经过分析、计算得出单位产品材料消耗量的方法。统计法准确程度度较差，应该结合实际施工过程，经过分析研究后，确定材料消耗指标。

4）计算法。有些建筑材料，可以根据施工图中所标明的材料及构造，结合理论公式计算消耗量。例如，砌砖工程中砖和砂浆的消耗量可按下列公式计算：

$$A = \frac{2K}{墙厚 \times (砖长 + 灰缝) \times (砖厚 + 灰缝)} \tag{3-10}$$

$$B = 1 - 砖的净用量 \times 标准砖体积 \tag{3-11}$$

式中　A——砖的净用量；

　　　B——砂浆的净用量；

　　　K——墙厚砖数（0.5，1，1.5，2，…）。

【例 3-1】　用标准砖砌筑一砖墙体，求每 1m^3 砖砌体所用砖和砂浆的消耗量。已知砖的损耗率为 1%，砂浆的损耗率为 1%，灰缝宽 0.01m。

【解】　（1）砖净用量 $= \dfrac{2 \times 1}{0.24 \times (0.24 + 0.01)(0.053 + 0.01)}$ 块 = 529.10 块

（2）砂浆的净用量 $= (1 - 529.1 \times 0.24 \times 0.115 \times 0.053)\text{m}^3 = 0.226\text{m}^3$

（3）砖的消耗量 $= 529.10$ 块 $\times (1 + 1\%) = 534.39$ 块，取 535 块

（4）砂浆的消耗量 $= 0.226\text{m}^3 \times (1 + 1\%) = 0.228\text{m}^3$

（2）周转性材料消耗量的确定

周转性材料是指在施工过程中多次使用、周转的工具性材料。如挡土板、脚手架等。这类材料在施工中不是一次消耗完，而是多次使用，逐渐消耗，并在使用过程中不断补充。周转性材料用摊销量表示。下面介绍模板摊销量的计算。

1）现浇结构模板摊销量。按以下公式计算：

$$摊销量 = 周转使用量 - 回收量 \tag{3-12}$$

式中

$$周转使用量 = \frac{一次使用量 + 一次使用量 \times (周转次数 - 1) \times 损耗率}{周转次数}$$

$$= 一次使用量 \times \frac{1 + (周转次数 - 1) \times 损耗率}{周转次数} \tag{3-13}$$

$$回收量 = \frac{一次使用量 - 一次使用量 \times 损耗率}{周转次数} = 一次使用量 \times \frac{1 - 损耗率}{周转次数} \tag{3-14}$$

其中，一次使用量是指材料在不重复使用的条件下的一次使用量。周转次数是指新的周转材料从第一次使用（假定不补充新料）起，到材料不能再使用至的使用次数。

【例3-2】　某现浇钢筋混凝土独立基础，每立方米独立基础的模板接触面积为 2.1m²。根据计算，每1m²模板接触面积需用板材0.083m³，模板周转次数为6次，每次周转损耗率为16.6%，试计算钢筋混凝土独立基础的模板周转使用量、回收量和定额摊销量。

【解】　(1) 周转使用量 $= \dfrac{0.083 \times 2.1 + 0.083 \times 2.1 \times (6-1) \times 16.6\%}{6} \text{m}^3 = 0.053\text{m}^3$

(2) 回收量 $= \dfrac{0.083 \times 2.1 - (0.083 \times 2.1 \times 16.6\%)}{6} \text{m}^3 = 0.024\text{m}^3$

(3) 模板摊销量 $= (0.053 - 0.024)\text{m}^3 = 0.029\text{m}^3$

即现场浇灌每立方米钢筋混凝土独立基础需摊销模板0.029m³。

2) 预制构件模板摊销量。预制构件模板，由于损耗很少，可以不考虑每次周转的补损率，按多次使用平均分摊的办法计算。可按下式计算：

$$\text{摊销量} = \frac{\text{一次使用量}}{\text{周转次数}} \tag{3-15}$$

3.3.5　机械台班使用定额

1. 机械台班使用定额的概念

机械台班使用定额，简称"机械台班定额"，它反映了施工机械在正常施工条件下，合理均衡地组织劳动和使用机具时，该机械在单位时间内的生产效率。

机械消耗定额是以一台机械一个工作班为计量单位，所以又称为机械台班定额。机械消耗定额是指在正常的施工技术和组织条件下，完成规定计量单位合格的建筑安装产品所消耗的施工机械台班的数量标准。机械消耗定额的主要表现形式是机械时间定额，同时也可以以产量定额表现。

按其表现形式，可分为机械时间定额和机具产量定额两种。一般采用复式形式表示：分子为机械时间定额，分母为机械产量定额，见表3-13。

表3-13　机具台班定额　（单位100m³）

			装车			不装车			编号
			一、二类土	三类土	四类土	一、二类土	三类土	四类土	
正铲挖掘机斗容量/m³	0.5	挖土深度	1.5m 以内						
			$\frac{0.466}{4.29}$	$\frac{0.539}{3.71}$	$\frac{0.629}{3.18}$	$\frac{0.442}{4.52}$	$\frac{0.490}{4.08}$	$\frac{0.578}{3.46}$	94
		1.5m 以外	$\frac{0.444}{4.5}$	$\frac{0.513}{3.90}$	$\frac{0.612}{3.27}$	$\frac{0.422}{4.74}$	$\frac{0.400}{5.00}$	$\frac{0.485}{5.12}$	95
		2m 以内	$\frac{0.400}{5.00}$	$\frac{0.454}{4.41}$	$\frac{0.545}{3.67}$	$\frac{0.370}{5.41}$	$\frac{0.420}{4.76}$	$\frac{0.512}{3.91}$	96
	1.0	2m 以内	$\frac{0.382}{5.24}$	$\frac{0.431}{4.64}$	$\frac{0.518}{3.86}$	$\frac{0.353}{5.67}$	$\frac{0.400}{5.00}$	$\frac{0.485}{4.12}$	97
		2m 以内	$\frac{0.322}{6.21}$	$\frac{0.369}{5.42}$	$\frac{0.420}{4.76}$	$\frac{0.290}{6.69}$	$\frac{0.351}{5.70}$	$\frac{0.420}{4.76}$	98
		2m 以内	$\frac{0.307}{6.51}$	$\frac{0.351}{5.69}$	$\frac{0.398}{5.02}$	$\frac{0.285}{7.01}$	$\frac{0.334}{5.99}$	$\frac{0.398}{5.02}$	99
	序号		1	2	3	4	5	6	

（1）机械时间定额

机械时间定额是指在合理劳动组织和合理使用机械正常施工的条件下，完成单位合格产品所必须消耗的机械工作时间。其计量单位用"台班"或"台时"表示。

$$单位产品的机械时间定额（台班）= 1/台班产量 \qquad (3-16)$$

（2）机械产量定额

机械产量定额是指在合理劳动组织与合理使用机械正常施工的条件下，机械在单位时间（如每个台班）内应完成的合格产品数量。其计量单位，用"m^2"、"m^3"、"块"等表示。

由于机械必须由工人小组操作才能完成，因此台班内小组成员总工日内应完成合格产品的数量也就是机械的产量。所以完成单位合格产品的人工时间定额为：

$$单位产品人工时间定额（工日）= 小组成员工日数总和/台班产量 \qquad (3-17)$$

【例3-3】 斗容量$1m^3$正铲挖土机挖四类土，深度在2m以内，不装车，小组成员2人，机械台班产量为4.76（定额单位是$100m^3$），试计算其人工时间定额和机械时间定额。

【解】 查表3—14，编号98—6可得：

机挖$100m^3$土的人工时间定额 = （2/4.76）工日 = 0.42 工日

挖$100m^3$土的机械时间定额 = （1/4.76）台班 = 0.21 台班

《全国建筑安装工程统一劳动定额》是以一个单机作业的定员人数（台班工日）核定的。施工机械台班消耗定额，既是对工人班组签发施工任务书、下达施工任务、实行计件奖励的依据，也是编制机械需用量计划和作业计划、考核机械效率、核定企业机械调度和维修计划的依据，也是编制预算定额的基础资料。其内容是以机械作业为主体划分项目，列出完成各种分项工程或施工过程的台班产量标准。此外，还包括机械的性能、作业条件和劳动组合等说明。

2. 机械台班定额的编制方法

（1）拟定正常的施工条件

拟定机械工作正常的施工条件，主要是拟定工作地点的合理组织和合理的工人编制。

工作地点的合理组织，就是对施工地点机械和材料的放置位置、工人从事操作的场所，作出科学合理的平面布置和空间安排。拟定合理的工人编制，就是根据施工机械的性能和设计能力，工人的专业分工和劳动功效，合理确定操纵机械及配合施工的工人数量。

（2）确定机具纯工作一小时的正常生产率

确定机械正常生产率必须先确定机械纯工作一小时的正常劳动生产率。确定机械纯工作一小时正常劳动生产率可以分三步进行。

1）第一步，计算机具一次循环的正常延续时间。它等于这次循环中各组成部分延续时间之和。计算公式为：

$$机具一次循环正常延续时间 = \Sigma 循环内各组成部分延续时间 \qquad (3-18)$$

2）第二步，计算施工机具纯工作一小时的循环次数。计算公式为：

$$机具纯工作一小时循环次数 = \frac{60 \times 60(s)}{机具一次循环的正常延续时间} \qquad (3-19)$$

3）第三步，求机具纯工作一小时的正常生产率。计算公式为：

$$机具纯工作一小时正常生产率 = \frac{机具纯工作一小}{时正常循环次数} \times \frac{机具一次循环生}{产的产品数量} \qquad (3-20)$$

【例3-4】 某轮胎式起重机吊装大型屋面板，每次吊装一块，经过计时观察，测得循环一次的各组成部分的平均延续时间如下：

挂钩时的停车时间	12s
上升回转时间	63s
下落就位时间	46s
脱钩时间	13s
空钩回转下降时间	43s
合计	177s

求机械纯工作一小时的正常生产率。

【解】

(1) 机械一次循环正常延续时间 $=(12+63+46+13+43)\mathrm{s}=177\mathrm{s}$

(2) 机械纯工作一小时循环次数 $=\dfrac{60\times60}{177}$ 次 $=20.34$ 次

(3) 机械纯工作一小时正常生产率 $=(20.34\times1)$ 块 $=20.34$ 块

(3) 确定施工机械的正常利用系数

机械的正常利用系数是指机械在工作班内工作时间的利用率。计算公式为：

$$机械正常利用系数 = \frac{工作班内机械纯工作时间}{机械工作班延续时间} \tag{3-21}$$

(4) 计算机械台班定额

计算机械台班定额是编制机械台班定额的最后一步。在确定了机械工作正常条件、机械一小时纯工作时间正常生产率和机械利用系数后，就可以确定机械台班的定额指标了。

施工机械台班产量定额 = 机械纯工作一小时正常生产率 × 工作班延续时间 × 机械正常利用系数

$$\tag{3-22}$$

【例3-5】 上例中，机械纯工作一小时的正常生产率为20.34块，工作班8h内机械实际工作时间是7.2h，求机械台班的产量定额和时间定额。

【解】

(1) 机械正常利用系数 $=\dfrac{7.2}{8}=0.9$

(2) 机械台班产量定额 $=(20.34\times0.9)$ 块/台班 $=18.31$ 块/台班

(3) 机械台班时间定额 $=\dfrac{1}{18.31}$ 台班/块 $=0.055$ 台班/块

3.4 工程计价定额

工程计价定额是指工程定额中直接用于工程计价的定额或指标，包括预算定额、概算定额和估算指标等。工程计价定额主要是在建设项目的不同阶段用来作为确定和计算工程造价的依据。

3.4.1 预算定额及其编制

1. 预算定额的概念

预算定额是指在正常的施工条件下，完成一定计量单位的分项工程或结构构件的人工、材料和机具台班消耗的数量标准。在工程预算定额中，除了规定上述各项资源和资金消耗的数量标准外，还规定了它应完成的工程内容和相应的质量标准及安全要求等内容。预算定额是一种计价性定额。从编制程序上看，预算定额是以施工定额为基础综合扩大编制的，同时它也是编制概算定额的基础。

预算定额是工程建设中一项重要的技术经济文件，它的各项指标，反映了在完成单位分项工程消耗的活劳动和物化劳动的数量限度。这种限度最终决定着单项工程和单位工程成本和造价。

虽然国家在2003年就颁布了国家标准《建设工程工程量清单计价规范》（GB 50500—2003），并分别于2008年和2013年进行了两次修订，但仍然有一些地区还在采用预算定额进行预算等的编制。因此，有必要在本书中对预算定额进行简单的介绍。

2. 预算定额的作用

（1）预算定额是编制施工图预算，确定和控制建筑安装工程造价的基础

施工图预算是施工图设计文件之一，是控制和确定建筑安装工程造价的必要手段。编制施工图预算，除设计文件决定的建设工程功能、规模、尺寸和文字说明是计算分部分项工程量和结构构件数量的依据外，预算定额是确定一定计量单位工程分项人工、材料、机具消耗量的依据，也是计算分项工程单价的基础。依据预算定额编制施工图预算，对确定建筑安装工程费用会起到很好的作用。

（2）预算定额是对设计方案进行技术经济比较、技术经济分析的依据

设计方案在设计工作中居于中心地位。设计方案的选择要满足功能、符合设计规范。既要技术先进又要经济合理。根据预算定额对方案进行技术经济分析和比较，是选择经济合理设计方案的重要方法。对设计方案进行比较，主要是通过定额对不同方案所需人工、材料和机具台班消耗量，材料重量、材料资源等进行比较。这种比较可以判明不同方案对工程造价的影响；材料重量对荷载及基础工程量和材料运输量的影响，因此而产生的对工程造价的影响。

（3）预算定额是施工企业进行经济活动分析的依据

实行经济核算的根本目的，是用经济的方法促使企业在保证质量和工期的条件下，用较少的劳动消耗取得大量的经济效果。在目前预算定额仍决定着企业的收入，企业必须以预算定额作为评价企业工作的重要标准。企业可根据预算定额，对施工中的劳动、材料、机具的消耗情况进行具体的分析，以便找出低工效、高消耗的薄弱环节及其原因。为实现经济效益的增长由粗放型向集约型转变，提供对比数据，促进企业提高在市场上竞争的能力。

（4）预算定额是编制标底、投标报价的基础

预算定额作为编制标底的依据和施工企业报价的基础性的作用仍将存在，这是由于它本身的科学性和权威性决定的。

（5）预算定额是编制概算定额和概算指标的基础

概算定额和概算指标是在预算定额基础上经综合扩大编制的，也需要利用预算定额作为编制依据，这样做不但可以节省编制工作中大量的人力、物力和时间，收到事半功倍的效果，还可以使概算定额和概算指标在水平上与预算定额一致，以避免造成执行中的不一致。

3. 预算定额的编制

（1）编制依据

1）现行的设计规范、施工质量验收规范及安全技术操作规程等。

2）现行的劳动定额、材料消耗定额、机械台班定额。

3）有关标准图集和有代表性的典型工程设计图。

4）新技术、新结构、新材料和先进施工经验等资料。

5）有关技术测定和统计资料。

6）地区的人工工资标准、材料预算价格和机械台班价格。

（2）编制原则

为保证预算定额的质量，充分发挥预算定额的作用，使之在实际使用中简便、合理、有效，在编制工作中应遵循以下原则：

1）按社会平均水平确定预算定额的原则。预算定额是确定和控制建筑安装工程造价的主要依据。因此它必须遵照价值规律的客观要求，即按生产过程中所消耗的社会必要劳动时间确定定额水平。即按照"在现有的社会正常的生产条件下，在社会平均的劳动熟练程度和劳动强度下制造某种使用价值所需要的劳动时间"来确定定额水平。所以预算定额的平均水平，是在正常的施工条件、合理的施工组织和工艺条件、平均劳动熟练程度和劳动强度下，完成单位分项工程所需的劳动时间。

预算定额的水平以施工定额水平为基础。两者有着密切的联系。但是，预算定额绝不是简单地套用施工定额的水平。首先，这里要考虑预算定额中包含了更多的可变因素，需要保留合理的幅度差。如人工幅度差、机具幅度差、材料的超运距、辅助用工及材料堆放、运输、操作损耗和由细到粗综合后的量差等。其次，预算定额是平均水平，施工定额是平均先进水平。所以两者相比预算定额水平要相对低一些。

2）简明适用原则。编制预算定额贯彻简明适用原则是对执行定额的可操作性便于掌握而言的。为此，编制预算定额时，对于那些主要的、常用的、价值量大的项目，分项工程划分宜细。次要的、不常用的、价值量相对较小的项目则可以放粗一些。同时要注意合理确定预算定额的计量单位，简化工程量的计算，尽可能避免同一种材料用不同的计量单位，以及尽量少留活口，减少换算工作量。

由于我国已经实行了工程量清单计价，现阶段仍然采用预算定额进行预算编制的地区已经很少了。所以有关预算定额的编制程序、基价确定以及预算定额的应用等不再赘述。

3.4.2　概算定额及其编制

1. 概算定额的概念

建筑工程概算定额，也叫做扩大结构定额。它规定了完成一定计量单位的扩大结构构件或扩大分项工程的人工、材料和机具台班的数量标准。

概算定额是在预算定额的基础上，综合了预算定额的分项工程内容后编制而成的。如北京市 2004 年建设安装工程概算定额中砖墙子目，包括了过梁、加固钢筋、砖墙的腰线、垃圾道、通风道、附墙烟囱等项目内容。

概算定额与预算定额的相同之处在于，它们都是以建（构）筑物各个结构部分和分部分项工程为单位表示的，内容也包括人工、材料和机具台班使用量定额三个基本部分，并列有基准价。概算定额表达的主要内容、表达的主要方式及基本使用方法都与预算定额相近。

概算定额与预算定额的不同之处在于，项目划分和综合扩大程度上的差异，同时，概算定额主要用于设计概算的编制。由于概算定额综合了若干分项工程的预算定额，因此使概算工程量计算和概算表的编制，都比编制施工图预算简化一些。

2. 概算定额的作用

1）概算定额是初步设计阶段编制建设项目概算的依据。

2）概算定额是设计方案比较的依据。

3）概算定额是编制主要材料需要量的计算基础。

4）概算定额是编制概算指标的依据。

3. 概算定额的编制

（1）编制原则

1）遵循扩大、综合和简化计算的原则。这主要是相对预算定额而言。概算定额在以主体结构分部为主，综合有关项目的同时，对综合的内容、工程量计算和不同项目的换算等问题力求简化。

2）符合简明、适用和准确的原则。概算定额的项目划分、排列、定额内容、表现形式以及编制深度，要简明、适用和准确。应计算简单，项目齐全，不漏项，达到规定精确度的控制幅度内，保证定额的质量和概算质量，并满足编制概算指标的要求。在确定定额编号时，要考虑运用统筹法和计算机编制概算的要求，以简化概算的编制工作，提高工作效率。

3）坚持不留或少留活口的原则。为了稳定统一概算定额的水平，考核和简化工程量计算，概算定额的编制，要尽量不留活口。如对砂浆、混凝土强度等级、钢筋和铁件用量等，可根据工程结构的不同部位，先经过测算、统计，然后综合取定较为合理的数值。

（2）编制依据

由于概算定额的适用范围不同，其编制依据也略有区别。一般有以下几种：

1）现行的设计标准及规范、施工质量验收规范。

2）现行的建筑安装工程预算定额和施工定额。

3）经过批准的标准设计和有代表性的设计图。

4）人工工资标准、材料预算价格和机械台班费用。

5）现行的概算定额。

6）有关的工程概算、施工图预算、工程结算和工程决算等资料。

7）有关政策性文件。

（3）概算定额的编制步骤

概算定额的编制一般分为三个阶段，即准备阶段、编制阶段、审查报批阶段。

1）准备阶段。主要是确定编制机构和人员组成，进行调查研究，了解现行概算定额执行情况与存在问题，编制范围。在此基础上制定概算定额的编制细则和概算定额项目划分。

2）编制阶段。根据已制定的编制细则、定额项目划分和工程量计算规则，调查研究，对收集到的设计图、资料进行细致的测算和分析，编出概算定额初稿。并将概算定额的分项定额总水平与预算水平相比控制在允许的幅度之内，以保证两者在水平上的一致性。如果概算定额与预算定额水平差距较大时，则需对概算定额水平进行必要的调整。

3）审查报批阶段。在征求意见修改之后形成报批稿，经批准之后交付印刷。

（4）概算定额的组成

概算定额一般由目录、总说明、建筑面积计算规则、分部工程说明、定额项目表和有关附录或附件等。

在总说明中主要阐明编制依据、适用范围、定额的作用及有关统一规定等。

在分部工程说明中，主要阐明有关工程量计算规则及各分部工程的有关规定。

在概算定额表中，分节定额的表头部分列有本节定额的工作内容及计量单位，表格中列有定额项目的人工、材料和机具台班消耗量指标，以及按地区预算价格计算的定额基价。概算定额表的形式各地区有所不同，现以北京市 2004 年建筑安装工程概算定额为例进行说明，见表 3-14。

表 3-14　砖墙、砌块墙及砖柱

工程内容：砖墙和砌块墙包括：过梁、圈梁、钢筋混凝土加固带、加固筋、砖砌垃圾道、通风道、附墙烟囱等。女儿墙包括了钢筋混凝土压顶。电梯井包括预埋铁件。

定额编号	项	目		单位	概算单价/元	其中/元			人工/工日
						人工费	材料费	机械费	
2-1	红机砖	外墙	240	m²	60.15	9.39	49.99	0.77	0.44
2-2			365	m²	91.08	14.24	75.67	1.17	0.66
2-3			490	m²	121.99	19.09	101.35	1.55	0.88
2-4		内墙	厚度在/mm 115	m²	23.92	5.12	18.54	0.26	0.24
2-5			240	m²	53.04	7.99	44.40	0.65	0.37
2-6			365	m²	81.22	12.19	67.99	1.04	0.57
2-7		女儿墙	240	m²	67.10	14.44	52.66		0.68
2-8			365	m²	101.97	21.94	80.03		1.03

定额编号	主要工程量		主　要　材　料									其他材料费/元
	砌体/m³	现浇混凝土/m³	01001 钢筋/kg	03002 模板/m³	02001 水泥/kg	06003 过梁/m³	红机砖/块	石灰/kg	砂子/kg	石子/kg	钢模费/元	
2-1	0.227	0.012	2		15	0.006	116	5	105	15	1.08	0.22
2-2	0.345	0.018	3		23	0.009	176	7	160	23	1.62	0.34
2-3	0.463	0.024	4		31	0.012	236	10	214	31	2.15	0.45
2-4	0.106				4	0.002	57	2	38			0.06
2-5	0.210	0.011	1		14	0.005	107	4	97	14	0.99	0.20
2-6	0.319	0.017	2		21	0.008	163	7	148	22	1.53	0.31
2-7	0.220	0.033		0.004	22		112	5	118	42		0.71
2-8	0.353	0.051	3	0.005	33		171	7	179	64		1.08

4. 概算定额的应用

概算定额是编制设计概算的基础资料之一，因此，使用概算定额前，首先要学习概算定额的总说明，册、章说明，以及附录、附件，熟悉定额的有关规定，才能正确地使用概算定额。概算定额的使用方法同预算定额一样，分为直接套用、定额的调整换算和编制补充定额项目等三种情况，这里不再重复。

3.4.3　概算指标及其编制

3.4.3.1　概算指标的概念和作用

概算指标通常是以单位工程为对象，以 $100m^2$ 建筑面积、$1000m^3$ 建筑体积或成套设备装置的"台"或"组"为计量单位而规定的人工、材料、机械台班的消耗量标准和造价指标。

概算定额与概算指标的主要区别是：

1）确定各种消耗量指标的对象不同。概算定额是以单位扩大分项工程或单位扩大结构构件为对象；而概算指标则是以单位工程为对象。因此概算指标比概算定额更加综合与扩大。

2）确定各种消耗量指标的依据不同。概算定额以预算定额为基础，通过计算后才综合确定出各种消耗量指标；而概算指标中各种消耗量指标的确定，则主要来自各种预算或结算资料。

概算指标和概算定额、预算定额一样，都是与各个设计阶段相适应的多次性计价的产物，它主要用于投资估价、初步设计阶段，概算指标的作用主要是：

1）概算指标可以作为编制投资估算的参考。

2）概算指标是初步设计阶段编制概算书，确定工程概算造价的依据。

3）概算指标中的主要材料指标可以作为匡算主要材料用量的依据。

4）概算指标是设计单位进行设计方案比较、设计技术经济分析的依据。

5）概算指标是编制固定资产投资计划，确定投资额和主要材料计划的依据。

3.4.3.2　概算指标的分类及表现形式

1. 概算指标的分类

概算指标可分为两大类，一类是建筑工程概算指标，另一类是设备及安装工程概算指标。如图 3-6 所示。

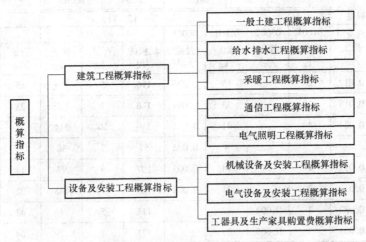

图 3-6　概算指标分类图

2. 概算指标的组成内容及表现形式

（1）概算指标的组成内容

概算指标的组成内容一般分为文字说明和列表形式两部分，以及必要的附录。

1）总说明和分册说明。其内容一般包括概算指标的编制范围、编制依据、分册情况、指标包括的内容、指标未包括的内容、指标的使用方法、指标允许调整的范围及调整方法等。

2）列表形式。列表形式分为以下几个部分：

① 建筑工程列表形式。房屋建筑、构筑物一般是以建筑面积、建筑体积、"座"、"个"等为计算单位，附以必要的示意图，示意图画出建筑物的轮廓示意或单线平面图，列出综合指标："元/m²"或"元/m³"自然条件（如地耐力、地震烈度等）、建筑物的类型、结构形式，以及各部位中结构主要特点、主要工程量。

② 设备及安装工程的列表形式。设备以"t"或"台"为计算单位，也可以设备购置费或设备原价的百分比（%）表示；工艺管道一般以"t"为计算单位；通信电话站安装以"站"为计算单位。列出指标编号、项目名称、规格、综合指标（元/计算单位）之后，一般还要列出其中的人工费，必要时还要列出主要材料费、辅材费。

总体来讲建筑工程列表形式分为以下几个部分：

③ 示意图。表明工程的结构、工业项目，还表示出起重机及起重能力等。

④ 工程特征。对采暖工程特征应列出采暖热媒及采暖形式；对电气照明工程特征可列出建筑层数、结构类型、配线方式、灯具名称等；对房屋建筑工程特征，主要对工程的结构形式、层高、层数和建筑面积进行说明，见表3-15。

⑤ 经济指标。说明该项目每100m²的造价指标及其土建、水暖和电气照明等单位工程的相应造价。

表3-15　内浇外砌住宅结构特征

结构类型	层　　数	层　　高	檐　　高	建筑面积
内浇外砌	6层	2.8m	17.7m	4206m²

⑥ 构造内容及工程量指标。说明该工程项目的构造内容和相应计算单位的工程量指标及人工、材料消耗指标，见表3-16、表3-17。

表3-16　内浇外砌住宅构造内容及工程量指标　　　　（100m² 建筑面积）

序号	构 造 特 征		工程量	
			单位	数　量
	一、土建			
1	基础	灌柱桩	m³	16.64
2	外墙	二砖墙、清水墙勾缝、内墙挂抹灰刷白	m²	24.32
3	内墙	混凝土墙、一砖墙、抹灰刷白	m²	22.70
4	柱	混凝土柱	m³	0.70
5	地面	碎砖垫层、水泥砂浆面层	m²	13
6	楼面	120mm 预制空心板、水泥砂浆面层	m²	65
7	门窗	木门窗	m²	62
8	屋面	预制空心板、水泥珍珠岩保温、三毡四油卷材防水	m²	21.7
9	脚手架	综合脚手架	m²	100
	二、水暖			
1	采暖方式	集中采暖		
2	给水性质	生活给水明设		
3	排水性质	生活排水		
4	通风方式	自然通风		
	三、电气照明			
1	配电方式	塑料管暗配电线		
2	灯具种类	日光灯		
3	用电量			

表 3-17　内浇外砌住宅人工及主要材料消耗指标　　（100m² 建筑面积）

序号	名称及规格	单位	数量	序号	名称及规格	单位	数量
一、土建				二、水暖			
1	人工	工日	506	1	人工	工日	39
2	钢筋	t	3.25	2	钢管	t	0.18
3	型钢	t	0.13	3	暖气片	m³	20
4	水泥	t	18.10	4	卫生器具	套	2.35
5	白灰	t	2.10	5	水表	个	1.84
6	沥青	t	0.29	三、电气照明			
7	红砖	千块	15.10	1	人工	工日	20
8	木材	m³	4.10	2	电线	m	283
9	砂	m³	41	3	钢管	t	0.04
10	砺石	m³	30.5	4	灯具	套	8.43
11	玻璃	m²	29.2	5	电表	个	1.84
12	卷材	m²	80.8	6	配电箱	套	6.1
				四、机械使用费		%	7.5
				五、其他材料费		%	19.57

（2）概算指标的表现形式

概算指标在具体内容的表示方法上，分综合指标和单项指标两种形式。

1）综合概算指标。综合概算指标是按照工业或民用建筑及其结构类型而制定的概算指标。综合概算指标的概括性较大，其准确性、针对性不如单项指标。

2）单项概算指标。单项概算指标是指为某种建筑物或构筑物而编制的概算指标。单项概算指标的针对性较强，故指标中对工程结构形式要作介绍。只要工程项目的结构形式及工程内容与单项指标中的工程概况相吻合，编制出的设计概算就比较准确。

3.4.3.3　概算指标的编制

1. 概算指标的编制依据

1）标准设计图和各类工程典型设计。

2）国家颁发的建筑标准、设计规范、施工规范等。

3）各类工程造价资料。

4）现行的概算定额和预算定额及补充定额。

5）人工工资标准、材料预算价格、机具台班预算价格及其他价格资料。

2. 概算指标的编制步骤

以房屋建筑工程为例，概算指标可按以下步骤进行编制：

1）首先成立编制小组，拟订工作方案，明确编制原则和方法，确定指标的内容及表现形式，确定基价所依据的人工工资单价、材料预算价格、机具台班单价。

2）收集整理编制指标所必需的标准设计、典型设计以及有代表性的工程设计图，设计预算等资料，充分利用有使用价值的已经积累的工程造价资料。

3）编制阶段。主要是选定设计图，并根据设计图资料计算工程量和编制单位工程预算书，以及按编制方案确定的指标项目对照人工及主要材料消耗指标，填写概算指标的表格。

4）最后经过核对审核、平衡分析、水平测算、审查定稿。

3.4.4　投资估算指标及其编制

1. 投资估算指标及其作用

投资估算指标是编制建设项目建议书、可行性研究报告等前期工作阶段投资估算的依据，也可以作为编制固定资产长远规划投资额的参考。估算指标以独立的建设项目、单项工程或单位工程为对象，综合项目全过程投资和建设中的各类成本和费用，反映出其扩大的技术经济指标，具有较强的综合性和概括性。它既是定额的一种表现形式，又不同于其他的计价定额。投资估算指标为完成项目建设的投资估算提供依据和手段，它在固定资产的形成过程中起着投资预测、投资控制、投资效益分析的作用，是合理确定项目投资的基础。投资估算指标中的主要材料消耗量也是一种扩大材料消耗量指标，可以作为计算建设项目主要材料消耗量的基础。估算指标的正确制定对于提高投资估算的准确度、对建设项目的合理评估和正确决策具有重要意义。

2. 投资估算指标的内容

投资估算指标是确定和控制建设项目全过程各项投资支出的技术经济指标，其范围涉及建设前期、建设实施期和竣工验收交付使用期等各个阶段的费用支出，内容因行业不同而各异一般可分为建设项目综合指标、单项工程指标和单位工程指标三个层次。

（1）建设项目综合指标

建设项目综合指标指按规定应列入建设项目总投资的从立项筹建开始至竣工验收交付使用的全部投资额，包括单项工程投资、工程建设其他费用和预备费等。

建设项目综合指标一般以项目的综合生产能力单位投资表示，如"元/t"、"元/kW"；或以使用功能表示，如医院床位可用"元/床"表示。

（2）单项工程指标

单项工程指标指按规定应列入能独立发挥生产能力或使用效益的单项工程内的全部投资额，包括建筑工程费、安装工程费、设备工器具及生产家具购置费和可能包含的其他费用。单项工程一般划分原则如下：

1）主要生产设施。指直接参加生产产品的工程项目，包括生产车间或生产装置。

2）辅助生产设施。指为主要生产车间服务的工程项目。包括集中控制室、中央实验室、机修、电修、仪器仪表修理及木工（模）等车间，原材料、半成品、成品及危险品等仓库。

3）公用工程。包括给排水系统（给水排水泵房、水塔、水池及全厂给水排水管网）、供热系统（锅炉房及水处理设施、全厂热力管网）、供电及通信系统（变配电所、开关所及全厂输电、电信线路），以及热电站、热力站、煤气站、空压站、冷冻站、冷却塔和全厂管网。

4）环境保护工程。包括废气、废渣、废水等处理和综合利用设施及全厂性绿化。

5）总图运输工程。包括厂区防洪、围墙大门、传达及收发室、汽车库、消防车库、厂区道路、桥涵、厂区码头及厂区大型土石方工程。

6）厂区服务设施。包括厂部办公室、厂区食堂、医务室、浴室、哺乳室、自行车棚等。

7）生活福利设施。包括职工医院、住宅、生活区食堂、俱乐部、托儿所、幼儿园、子弟学校、商业服务点及与之配套的设施。

8）厂外工程。如水源工程，厂外输电、输水、排水、通信、输油等管线以及公路、铁路专用线等。

单项工程指标一般以单项工程生产能力单位投资，如"元/t"或其他单位表示。如变配电站"元/（kV·A）"；锅炉房："元/蒸汽吨"；供水站："元/m³"；办公室、仓库、宿舍、住宅等房屋则区别不同结构形式以"元/m²"表示。

（3）单位工程指标

单位工程指标按规定应列入能独立设计、施工的工程项目的费用，即建筑安装工程费用。

单位工程指标一般以如下方式表示：房屋区别不同结构形式以"元/m²"表示；道路区别不同结构层、面层以"元/m²"表示；水塔区别不同结构层、容积以"元/座"表示；管道区别不同材质、管径以"元/m"表示。

3. 投资估算指标的编制方法

投资估算指标的编制工作，涉及建设项目的产品规模、产品方案、工艺流程、设备选型、工程设计和技术经济等各个方面，既要考虑到现阶段技术状况，又要展望技术发展趋势和设计动向，从而可以指导以后建设项目的实践。投资估算指标的编制应当成立专业齐全的编制小组，编制人员应具备较高的专业素质。投资估算指标的编制应当制定一个从编制原则、编制内容、指标的层次相互衔接、项目划分、表现形式、计量单位、计算、复核、审查程序到相互应有的责任制等内容的编制方案或编制细则，以便编制工作有章可循。投资估算指标的编制一般分为三个阶段进行。

（1）收集整理资料阶段

收集整理已建成或正在建设的，符合现行技术政策和技术发展方向、有可能重复采用的、有代表性的工程设计施工图、标准设计以及相应的竣工决算或施工图预算资料等，这些资料是编制工作的基础，资料收集越广泛，反映出的问题越多，编制工作考虑越全面，就越有利于提高投资估算指标的实用性和覆盖面。同时，对调查收集到的资料要选择占投资比重大、相互关联多的项目进行认真的分析整理，由于已建成或正在建设的工程的设计意图、建设时间和地点、资料的基础等不同，相互之间的差异很大，需要去粗取精、去伪存真地加以整理，才能重复利用。将整理后的数据资料按项目划分栏目加以归类，按照编制年度的现行定额、费用标准和价格，调整成编制年度的造价水平及相互比例。

（2）平衡调整阶段

由于调查收集的资料来源不同，虽然经过一定的分析整理，但难免会由于设计方案、建设条件和建设时间上的差异带来的某些影响，使数据失准或漏项等。必须对有关资料进行综合平衡调整。

（3）测算审查阶段

测算是将新编的指标和选定工程的概预算，在同一价格条件下进行比较，检验其"量差"的偏离程度是否在允许偏差的范围之内，如偏差过大，则要查找原因，进行修正，以保证指标的确切、实用、测算同时也是对指标编制质量进行的一次系统检查，应由专人进行，以保持测算口径的统一，在此基础上组织有关专业人员全面审查定稿。

由于投资估算指标的编制计算工作量非常大，在现阶段计算机已经广泛普及的条件下，应尽可能应用计算机进行投资估算指标的编制工作。

3.5　工程造价信息

3.5.1　工程造价信息概述

1. 工程造价信息的概念

工程造价信息是一切有关工程造价的特征、状态及其变动的消息的组合。在工程承发包市场和工程建设过程中，工程造价总是在不停地变化着，在不同时期呈现出不同的特征。人们对工程承发包市场和工程建设过程中工程造价运动的变化，是通过工程造价信息来认识和掌握的。

在工程承发包市场和工程建设中，工程造价是最灵敏的调节器和指示器，无论是政府工程造价主管部门还是工程承发包双方，都要通过接收工程造价信息来了解工程建设市场动态，预测工程造价发展，决定政府的工程造价政策和工程承发包价格。因此，工程造价主管部门和工程承发包双方都要接收、加工、传递和利用工程造价信息，工程造价信息作为一种社会资源在工程建设中的地位日趋明显，特别是随着我国开始推行工程量清单计价制度，工程价格从政府计划的指令性价格向市场定价转化，而在市场定价的过程中，信息起着举足轻重的作用，因此工程造价信息资源开发的意义更为重要。

2. 工程造价信息的特点

1）区域性。建筑材料大多重量大、体积大、产地远离消费地点，因而运输量大，费用也较高。尤其不少建筑材料本身的价值或生产价格并不高，但所需要的运输费用却很高，这都在客观上要求尽可能就近使用建筑材料。因此，这类建筑信息的交换和流通往往限制在一定的区域内。

2）多样性。建设工程具有多样性的特点，要使工程造价管理的信息资料满足不同特点项目的需求，在信息的内容和形式上应具有多样性的特点。

3）专业性。工程造价信息的专业性集中反映在建设工程的专业化上，例如水利、电力、铁道、公路等工程，所需的信息有它的专业特殊性。

4）系统性。工程造价信息是由若干具有特定内容和同类性质的、在一定时间和空间内形成的一系列信息。一切工程造价的管理活动和变化总是在一定条件下受各种因素的制约和影响。工程造价管理工作也同样是多种因素相互作用的结果，并且从多方面反映出来，因而从工程造价信息源发出来的信息都不是孤立的、紊乱的，而是大量的、有系统的。

5）动态性。工程造价信息需要经常不断地收集和补充新的内容，进行信息更新，真实反映工程造价的动态变化。

6）季节性。由于建筑生产受自然条件影响大，施工内容的安排必须充分考虑季节因素，使得工程造价的信息也不能完全避免季节性的影响。

3. 工程造价信息的分类

为便于对信息的管理，有必要将各种信息按一定的原则和方法进行区分和归集，并建立起一定的分类系统和排列顺序。因此，在工程造价管理领域，也应该按照不同的标准对信息进行分类。

工程造价信息的具体分类：

1）按管理组织的角度来分，可分为系统化工程造价信息和非系统化工程造价信息。

2）按形式划分，可分为文件式工程造价信息和非文件式工程造价信息。

3）按信息来源划分，可分为横向的工程造价信息和纵向的工程造价信息。

4）按反映经济层面划分，分为宏观工程造价信息和微观工程造价信息。

5）按动态性划分，可分为过去的工程造价信息、现在的工程造价信息和未来的工程造价信息。

6）按稳定程度划分，可分为固定工程造价信息和流动工程造价信息。

4. 工程造价信息的主要内容

从广义上说，所有对工程造价的计价和控制过程起作用的资料都可以称为是工程造价信息。例如各种定额资料、标准规范、政策文件等。但最能体现信息动态性变化特征，并且在工程价格的市场机制中起重要作用的工程造价信息主要包括价格信息、工程造价指数和已完工程信息三类。

1）价格信息。价格信息包括各种建筑材料、装修材料、安装材料、人工工资、施工机具等的最新市场价格。这些信息是比较初级的，一般没有经过系统的加工处理，也可以称其为数据。包括人工价格信息、材料价格信息和机具价格信息。

2）工程造价指数。工程造价指数（造价指数信息）是反映一定时期价格变化对工程造价影响程度的指数，包括各种单项价格指数、设备工器具价格指数、建筑安装工程造价指数、建设项目或单项工程造价指数。

3）已完工程信息。已完或在建工程的各种造价信息，可以为拟建工程或在建工程造价提供依据。这种信息也可以称为工程造价资料，比如××工程造价指标汇总表、××工程造价费用分析表等。

3.5.2　工程造价资料的分类与积累

1. 工程造价资料及其分类

工程造价资料是指已竣工和在建的有关工程可行性研究估算、设计概算、施工图预算、招标投标价格、工程结算、竣工决算、单位工程施工成本，以及新材料、新结构、新设备、新工艺等建筑安装工程分部分项的单价分析等资料。

工程造价资料可以分为以下几种类别：

1）按照不同工程类型，工程造价资料一般分为厂房、住宅、公建、市政工程等，并分别列出其包含的单项工程和单位工程。

2）按照不同阶段，工程造价资料一般分为项目可行性研究投资估算、初步设计概算、施工图预算、招标控制价、投标报价、工程结算、竣工决算等。

3）按照组成特点，工程造价资料一般分为建设项目、单项工程和单位工程造价资料，同时也包括有关新材料、新工艺、新设备、新技术的分部分项工程造价资料。

2. 工程造价资料积累的内容

工程造价资料积累的内容应包括"量"（如主要工程量、人工工日量、材料量、机具台班量等）和"价"，还要包括对工程造价有重要影响的技术经济条件，如工程的概况、建设条件等。

（1）建设项目和单项工程造价资料

1）对造价有主要影响的技术经济条件，如项目建设标准、建设工期、建设地点等。

2）主要的工程量、主要的材料量和主要设备的名称、型号、规格、数量等。

3）投资估算、概算、预算、竣工决算及造价指数等。

（2）单位工程造价资料

单位工程造价资料包括工程的内容、建筑结构特征、主要工程量、主要材料的用量和单价、人工工日用量和人工费、机具台班用量和机具费，以及相应的造价等。

（3）其他

主要包括有关新材料、新工艺、新设备、新技术分部分项工程的人工工日、主要材料用量、机具台班用量。

3.5.3　工程造价资料的作用

（1）作为编制固定资产投资计划的参考，用以进行建设成本分析

由于基建支出不是一次性投入，一般是分年逐次投入，因此可以采用下面的公式把各年发生的建设成本折合为现值：

$$z = \sum_{k=1}^{n} T_k (1 + i)^{-k} \tag{3-23}$$

式中　z——建设成本现值；

T_k——建设期间第 k 年投入的建设成本；

k——实际建设工期年限；

i——社会折现率。

在这个基础上，还可以用以下公式计算出建设成本降低额和建设成本降低率（当两者为负数时，表明的是成本超支的情况）：

$$建设成本降低额 = 批准概算现值 - 建设成本现值 \tag{3-24}$$

$$建设成本降低率 = \frac{建设成本降低额}{批准概算批准算} \times 100\% \tag{3-25}$$

还可以按建设成本构成把实际数与概算数加以对比。对建筑安装工程投资，要分别从实物工程量和价格两方面对实际数与概算数进行对比。对设备工器具投资，则要从设备规格数量、设备实际价格等方面与概算进行对比，将各种比较的结果综合在一起，可以比较全面地描述项目投入实施的情况。

（2）进行单位生产能力投资分析

单位生产能力投资的计算公式是：

$$单位生产能力投资 = \frac{全部投资完成额（现值）}{全部新增生产能力（使用能力）} \tag{3-26}$$

在其他条件相同的情况下，单位生产能力投资越小则投资效益越好。计算的结果可与类似的工程进行比较，从而评价该建设工程的效益。

（3）作为编制投资估算的重要依据

设计单位的设计人员在编制估算时一般采用类比的方法，因此需要选择若干个类似的典型工程加以分解、换算和合并，并考虑到当前的设备与材料价格情况，最后得出工程的投资估算额。有了工程造价资料数据库，设计人员就可以从中挑选出所需要的典型工程，运用计算机进行适当的分解与换算，加上设计人员的经验和判断，最后得出较为可靠的工程投资估算额。

（4）作为编制初步设计概算和审查施工图预算的重要依据

在编制初步设计概算时，有时要用类比的方式进行编制。这种类比法比估算要细致深入，可以具体到单位工程甚至分部工程的水平上。在限额设计和优化设计方案的过程中，设计人员可能要反复修改设计方案，每次修改都希望能得到相应的概算。具有较多的典型工程资料是十分有益的。多种工程组合的比较不仅有助于设计人员探索造价分配的合理方式，还为设计人员指出修改设计方案的可行途径。

施工图预算编制完成之后，需要有经验的造价管理人员进行审查，以确定其正确性。可以通过造价资料的运用得到帮助，可从造价资料中选取类似资料，将其造价与施工图预算进行比较，从中发现施工图预算是否有价差和遗漏。由于设计变更、材料调价等因素所带来的造价变化，在施工图预算阶段往往无法事先估计到，此时参考以往类似工程的数据，有助于预见到这些因素发生的可能性。

（5）作为确定招标控制价（标底）和投标报价的参考资料

在为建设单位制定标底（或招标控制价）或施工单位投标报价的工作中，无论是用工程量清单计价还是用定额计价法，工程造价资料都可以发挥重要作用。它可以向发承包双方指明类似工程的实际造价及其变化规律，使得发承包双方都可以对未来将发生的造价进行预测和准备，从而避免招标控制价和报价的盲目性。尤其是在工程量清单计价方式下，投标人自主报价，没有统一的参考标准，除了根据有关政府机构颁布的人工、材料、机具价格指数外，更大程度上依赖于企业已完工程的历史经验。这对于工程造价资料的积累分析就提出了很高的要求，不仅需要总造价及专业工程的造价分析资料，还需要更加具体的、与工程量清单计价规范相适应的各分项工程的综合单价资料。此外，还需要从企业历年来完成的类似工程的综合单价的发展趋势获取企业的技术能力和发展能力水平变化信息。

（6）作为技术经济分析的基础资料

由于不断地收集和积累工程在建期间的造价资料，所以到结算和决算时能简单容易地得出结果。造价信息的及时反馈。使得建设单位和施工单位都可以尽早地发现问题，并及时予以解决。这也正是使对造价的控制由静态转入动态的关键所在。

（7）作为编制各类定额的基础资料

通过分析不同种类分部分项工程造价，了解各分部分项工程中各类实物量消耗，掌握各分部分项工程预算和结算的对比结果，造价管理部门就可以发现原有定额是否符合实际情况，从而提出修改的方案。对于新工艺和新材料，也可以从积累的资料中获得编制新增定额的有用信息。概算定额和估算指标的编制与修订，也可以从造价资料中得到参考依据。

（8）用以测定调价系数，编制造价指数

为了计算各种工程造价指数（如材料费价格指数、人工费价格指数、分部分项工程费价格指数、建筑安装工程价格指数、设备及工器具价格指数、工程造价指数、投资总量指数等），必须选取若干个典型工程的数据进行分析与综合，在此过程中，已经积累起来的造价资料可以充分发挥作用。

（9）用以研究同类工程造价的变化规律

造价管理部门可以在拥有较多的同类工程造价资料的基础上，研究出各类工程造价的变化规律。

3.5.4 工程造价指数

1. 工程造价指数的概念

在建筑市场供求和价格水平发生经常性波动的情况下，建设工程造价及其各组成部分也处于不断变化之中，这不仅使不同时期的工程在"量"与"价"两方面都失去可比性，也给合理确定和有效控制造价造成了困难。根据工程建设的特点，编制工程造价指数是解决这些问题的最佳途径。以合理方法编制的工程造价指数，不仅能够较好地反映工程造价的变动趋势和变化幅度，而且可用于剔除价格水平变化对工程造价的影响，正确反映建筑市场供求关系和生产力发展水平。

工程造价指数是反映一定时期由于价格变化对工程造价影响程度的一种指标，它是调整工程造价价差的依据。工程造价指数反映了报告期与基期相比的价格变动趋势，利用它来研究实际工作中的下列问题具有一定意义：

1）可以利用工程造价指数分析价格变动趋势及其原因。

2）可以利用工程造价指数预测宏观经济变化对工程造价的影响。

3）工程造价指数是工程承发包双方进行工程估价和结算的重要依据。

2. 工程造价指数的内容及其特征

根据工程造价的构成，工程造价指数的内容应包括：

（1）各种单项价格指数

包括了反映各类工程的人工费、材料费、施工机具使用费报告期价格对基期价格的变化程度的指标。可利用它研究主要单项价格变化的情况及其发展变化的趋势。其计算过程可以简单表示为报告期价格与基期价格之比。以此类推，可以把各种费率指数也归于其中，例如措施费指数，甚至工程建设其他费用指数等。这些费率指数的编制可以直接用报告期费率与基期费率之比求得。很明显，这些单项价格指数都属于个体指数，其编制过程相对比较简单。

（2）设备、工器具价格指数

设备、工器具的种类、品种和规格很多。设备、工器具费用的变动通常是由两个因素引起的，即设备、工器具单件采购价格的变化和采购数量的变化，并且工程所采购的设备、工器具是由不同规格、不同品种组成的，因此设备、工器具价格指数属于总指数、由于采购价格与采购数量的数据无论是基期还是报告期都比较容易获得，因此设备、工器具价格指数可以用综合指数的形式来表示。

（3）建筑安装工程造价指数

建筑安装工程造价指数也是一种综合指数，它包括了人工费指数、材料费指数、施工机具使用费指数，以及措施费等各项个体指数的综合影响。由于建筑安装工程造价指数相对比较复杂，涉及的方面较广，利用综合指数来进行计算分析难度较大。因此，可以通过对各项个体指数的加权平均，用平均数指数的形式来表示。

（4）建设项目或单项工程造价指数

该指数是由设备、工器具指数、建筑安装工程造价指数、工程建设其他费用指数综合得到的。它也属于总指数，并且与建筑安装工程造价指数类似，一般也用平均数指数的形式来表示。

当然，根据造价资料的期限长短来分类，也可以把工程造价指数分为时点造价指数、月指数、季指数和年指数等。

编制完成的工程造价指数有很多用途，比如作为政府对建设市场宏观调控的依据，也可以作为工程估算及概预算的基本依据。当然，其最重要的作用是在建设市场的交易过程中，为承包商投标报价提供依据。此时的工程造价指数也可称为投标价格指数，具体的表现形式见表3-18。

表 3-18　××省 2011～2012 年住宅建筑工程造价指数表

项目	2011 年一季度	2011 年二季度	2011 年三季度	2011 年四季度	2012 年一季度	2012 年二季度
多层(6 层以下)	107.7	109.2	114.6	110.8	110.2	108.9
小高层(7～12 层)	108.4	110.0	114.6	111.4	110.7	109.5
高层(12 层以上)	108.4	110.0	114.6	111.4	110.7	109.6
综合	108.3	109.8	114.6	111.3	110.7	109.4

3.5.5　工程造价的动态管理

工程造价的信息管理是指对信息的收集、加工整理、储存、传递与应用等一系列工作的总称。其目的就是通过有组织的信息流通，使决策者能及时、准确地获得相应的信息。为了达到工程造价信息动态管理的目的，在工程造价信息管理中应遵循以下基本原则。

1) 标准化原则。要求在项目的实施过程中对有关信息的分类进行统一，对信息流程进行规范，力求做到格式化和标准化，从组织上保证信息生产过程的效率。

2) 有效性原则。工程造价信息应针对不同层次管理者的要求进行适当加工，针对不同管理层提供不同要求和浓缩程度的信息。这一原则是为了保证信息产品对于决策支持的有效性。

3) 定量化原则。工程造价信息不应是项目实施过程中产生数据的简单记录，应该是经过信息处理人员的比较与分析。采用定量工具对有关数据进行分析和比较是十分必要的。

4) 时效性原则。考虑到工程造价计价与控制过程的时效性，工程造价信息也应具有相应的时效性，以保证信息产品能够及时服务于决策。

5) 高效处理原则。通过采用高性能的信息处理工具（如工程造价信息管理系统），尽量缩短信息在处理过程中的延迟。

复习思考题

1. 什么是建筑工程造价计价？建筑工程造价计价有哪些方法？
2. 什么是工程单价？包括什么？
3. 工程计价标准和依据是什么？
4. 什么是工程定额？工程定额是如何分类的？
5. 工程量清单计价规范的适用范围是什么？
6. 什么是施工定额？施工定额是由哪几个部分组成？
7. 施工定额的作用是什么？
8. 什么是劳动定额？其表示形式有哪几种？相互之间有何关系？
9. 工人工作时间由哪几个部分组成？各部分包括哪些内容？
10. 机械工作时间由哪几个部分组成？各部分包括哪些内容？
11. 制定劳动定额的方法有哪几种？
12. 什么是材料消耗定额？材料消耗定额由哪几部分组成？

13. 材料消耗定额的编制方法有哪几种？

14. 什么是机械台班消耗定额？其表现形式有哪几种？相互之间有何关系？

15. 什么是预算定额？预算定额的作用是什么？

16. 预算定额的编制原则是什么？

17. 什么是概算定额？它有什么作用？

18. 什么是概算指标？它有什么作用？

19. 什么是投资估算指标？它有什么作用？

第4章 建筑工程造价文件编制

4.1 投资估算

4.1.1 投资估算的概念及内容

在国外，如英、美等国，通常将建设项目从酝酿、提出设想直至施工图设计各阶段项目投资所作的预测均称为估算，本书中所指的投资估算是指在建设项目的投资决策阶段，在对项目的建设规模、技术方案、设备方案及工程方案等进行研究并基本确定的基础上，采用一定方法，对拟建项目投资额所作的估计、计算、核定及相应文件的编制。

根据国家规定，从满足建设项目投资计划和投资规模的角度，建设项目投资估算包括固定资产投资和铺底流动资金（流动资产投资中所需流动资金的30%）两部分。但从满足建设项目经济评价的角度，建设项目投资估算应由固定资产投资和全部流动资金组成。不论从哪一角度进行建设项目投资估算编制，都需要分别考虑建设项目所需的固定资产投资和流动资金，见表4-1。

表 4-1 建设项目总投资构成

建设项目总投资	固定资产投资（工程造价）	建设投资	建筑安装工程费用
			设备及工器具购置费
			工程建设其他费用
			基本预备费
			涨价预备费
		建设期利息	
	流动资产投资	铺底流动资金	

固定资产投资又分为静态投资和动态投资。设备及工器具购置费、建筑安装工程费用、工程建设其他费用、基本预备费构成建设项目静态投资；涨价预备费、建设期利息构成建设项目动态投资。

流动资金是指生产经营性项目投产后，用于购买原材料、燃料、支付工资及其他经营费用等所需的周转资金。流动资金是伴随着建设投资而发生的长期占用的流动资产投资，即财务中的营运资金。

4.1.2 投资估算的作用

投资估算是项目建议书和可行性研究报告的重要组成部分，是项目投资决策的主要依据之一。准确的项目投资估算是保证投资决策正确的关键环节，是工程造价管理的总目标，其准确性与否直接影响到项目的决策、工程规模、投资经济效果，并影响到工程建设能否顺利进行。作为论证拟建项目的重要经济文件，有着极其重要的作用。具体可归纳为以下几点：

1）项目建议书阶段的投资估算，是多方案比选，优化设计，合理确定项目投资的基础，是项目主管部门审批项目建议书的依据之一，并对项目的规划、规模控制起参考作用，从经济上判断项目是否应列入投资计划。

2）项目可行性研究阶段的投资估算，是项目投资决策的重要依据，是正确评价建设项目投资合理性，分析投资效益，为项目决策提供依据的基础。当可行性研究报告被批准之后，其投资估算额就作为建设项目投资的最高限额，不得随意突破。

3）项目投资估算对工程设计概算起控制作用，它为设计提供了经济依据和投资限额，设计概算不得突破批准的投资估算额。投资估算一经确定，即成为设计的投资限额，作为控制和指导设计工作的尺度。

4.1.3 投资估算的阶段划分

建设项目投资决策可划分为投资机会研究或项目建议书阶段、初步可行性研究阶段及详细可行性研究阶段，因此投资估算工作也分为相应三个阶段。在不同的阶段，由于掌握的资料不同，投资估算的精确程度是不同的。随着项目条件的细化，投资估算会不断地深入、准确，从而对项目投资起到有效的控制作用。

1. 投资机会研究或项目建议书阶段的投资估算

这一阶段主要是选择有利的投资机会，明确投资方向，提出概略的项目投资建议，并编制项目建议书。该阶段工作比较粗略，投资额的估计一般是通过与已建类似项目的对比得来的，因而投资估算的误差率可在 30% 左右。

2. 初步可行性研究阶段的投资估算

这一阶段主要是在项目建议书的基础上，进一步确定项目的投资规模、技术方案、设备选型、建设地址选择和建设进度等情况，进行建设项目经济效益评价，初步判断项目的可行性，作出初步投资评价。该阶段是介于项目建议书和详细可行性研究之间的中间阶段，投资估算的误差率一般要求控制在 20% 左右。

3. 详细可行性研究阶段的投资估算

详细可行性研究阶段也称为最终可行性研究阶段，在该阶段应最终确定建设项目的各项市场、技术、经济方案，并进行全面、详细、深入的技术经济分析，选择拟建项目的最佳投资方案，对项目的可行性提出结论性意见。该阶段研究内容详尽，投资估算的误差率应控制在 10% 以内。这一阶段的投资估算是项目可行性论证、选择最佳投资方案的主要依据，也是编制设计文件、控制设计概算的主要依据。

在工程投资决策的不同阶段编制投资估算，由于条件不同，对其准确度的要求也就有所不同，不可能超越客观现实，要求与最终实际投资完全一致。编制人应充分把握市场变化，在投资决策的不同阶段对所掌握的资料加以全面分析，使得在该阶段所编制的投资估算满足相应的准确性要求，即可达到为投资决策提供依据、对项目投资起到有效控制的作用。

4.1.4 投资估算的编制依据

1）项目建议书（或建设规划）、可行性研究报告（或设计任务书）、方案设计（包括设计招标或城市建筑方案设计竞选中的方案设计）等。

2）各类单项工程、单位工程及各单项费用的投资估算指标、概算指标等。

3）主要工程项目、辅助工程项目及其他各单项工程的建设内容及工程量。

4）当地现行人工、材料、机械设备预算价格及其市场价格。

5）专门机构发布的建设工程造价及费用构成、估算指标、计算方法，以及其他有关工程估算造价的文件。

6）现场情况，如地理位置、地质条件、交通、供水、供电条件等。

7）影响建设工程投资的动态因素，如利率、汇率、税率等。

8）类似工程竣工决算资料及其他参考数据。

在编制投资估算时占有的资料越完备、具体，编制的投资估算就越准确、越全面，同时编制人还应该把握投资估算中的动态因素，使其结果能够真实地反映建设项目未来的投资状况。

4.1.5 投资估算的编制方法

1. 静态投资部分估算方法

（1）单位产品法

单位产品法主要用于新建项目或新建装置的投资估算，是一种用单位产品投资推测新建项目投资额的简便方法，其特点是计算简便迅速，但是误差率较大，因此该方法适用于投资机会研究或项目建议书阶段的投资估算编制。

【例 4-1】 2013 年某地拟建年产量 200 万 t 的石油炼化项目，根据调查，该地区 2002 年年初建成的 200 万 t 的同类项目，其单位产品的投资为 1208 元/t，试估算该拟建项目在 2013 年年初的静态投资，已知从 2002～2013 年的工程造价平均每年递增 10%。

【解】 拟建项目的投资额

$= [200 \times 1208 \times (1 + 10\%)^{11}]$ 万元 $= 68.93$ 亿元

（2）资金周转率法

这是一种用资金周转率来推测投资额的简便方法。这种方法比较简便，计算速度快，但精确度较低，同样可用于投资机会研究及项目建议书阶段的投资估算。其计算公式如下：

$$投资额 = \frac{产品的年产量 \times 产品单价}{资金周转率} \tag{4-1}$$

$$资金周转率 = \frac{年销售总额}{总投资} = \frac{产品的年产量 \times 产品单价}{总投资} \tag{4-2}$$

拟建项目的资金周转率可以根据已建相似项目的有关数据进行估计，然后再根据拟建项目的预计产品的年产量及单价，进行估算拟建项目的投资额。

（3）生产能力指数法

这种方法根据已建成的，性质类似的建设项目或生产装置的投资额和生产能力及拟建项目或生产装置的生产能力估算拟建项目的投资额。其计算公式为：

$$C_2 = C_1 \left(\frac{Q_2}{Q_1}\right)^n f \tag{4-3}$$

式中 C_1——已建类似项目或装置的投资额；

C_2——拟建项目或装置的投资额；

Q_1——已建类似项目或装置的生产能力；

Q_2——拟建项目或装置的生产能力；

f——不同时期、不同地点的定额、单价、费用变更等的综合调整系数；

n——生产能力指数，$0 \leqslant n \leqslant 1$。

若已建类似项目或装置的规模和拟建项目或装置的规模相差不大，生产规模比值在

0.5 ~ 2 之间，则指数 n 的取值近似为 1。

若已建类似项目或装置与拟建项目或装置的规模相差不大于 50 倍，且拟建项目规模的扩大仅靠增大设备规模来达到时，则 n 的取值在 0.6 ~ 0.7 之间；若是靠增加相同规格设备的数量达到时，n 的取值在 0.8 ~ 0.9 之间。

采用这种方法，计算简单，速度快；但要求类似工程的资料可靠，条件基本相同，否则误差就会增大。

【例 4-2】　2014 年某地拟建年产量 400 万 t 的石油炼化项目，根据调查，该地区 2003 年年初建成的 200 万 t 的同类项目，其总投资为 24.16 亿元，试估算该拟建项目在 2006 年年初的静态投资。（已知从 2003 ~ 2014 年的工程造价平均每年递增 10%）（$n = 0.5$，$f = 1$）

【解】　$C_2 = C_1 \left(\dfrac{Q_2}{Q_1}\right)^n f = \left[24.16 \times \left(\dfrac{400}{200}\right)^{0.5} \times (1 + 10\%)^{11}\right]$ 亿元 = 97.49 亿元

（4）比例估算法

比例估算法是以拟建项目的设备费或主要工艺设备投资为基数，以其他相关费用占基数的比例系数来估算项目总投资的方法。

1）以新建项目或装置的设备费为基数进行估算。这种方法是以新建项目或装置的设备费为基数，根据已建成的同类项目或装置的建筑安装费和其他工程费用等占设备价值的百分比，求出相应的建筑安装及其他工程费用等，再加上拟建项目的其他有关费用，其总和即为新建项目或装置的投资。公式如下：

$$C = E(1 + f_1 p_1 + f_2 p_2 + f_3 p_3 + \cdots) + I \tag{4-4}$$

式中　　C——拟建项目或装置的投资额；

　　　　E——根据拟建项目或装置的设备清单按当时当地价格计算的设备费（包括运杂费）的总和；

　p_1，p_2，$p_3 \cdots$——已建项目中建筑、安装及其他工程费用等占设备费百分比；

　f_1，f_2，$f_3 \cdots$——由于时间因素引起的定额、价格、费用标准等变化的综合调整系数；

　　　　I——拟建项目的其他费用。

2）以新建项目或装置的主要工艺设备投资为基数进行估算。这种方法是以拟建项目中的最主要、投资比重较大并与生产能力直接相关的工艺设备的投资（包括运杂费及安装费）为基数，根据同类型的已建项目的有关统计资料，计算出拟建项目的各专业工程（总图、土建、暖通、给水排水、管道、电气及电信、自控及其他工程费用等）占工艺设备投资的百分比，据以求出各专业的投资，然后把各部分投资费用（包括工艺设备费）相加求和，再加上工程其他有关费用，即为项目的总费用。其表达式为：

$$C = E(1 + f_1 q_1 + f_2 q_2 + f_3 q_3 + \cdots) + I \tag{4-5}$$

式中　q_1，q_2，$q_3 \cdots$——各专业工程费用占工艺设备费用的百分比。

（5）系数估算法

系数估算法也称为因子估算法，系数估算法的方法较多，有代表性的包括朗格系数法、设备与厂房系数法等。

1）朗格系数法。以设备费为基础，乘以朗格系数来推算项目的建设费用。基本公式为：

$$D = LC \tag{4-6}$$

式中 D——总建设费用；

  C——主要设备费用；

  L——朗格系数；

朗格系数 L 与工艺流程有关，目前已编制了固体流程、流体流程、固流流程的朗格系数，供估价时采用，见表4-2。

表4-2 朗格系数表

项目	固体流程	固流流程	流体流程
郎格系数 L	3.1	3.63	4.74
内容 ①包括基础、设备、绝热、油漆及设备安装费	$E \times 1.43$		
②包括上述在内和配管工程费	①×1.1	①×1.25	①×1.6
③装置直接费	②×1.5		
④包括上述在内和间接费，即总费用 C	③×1.31	③×1.35	③×1.38

采用朗格系数法进行项目的投资估算，其精确度仍然不高，主要是系数本身不含设备规格及材质方面的差异。

2）设备、厂房系数法。对于一个生产性项目，如果设计方案已确定了生产工艺，且初步选定了工艺设备并进行了工艺布置，就有了工艺设备的重量及厂房的高度和面积，则工艺设备投资和厂房土建的投资就可分别估算出来。项目的其他费用，与设备关系较大的按设备投资系数计算，与厂房土建关系较大的则以厂房土建投资系数计算，两类投资加起来就得出整个项目的投资。

【例4-3】 若某中型轧钢车间的工艺设备投资和厂房土建投资已经估算出来，试采用设备与厂房系数法估算该生产车间的建设投资。

【解】 （1）与设备有关的专业投资系数为：

工艺设备 1

超重运输设备 0.09

加热炉及烟囱烟道 0.12

汽化冷却 0.01

余热锅炉 0.04

供电及传动 0.18

自动化仪表 0.02

系数合计 1.46

（2）与厂房土建有关的专业投资系数为：

厂房土建（包括设备基础） 1

给水排水工程 0.04

采暖工程 0.03

工业通风 0.01

电气管道 0.01

系数合计 1.09

则，整个车间投资＝设备及安装费×1.46＋厂房土建（包括设备基础）×1.09

（6）指标估算法

根据编制的各种具体的投资估算指标，进行单位工程投资的估算。投资估算指标的表示形式较多，如以元/m、元/m²、元/m³、元/t 等表示。根据这些投资估算指标，乘以所需的面积、体积、容量等，就可以求出相应的土建工程、给水排水工程、照明工程、采暖工程、变配电工程等各单位工程的投资。在此基础上，可汇总成某一单项工程的投资。另外再估算工程建设其他费用及预备费，即可得所需的投资。

2. 动态投资部分估算方法

动态投资部分主要指建设期利息、涨价预备费，其估算方法已在第 2 章作了阐述。

3. 铺底流动资金的估算方法

（1）铺底流动资金概述

铺底流动资金是保证项目投产后，能正常生产经营所需要的最基本的周转资金数额。铺底流动资金是项目总投资中流动资金的一部分，在项目决策阶段，这部分资金就要落实，铺底流动资金的计算公式为：

$$铺底流动资金 = 流动资金 \times 30\% \tag{4-7}$$

这里的流动资金是指建设项目投产后为维持正常生产经营用于购买原材料、燃料、支付工资及其他生产经营费用等所必不可少的周转资金。它是伴随着固定资产投资而发生的永久性流动资产投资，其等于项目投产运营后所需全部流动资产扣除流动负债后的余额。其中，流动资产主要考虑应收账款、现金和存货；流动负债主要考虑应付和预收款。由此可以看出，这里所解释的流动资金的概念，实际上就是财务中的营运资金。

（2）流动资金的估算方法

流动资金的估算一般采用以下两种方法：

1）扩大指标估算法。扩大指标估算法是按照流动资金占某种基数来估算流动资金。一般常用的基数有销售收入、经营成本、总成本费用和固定资产投资等，究竟采用何种基数依行业习惯而定。所采用的比率根据经验确定，或根据现有同类企业的实际资料确定，或依行业、部门给定的参考值确定。扩大指标估算法简便易行，但准确度不高，适用于项目建议书阶段的估算。

① 产值（或销售收入）资金率估算法。计算公式为：

$$流动资金额 = 年产值(年销售收入额) \times 产值(销售收入)资金率 \tag{4-8}$$

例如，某项目投产后的年产值为 1.5 亿元，其同类企业的百元产值流动资金占用额为 17.5 元，则该项目的流动资金估算额为：

$$(15000 \times 17.5/100)万元 = 2625万元$$

② 经营成本（或总成本）资金率估算法。经营成本是一项反映物质、劳动消耗和技术水平、生产管理水平的综合指标。一些工业项目，尤其是采掘工业项目常用经营成本（或总成本）资金估算流动资金。

$$流动资金额 = 年经营成本(总成本) \times 经营成本资金率（总成本资金率） \tag{4-9}$$

③ 固定资产投资资金率估算法。固定资产投资资金率是流动资金占固定资产投资的百分比。如化工项目流动资金占固定资产投资的 15% ~ 20%，一般工业项目流动资金占固定资产投资的 5% ~ 12%。

$$流动资金额 = 固定资产投资 \times 固定资产投资资金率 \tag{4-10}$$

2）分项详细估算法。分项详细估算法，也称分项定额估算法。它是国际上通行的流动资金估算方法，是按照下列公式分项详细估算。

$$流动资金 = 流动资产 - 流动负债 \tag{4-11}$$

$$流动资产 = 现金 + 应收及预付账款 + 存货 \tag{4-12}$$

$$流动负债 = 应付账款 + 预收账款 \tag{4-13}$$

$$流动资金本年增加额 = 本年流动资金 - 上年流动资金 \tag{4-14}$$

4.1.6 投资估算编制实例

【例4-4】某企业拟兴建一项年产某种产品3000万t的工业生产项目，该项目由一个综合生产车间和若干附属工程组成。根据项目建议书中提供的同行业已建年产2000万t类似综合生产车间项目主设备投资和与主设备投资有关的其他专业工程投资系数见表4-3。

表4-3　已建类似项目主设备投资、与主设备投资有关的其他专业工程投资系数表

主设备投资	锅炉设备	加热设备	冷却设备	仪器仪表	起重设备	电力传动	建筑工程	安装工程
2200万元	0.12	0.01	0.04	0.02	0.09	0.18	0.27	0.13

拟建项目的附属工程由动力系统、机修系统、行政办公楼工程、宿舍工程、总图工程、场外工程等组成，其投资初步估计见表4-4。

表4-4　附属工程投资初步估计数据表　　　　　　　　（单位：万元）

程名称	动力系统	机修系统	行政办公楼	宿舍工程	总图工程	场外工程
建筑工程费用	1800	800	2500	1500	1300	80
设备购置费用	35	20				
安装工程费用	200	150				
合　计	2035	970	2500	1500	1300	80

据估计工程建设其他费用约为工程费用的20%，基本预备费率为5%。预计建设期物价年平均上涨率3%。该项目建设投资的70%为企业自有资本金，其余资金采用贷款方式解决，贷款利率为7.85%（按年计息）。在2年建设期内贷款和资本金均按第1年60%、第2年40%投入。

问题：

1. 试用生产能力指数估算法估算拟建项目综合生产车间主设备投资。拟建项目与已建类似项目主设备投资综合调整系数取1.20，生产能力指数取0.85。

2. 试用主体专业系数法估算拟建项目综合生产车间投资额。经测定拟建项目与类似项目由于建设时间、地点和费用标准的不同，在锅炉设备、加热设备、冷却设备、仪器仪表、起重设备、电力传动、建筑工程、安装工程等专业工程投资综合调整系数分别为：1.10、1.05、1.00、1.05、1.20、1.20、1.05、1.10。

3. 估算拟建项目全部建设投资，编制该项目建设投资估算表。

4. 计算建设期利息。

【解】

1. 拟建项目综合生产车间主设备投资 $= 2200$ 万元 $\times \left(\dfrac{3000}{2000}\right)^{0.85} \times 1.20 = 3726.33$ 万元

2. 拟建项目综合生产车间投资额 = 设备费用 + 建筑工程费用 + 安装工程费用

（1）设备费用 = 3726.33 万元 × （1 + 1.10 × 0.12 + 1.05 × 0.01 + 1.00 × 0.04 + 1.05 × 0.02 + 1.20 × 0.09 + 1.20 × 0.18） = 3726.33 万元 × （1 + 0.528） = 5693.83 万元

（2）建筑工程费用 = 3726.33 万元 × （1.05 × 0.27） = 1056.41 万元

（3）安装工程费用 = 3726.33 万元 × （1.10 × 0.13） = 532.87 万元

拟建项目综合生产车间投资额 = （5693.83 + 1056.41 + 532.87） 万元 = 7283.11 万元

3.（1）工程费用 = 拟建项目综合生产车间投资额 + 附属工程投资

= （7283.11 + 2035 + 970 + 2500 + 1500 + 1300 + 80） 万元 = 15668.11 万元

（2）工程建设其他费用 = 工程费用 × 工程建设其他费用百分比 = 15668.11 万元 × 20% = 3133.62 万元

（3）基本预备费 = （工程费用 + 工程建设其他费用） × 基本预备费率

= （15668.11 + 3133.62） 万元 × 5% = 940.09 万元

（4）静态投资合计 = （15668.11 + 3133.62 + 940.09） 万元 = 19741.82 万元

（5）建设期各年静态投资

第 1 年：19741.82 万元 × 60% = 11845.09 万元

第 2 年：19741.82 万元 × 40% = 7896.73 万元

（6）涨价预备费

涨价预备费 = 11845.09 万元 × $[(1+3\%)^1-1]$ + 7896.73 万元 × $[(1+3\%)^2-1]$
= 836.26 万元

（7）预备费

预备费 = （940.09 + 836.26） 万元 = 1776.35 万元

拟建项目全部建设投资 = （19741.82 + 836.26） 万元 = 20578.08 万元

（8）拟建项目建设投资估算表

表 4-5 为拟建项目建设投资估算表。

表 4-5　拟建项目建设投资估算表　　（单位：万元）

序号	工程费用名称	建筑工程费	设备购置费	安装工程费	工程建设其他费	合计	比例(%)
1	工程费	9036.41	5748.83	882.87		15668.11	76.14
1.1	综合生产车间	1056.41	5693.83	532.87		7283.11	
1.2	动力系统	1800.00	35.00	200.00		2035.00	
1.3	机修系统	800.00	20.00	150.00		970.00	
1.4	行政办公楼	2500.00				2500.00	
1.5	宿舍工程	1500.00				1500.00	
1.6	总图工程	1300.00				1300.00	
1.7	场外工程	80.00				80.00	
2	工程建设其他费				3133.62	3133.62	15.23
	合计(1+2)	9036.41	5748.83	882.87	3133.62	18801.73	
3	预备费				1776.35	1776.35	8.63
3.1	基本预备费				940.09	940.49	
3.2	涨价预备费				836.26	836.26	
	建设投资合计(1+2+3)	9036.41	5748.83	882.87	4909.97	20578.08	
	比例(%)	43.91	27.94	4.29	23.86		

4. （1）建设期每年贷款额：

第 1 年贷款额 = 20578.08 万元 × 60% × 30% = 3704.05 万元

第 2 年贷款额 = 20578.08 万元 × 40% × 30% = 2469.37 万元

（2）建设期利息：

第 1 年贷款利息 = (0 + 3704.05 ÷ 2) 万元 × 7.85% = 145.38 万元

第 2 年贷款利息 = [3704.05 + 145.38) + (2469.37 ÷ 2)] 万元 × 7.85%

= 399.10 万元

建设期利息合计 = (145.38 + 399.10) 万元 = 544.48 万元

4.2 设计概算

4.2.1 设计概算的概念、作用

4.2.1.1 设计概算的概念

设计概算是指在投资估算的控制下，在初步设计或扩大初步设计阶段，由设计单位根据初步设计或扩大初步设计的图纸及说明，依据国家或地区颁发的概算指标、概算定额、各项费用定额或取费标准（指标）、建设地区自然、技术经济条件和设备、材料价格等资料，按照设计要求，用科学的方法计算和确定建设项目从筹建至竣工交付使用所需全部费用的文件。

设计概算是以初步设计文件为依据，按照规定的程序、方法和依据，对建设项目总投资及其构成进行的概略计算。

设计概算的编制内容包括静态投资和动态投资两个层次。静态投资作为考核工程设计和施工图预算的依据；动态投资作为项目筹措、供应和控制资金使用的限额。

设计概算经批准后，一般不得调整。如果需要调整概算时，应由建设单位调查分析变更原因，报主管部门审批同意后，由原设计单位核实编制调整概算，并按有关审批程序报批。当影响工程概算的主要因素查明且工程量完成了一定量后，方可对其进行调整。一个工程只允许调整一次概算。允许调整概算的原因包括以下几点：

1）超出原设计范围的重大变更。

2）超出基本预备费规定范围不可抗拒的重大自然灾害引起的工程变动和费用增加。

3）超出工程造价调整预备费的国家重大政策性的调整。

4.2.1.2 设计概算的作用

设计概算的作用设计概算是工程造价在设计阶段的表现形式，由于设计概算不是在市场竞争中形成的，它是设计单位根据有关依据计算出来的工程建设的预期费用，用于衡量建设投资是否超过估算并控制下一阶段费用支出，因此其并不具备价格属性。设计概算的主要作用是控制以后各阶段的投资，具体表现为：

（1）设计概算是编制固定资产投资计划、确定和控制建设项目投资计划的依据

设计概算投资应包括建设项目从立项、可行性研究、设计、施工、试运行到竣工验收等的全部建设资金。按照国家有关规定，编制年度固定资产投资计划，确定计划投资总额及其构成数额，要以批准的初步设计概算为依据，没有批准的初步设计文件及其概算，建设工程不能列入年度固定资产投资计划。

设计概算一经批准，将作为控制建设项目投资的最高限额。在工程建设过程中，年度固定资产投资计划安排、银行拨款或贷款、施工图设计及其预算、竣工决算等，未经规定程序批准，都不能突破这一限额，确保对国家固定资产投资计划的严格执行和有效控制。

（2）设计概算是控制施工图设计的依据，是进行"三算"对比的基础

经批准的设计概算是建设工程项目投资的最高限额。设计单位必须按批准的初步设计和总概算进行施工图设计，施工图预算不得突破设计概算，设计概算批准后不得任意修改和调整；如需修改或调整时，须经原批准部门重新审批。竣工结算不能突破施工图预算，施工图预算不能突破设计概算。

（3）设计概算是考核设计方案技术经济合理性，选择最佳设计方案的依据

设计单位在初步设计阶段要选择最佳设计方案，设计概算是从经济角度衡量设计方案经济合理性的重要依据。因此，设计概算是衡量设计方案技术经济合理性和选择最佳设计方案的依据。

（4）设计概算是编制招标控制价（招标标底）和投标报价的依据

以设计概算进行招标投标的工程，招标单位以设计概算作为编制招标控制价（标底）及评标定标的依据。承包单位也必须以设计概算为依据编制投标报价，以合适的投标报价在投标竞争中取胜。

（5）设计概算是签订建设工程合同和贷款合同的依据

《合同法》中明确规定，建设工程合同价款是以设计概、预算价为依据，且总承包合同不得超过设计总概算的投资额。银行贷款或各单项工程的拨款累计总额不能超过设计概算。如果项目投资计划所列支投资额与贷款突破设计概算时，必须查明原因，之后由建设单位报请上级主管部门调整或追加设计概算总投资。凡未批准之前，银行对其超支部不予拨付。

（6）设计概算是考核建设项目投资效果的依据

通过设计概算与竣工决算对比，可以分析和考核建设工程项目投资效果的好坏，验证设计概算的准确性，有利于加强设计概算管理和建设项目的造价管理工作。

4.2.2　设计概算的编制

4.2.2.1　编制内容

设计概算的编制一般应采用单位工程概算、单项工程综合概算和建设项目总概算三级概算编制形式。当建设项目为一个单项工程时，可采用单位工程概算、总概算两级概算编制形式。三级概算间的相互关系和费用构成，如图 4-1 所示。

1. 单位工程概算

单位工程概算是以初步设计文件为依据，按照规定的程序、方法和依据，计算单位工程费用的成果文件，是编制单项工程综合概算（或项目总概算）的依据，是单项工程综合概算的组成部分。单位工程概算按其工程性质可分为建筑工程概算和设备及安装工程概算两大类。建筑工程概算包括土建工程概算，给水排水、采暖工程概算，通风、空调工程概算，电气照明工程概算，弱电工程概算，特殊构筑物工程概算等；设备及安装工程概算包括机械设备及安装工程概算，电气设备及安装工程概算，热力设备及安装工程概算，工器具及生产家具购置费概算等。

2. 单项工程概算

单项工程概算是以初步设计文件为依据，在单位工程概算的基础上汇总单项工程工程费

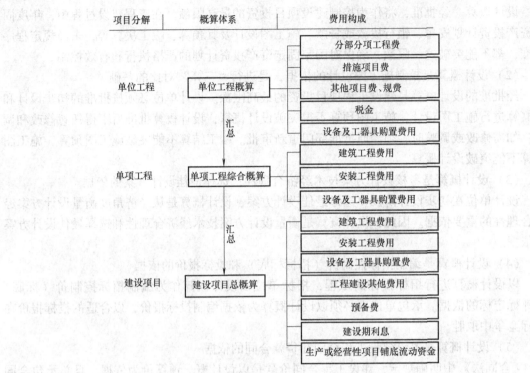

图 4-1 三级概算间的相互关系和费用构成

用的成果文件，由单项工程中的各单位工程概算汇总编制而成，是建设项目总概算的组成部分。单项工程综合概算的组成内容，如图 4-2 所示。

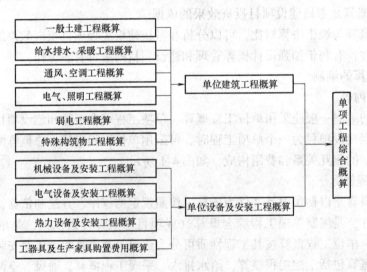

图 4-2 单项工程综合概算的组成

3. 建设项目总概算

建设项目总概算是以初步设计文件为依据，在单项工程综合概算的基础上计算建设项目概算总投资的成果文件，它是由各单项工程综合概算、工程建设其他费用概算、预备费、建设期利息和铺底流动资金概算汇总编制而成的，如图 4-3 所示。

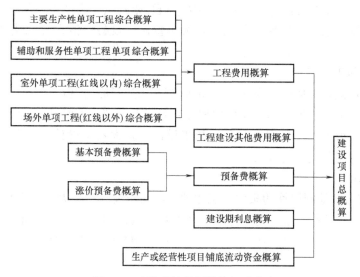

图 4-3　建设项目总概算的组成内容

若干个单位工程概算汇总后成为单项工程概算，若干个单项工程概算和工程建设其他费用、预备费、建设期利息、铺底流动资金等概算文件汇总后成为建设项目总概算。单项工程概算和建设项目总概算仅是一种归纳、汇总性文件，因此，最基本的计算文件是单位工程概算书。若建设项目为一个独立单项工程，则建设项目总概算书与单项工程综合概算书可合并编制。

4.2.2.2　编制依据

1）建设项目的可行性研究报告及批准的设计任务书。

2）有关建设地区自然和技术经济条件资料。

3）建设工程所在地区的工资标准、材料预算价格、机具设备价格等资料。

4）（扩大）初步设计图及说明书，材料表、设备表等有关资料。

5）国家或省、市、自治区现行的建筑安装工程概算定额或概算指标。

6）国家或省、市、自治区颁发的现行建筑安装工程费用标准。

7）类似工程的概（预）算和技术经济指标等。

8）国家、行业和地方政府有关建设和造价管理的法律、法规、规章、规程、标准等。

4.2.2.3　编制方法

1. 单位工程概算编制

单位工程概算是确定单项工程中各单位工程建设费用的文件，它是编制单项工程综合概算的依据。

单位工程概算应根据单项工程中所属的每个单体按专业分别编制，一般分土建、装饰、采暖通风、给水排水、照明、工艺安装、自控仪表、通信、道路等专业或工程分别编制。总体而言，单位工程概算包括单位建筑工程概算和单位设备及安装工程概算两类。其中，建筑工程概算包括：土建工程概算、给水排水工程概算、装饰工程概算、采暖通风工程概算、电气照明工程概算、工业管道工程概算和特殊构筑物工程概算。设备及安装工程概算主要包括：机械设备及安装工程概算、电气设备及安装工程概算等。

建筑工程概算的编制方法有：概算定额法、概算指标法、类似工程预算法等；设备及安装工程概算的编制方法有：定额单价法、扩大单价法、设备价值百分比法和综合吨位指标法等。

(1) 单位建筑工程概算

单位建筑工程概算包括建筑物和构筑物两部分。建筑物通常包括生产厂房、附属辅助厂房和库房及文化、生活、福利和其他公用房屋；构筑物通常包括铁路、公路、码头、水塔、设备基础等。一般视工程项目规模大小、初步设计或扩大初步设计深度等有关资料齐备程度，采用以下几种编制概算的方法。

1) 概算定额法。

① 采用概算定额编制概算的条件。工程项目的初步设计或扩大初步设计具有相当深度，建筑、结构类型要求比较明确，基本上能够按照初步设计的平、立、剖面图设计出楼面、地面、屋面、墙身、门窗等分部工程或扩大结构构件等项目的工程量时，可以采用概算定额编制概算。

② 编制方法与步骤。

A. 收集基础资料。采用概算定额编制概算，最基本的资料为前面所提的编制依据。除此之外，还应获得建筑工程中各分部工程施工方法的有关资料。对于改建或扩建的建筑工程，还需要收集原有建筑工程的状况图，拆除及修缮工程概算定额的费用定额及旧料残值回收计算方法等资料。

B. 熟悉设计文件，了解施工现场情况。在编制概算前，必须熟悉施工图，掌握工程结构形式的特点，以及各种构件的规格和数量等，并充分了解设计意图，掌握工程全貌，以便更好地计算概算工程量，提高概算的编制速度的质量。另外，概算工作者必须深入施工现场，调查、分析和核实地形、地貌、作业环境等有关原始资料，从而保证概算内容能更好地反映客观实际，为进一步提高设计质量提供可靠的原始依据。

C. 分列工程项目，计算工程量。编制概算时，应按概算定额手册所列项目分列工程项目，并按其所规定的工程量计算规则进行工程量计算，以便正确地选套定额，提高概算造价的准确性。

D. 选套概算定额。当分列的工程项目及相应汇总的工程量，经复核无误后，即可选套概算定额，确定定额单价。通常选套概算定额的方法如下：

a. 把定额编号、工程项目及相应的定额计量单位、工程量，按定额顺序填列于建筑工程概算表中。

b. 根据定额编号，查阅各工程项目的单位概算基价，填列于概算表格的相应栏内。

另外，在选套概算定额时，必须按各分部工程说明中的有关规定进行，避免错选或重套定额项目，以保证概算的准确性。

E. 计取各项费用，确定相应的工程概算造价。当工程概算直接费确定后，就可按费用计算程序进行各项费用的计算，可按下列公式计算概算造价和单方造价。

$$土建工程概算造价 = 分部分项工程费 + 措施项目费 + 其他项目费 + 规费 + 税金 \quad (4-15)$$

$$单方造价 = \frac{土建工程概算造价}{建筑面积} \quad (4-16)$$

F. 编制工程概算书。按图 4-4 的内容填写工程概算书封面；按表 4-6 的内容计算工程各项费用；按表4-7的内容编制建筑工程概算表，并根据相应工程情况，如工程概况、概算编制依据、方法等，编制概算说明书；最后将工程概算书封面、各项工程费用计算、建筑工程概算表等按顺序装订成册，即构成建筑工程概算书。

工程概算书

工程编号_____

建设单位_____

工程名称_____ 编制单位_____

建筑面积_____ 编　　制_____

概算价值_____ 审　　核_____

单方造价_____

年　月　日

图 4-4　工程概算书封面

表 4-6　工程费用计算

序号	项目名称	单位	计算式	合价	说明
一	分部分项工程费				
二	措施项目费				
三	其他项目费				
四	规费				
五	税金				
六	概算造价				
七	单方造价				

表 4-7　建筑工程概算表

序号	编制依据	项目名称	工程量		价值/元	
			单位	数量	单价	合价

工程概算的编制说明应包括下列内容：

A. 工程概况，包括工程名称、建造地点、工程性质、建筑面积、概算造价和单方造价等。

B. 编制依据，包括初步设计图，依据的定额、费用标准等。

C. 编制方法，主要说明具体采用概算定额，还是概算指标或类似工程预（决）算编制的。

D. 其他有关问题的说明，如材料差价的调整方法。

2）概算指标法。

① 采用概算指标编制概算的条件。对于一般民用工程和中小型通用厂房工程，在初步设计文件尚不完备、处于方案阶段，无法计算工程量时，可采用概算指标编制概算。概算指

标是一种以建筑面积或体积为单位，以整个建筑物为依据编制的定额。它通常以整个房屋每100m² 建筑面积（或按每座构筑物）为单位，规定人工、材料和施工机械使用费用的消耗量，所以概算定额更综合、扩大。采用概算指标编制概算比采用概算定额编制概算更加简化。它是一种既准确又省时的方法。

② 编制方法和步骤。

A. 收集编制概算的原始资料，并根据设计图计算建筑面积。

B. 根据拟建工程项目的性质、规模、结构内容及层数等基本条件，选用相应的概算指标。

C. 计算分部分项工程费。通常可按下式进行计算：

$$分部分项工程费 = \frac{每100m^2造价指标}{100} \times 建筑面积 \tag{4-17}$$

D. 调整分部分项工程费。通常按下式进行调整：

$$调整后分部分项工程费 = 分部分项工程费 \times 调整费率 \tag{4-18}$$

E. 计算措施项目费、其他项目费、规费、税金等。

③概算指标调整方法。采用概算指标编制概算时，因为设计内容常常不完全符合概算指标规定的结构特征，所以就不能简单机械地按类似的或最接近的概算指标套用计算，而必须根据差别的具体情况，按下式分别进行换算：

$$单位面积造价调整指标 = 原造价指标单价 - 换出结构构件单价 + 换入结构构件单价 \tag{4-19}$$

式中，换出（入）结构构件单价可按下式进行计算：

$$换出(入)结构构件单价 = 换出(入)结构构件工程量 \times 相应概算定额单 \tag{4-20}$$

工程概算分部分项工程费，可按下式进行计算：

$$概算分部分项工程费 = 建筑面积 \times 单位面积造价调整指标 \tag{4-21}$$

3）类似工程预（决）算法。

① 采用类似工程预（决）算编制概算的条件。当拟建工程缺少完整的初步设计方案，而又急等上报设计概算，申请列入年度基本建设计划时，通常采用类似工程预（决）算编制设计概算的方法，快速编制概算。类似工程预（决）算是指与拟建工程在结构特征上相近的，已建成工程的预（决）算或在建工程的预算。采用类似工程预（决）算编制概算，不受不同单位和地区的限制，只要拟建工程项目在建筑面积、体积、结构特征和经济性方面完全或基本类似，已（在）建工程的相关数额即可采用。

② 编制步骤和方法。

A. 收集有关类似工程设计资料和预（决）算文件等原始资料。

B. 了解和掌握拟建工程初步设计方案。

C. 计算建筑面积。

D. 选定与拟建工程相类似的已（在）建工程预（决）算。

E. 根据类似工程预（决）算资料和拟建工程的建筑面积，计算工程概算造价和主要材料消耗量。

F. 调整拟建工程与类似工程预（决）算资料的差异部分，使其成为符合拟建工程要求的概算造价。

③ 调整类似工程预（决）算的方法。采用类似工程预（决）算编制概算，往往因拟建工程与类似工程之间在基本结构特征上存在着差异，而影响概算的准确性。因此，必须先求出各种不同影响因素的调整系数（或费用），加以修正。具体调整方法如下：

A. 综合系数法。采用类似工程预（决）算编制概算，经常因建设地点不同而引起人工费、材料和施工机具使用费，以及措施项目费、其他项目费、规费、税金等费用不同，故常采用上述各费用所占类似工程预（决）算价值的比重系数，即综合调整系数进行调整。

采用综合系数法调整类似工程预（决）算，通常可按下式进行计算：

$$单位工程概算价值 = 类似工程预（决）算价值 × 综合调整（差价）系数 K \quad (4-22)$$

式中综合调整（差价）系数 K 可按下式计算：

$$K = a\% × K_1 + b\% × K_2 + c\% × K_3 + d\% × K_4 + e\% × K_5 \quad (4-23)$$

式中　$a\%$——人工工资在类似工程预（决）算价值中所占的比例，按下式计算：

$$a\% = \frac{人工工资}{类似工程预（决）算价值} × 100\% \quad (4-24)$$

$b\%$——材料费在类似工程预（决）算价值中所占的比例，按下式计算：

$$b\% = \frac{材料费}{类似工程预（决）算价值} × 100\% \quad (4-25)$$

$c\%$——施工机具使用费在类似预（决）算价值中所占的比例，按下式计算：

$$c\% = \frac{施工机具使用费}{类似工程预（决）算价值} × 100\% \quad (4-26)$$

$d\%$——措施项目费、其他项目费、规费在类似工程预（决）算价值中所占的比例，按下式计算：

$$d = \frac{措施项目费、其他项目费及规费}{类似工程预（决）算价值} × 100\% \quad (4-27)$$

$e\%$——税金在类似工程预（决）算价值中所占的比例，按下式计算：

$$e = \frac{税金}{类似工程预（决）算价值} × 100\% \quad (4-28)$$

K_1——工资标准因地区不同而产生在价值上差别的调整（差价）系数，按下式计算：

$$K_1 = \frac{编制概算地区的工资标准}{采用类似工程预（决）算地区的工资标准} \quad (4-29)$$

K_2——材料预算价格因地区不同而产生在价值上差别的调整（差价）系数，按下式计算：

$$K_2 = \frac{编制概算地区的材料预算价格}{采用类似工程预（决）算地区的材料预算价格} \quad (4-30)$$

K_3——施工机具使用费因地区不同而产生在价值上差别的调整（差价）系数，按下式计算：

$$K_3 = \frac{编制概算地区的施工机具使用费}{采用类用类似工程预（决）算地区的施工机具使用费} \quad (4-31)$$

K_4——措施项目费、其他项目费、规费因地区不同而产生在价值上差别的调整（差价）系数，按下式计算：

$$K_4 = \frac{编制概算地区的措施项目费费、其他项目费及规费}{采用类用类似工程预(决)算地区的措施项目费、其他项目费及规费} \qquad (4-32)$$

K_5——税金因地区不同而产生在价值上差别的调整（差价）系数，按下式计算：

$$K_5 = \frac{编制概算地区的税金率}{采用类用类似工程预(决)算地区的税金率} \qquad (4-33)$$

B. 价格（费用）差异系数法。采用类似工程预（决）算编制概算，常因类似工程预（决）算的编制时间距现在时间较长，现时编制概算，其人工工资标准、材料预算价格和施工机具使用费用，以及措施项目费、其他项目费、规费和税金等费用标准必然发生变化。此时，则应将类似工程预（决）算的上述价格和费用标准与现行的标准进行比较，测定其价格和费用变动幅度系数，加以适当调整。采用价格（费用）差异系数法调整类似工程预（决）算，一般按下式进行计算：

$$单位工程概算价值 = 类似工程预(决)算价值 \times G \qquad (4-34)$$

式中，G 代表类似工程预（决）算的价格（费用）差异系数，可按下式计算：

$$G = a\% \times G_1 + b\% \times G_2 + c\% \times G_3 + d\% \times G_4 + e\% \times G_5 \qquad (4-35)$$

式中 $a\%$、$b\%$、$c\%$、$d\%$、$e\%$——含义同前。

G_1——工资标准因时间不同而产生的价差系数，按下式计算：

$$G_1 = \frac{编制概算现时工资标准}{采用类似预(决)算时工资标准} \qquad (4-36)$$

G_2——材料预算价格因时间不同而产生的价差系数，按下式计算：

$$G_2 = \frac{编制概算现时材料预算价格}{采用类似预(决)算时材料预算价格} \qquad (4-37)$$

G_3——机具使用费因时间不同而产生的价差系数，按下式计算：

$$G_3 = \frac{编制概算现时机具使用费}{采用类用类似预(决)算时机具使用费} \qquad (4-38)$$

G_4——措施项目费、其他项目费、规费因时间不同而产生的价差系数，按下式计算：

$$G_4 = \frac{编制概算现时措施项目费、其他项目费及规费}{采用类用类似预(决)措施项施项目费、其他项目费及规费} \qquad (4-39)$$

G_5——税金因时间不同而产生的价差系数，按下式计算：

$$G_5 = \frac{编制概算现时税金率}{采用类似预(决)算时税金率} \qquad (4-40)$$

C. 结构、材料差异换算法。每个建筑工程都有其各自的特异性，在其结构、内容、材质和施工方法上常常不能完全一致。因此，采用类似工程预（决）算编制概算，应充分注意其中的差异，进行分析对比和调整换算，正确计算工程费。

拟建工程的结构、材质和类似工程预（决）算的局部有差异时，一般可按下式进行换算：

$$单位工程概算造价 = 类似工程预(决)算价值 - 换出工程费 + 换入工程费 \qquad (4-41)$$

$$换出(入)工程费 = 换出(入)结构单价 \times 换出(入)工程量 \qquad (4-42)$$

（2）单位设备及安装工程概算

它包括单位设备及工器具购置费概算和单位设备安装工程费概算两大部分。

1）设备及工器具购置费概算。设备及工器具购置费是根据初步设计的设备清单计算出设备原价，并汇总求出设备总原价，然后按有关规定的设备运杂费率乘以设备总原价，两项相加再考虑工器具及生产家具购置费即为设备及工器具购置费概算。有关设备及工器具购置费概算可参见第2章的计算方法。设备及工器具购置费概算的编制依据包括设备清单、工艺流程图，各部门和各省、市、自治区规定的现行设备价格和运费标准、费用标准。

2）设备安装工程费概算。

设备安装工程费概算的编制方法应根据初步设计深度和要求所明确的程度而采用，其主要编制方法有：

① 定额单价法。当初步设计较深，有详细的设备清单时，可直接按安装工程定额单价编制安装工程概算，概算编制程序与安装工程施工图预算程序基本相同。该法的优点是计算比较具体，精确性较高。

② 扩大单价法。当初步设计深度不够，设备清单不完备，只有主体设备或仅有成套设备重量时，可采用主体设备、成套设备的综合扩大安装单价来编制概算。

上述两种方法的具体编制步骤与建筑工程概算相类似。

③ 设备价值百分比法，又称安装设备百分比法。当初步设计深度不够，只有设备出厂价而无详细规格、重量时，安装费可按占设备费的百分比计算。其百分比值（即安装费率）由相关管理部门制定或由设计单位根据已完类似工程确定。该法常用于价格波动不大的定型产品和通用设备产品，可按下式计算：

$$设备安装费 = 设备原价 \times 安装费率(\%) \tag{4-43}$$

④ 综合吨位指标法。当初步设计提供的设备清单有规格和设备重量时，可采用综合吨位指标编制概算，其综合吨位指标由相关主管部门或由设计单位根据已完类似工程的资料确定。该法常用于设备价格波动较大的非标准设备和引进设备的安装工程概算，可按下式计算：

$$设备安装费 = 设备吨重 \times 每吨设备安装费指标(元/t) \tag{4-44}$$

单位设备及安装工程概算要按照规定的表格格式进行编制，表格格式见表4-8。

表 4-8 设备及安装工程概算表

单位工程概算编号：　　　　工程名称（单位工程）：　　　　　　　　共 页 第 页

序号	定额编号	工程项目或费用名称	单位	数量	单价/元					合价/元				
					设备费	主材费	定额基价	其中		设备费	主材费	定额费	其中	
								人工费	机械费				人工费	机械费
一		设备安装												
1	××	×××××												
2	××	×××××												
...														
二		管道安装												
1	××	××××××												
三		防腐保温												
1	××	×××××												

（续）

单位工程概算编号：　　　　　工程名称（单位工程）：　　　　　　　　　共　页　第　页

序号	定额编号	工程项目或费用名称	单位	数量	单价/元					合价/元				
					设备费	主材费	定额基价	其中		设备费	主材费	定额费	其中	
								人工费	机械费				人工费	机械费
...														
		小计												
		工程综合取费												
		合计(单位工程概算费用)												

编制人：　　　　　　　　　　　　　　　　　　　　　审核人：

2. 单项工程综合概算编制

单项工程综合概算是确定单项工程建设费用的综合性文件，它是由该单项工程的各专业单位工程概算汇总而成的，是建设项目总概算的组成部分。

单项工程综合概算文件一般包括编制说明（不编制总概算时列入）、综合概算表（含其所附的单位工程概算表和建筑材料表）两大部分。当建设项目只有一个单项工程时，此时综合概算文件（实为总概算）除包括上述两大部分外，还应包括工程建设其他费用、建设期利息、预备费的概算。

（1）编制说明

编制说明应列在综合概算表的前面，其内容包括：

1）工程概况。简述建设项目性质、特点、生产规模、建设周期、建设地点、主要工程量、工艺设备等情况。引进项目要说明引进内容及与国内配套工程等主要情况。

2）编制依据。包括国家和有关部门的规定、设计文件、现行概算定额或概算指标、设备材料的价格和费用指标等。

3）编制方法。说明设计概算是采用概算定额法，还是采用概算指标法或其他方法。

4）主要设备、材料的数量。

5）主要技术经济指标。主要包括项目概算总投资（有引进的给出所需外汇额度）及主要分项投资、主要技术经济指标（主要单位投资指标）等。

6）工程费用计算表。主要包括建筑工程费用计算表、工艺安装工程费用计算表、配套工程费用计算表、其他涉及工程的工程费用计算表。

7）引进设备材料有关费率取定及依据。主要是关于国外运输费、国外运输保险费、关税、增值税、国内运杂费、其他有关税费等。

8）引进设备材料从属费用计算表。

9）其他必要的说明。

（2）综合概算表

综合概算一般应包括建筑工程费用、安装工程费用、设备及工器具购置费。当不编制总概算时，还应包括工程建设其他费用、建设期利息、预备费等费用项目。

综合概算表是根据单项工程所辖范围内的各单位工程概算等基础资料，按照国家或部委所规定统一表格进行编制。对于工业建筑而言，其概算包括建筑工程和设备及安装工程；对于民用建筑而言，其概算包括一般土木工程、给水排水、采暖通风及电气照明等工程。单项工程综合概算表见表4-9。

表4-9 单项工程综合概算表

建设项目名称：　　　单项工程名称：　　　单位：万元　　　　　　　共 页 第 页

| 序号 | 概算编号 | 工程项目和费用名称 | 概算价值 | | | | | | | 其中：引进部分 | |
			设计规模和主要工程量	建筑工程	安装工程	设备购置	工器具及生产家具购置	其他	总价	美元	折合人民币
一		主要工程									
1	×	×××××									
2	×	×××××									
二		辅助工程									
1	×	×××××									
2	×	×××××									
三		配套工程									
1	×	××××									
2	×	×××××									
		单项工程概算费用合计									

3. 建设项目总概算的编制

建设项目总概算是设计文件的重要组成部分，是预计整个建设项目从筹建到竣工交付使用所花费的全部费用的文件。它由各单项工程综合概算、工程建设其他费用、建设期利息、预备费和经营性项目的铺底流动资金概算所组成，按照主管部门规定的统一表格进行编制而成的。

设计总概算文件应包括：编制说明、总概算表、各单项工程综合概算书、工程建设其他费用概算表、主要建筑安装材料汇总表。独立装订成册的总概算文件宜加封面、签署页（扉页）和目录。

1）封面、签署页及目录。

2）编制说明。编制说明的内容与单项工程综合概算文件相同。

3）总概算表。总概算表格式见表4-10。

4）工程建设其他费用概算表。工程建设其他费用概算按国家或地区或部委所规定的项目和标准确定，并按统一格式编制，其格式见表4-11。

应按具体发生的工程建设其他费用项目填写工程建设其他费用概算表，需要说明和具体计算的费用项目依次相应在说明及计算式栏内填写或具体计算。填写时注意以下事项：

① 土地征用及拆迁补偿费应填写土地补偿单价、数量和安置补助费标准、数量等，列

式计算所需费用，填入金额栏。

②建设项目管理费包括建设单位（业主）管理费，工程质量监督费、工程监理费等，按"建筑安装工程费×费率"或有关定额列式计算。

③研究试验费应根据设计需要进行研究试验的项目分别填写项目名称及金额或列式计算或进行说明。

5）单项工程综合概算表和建筑安装单位工程概算表。

6）主要建筑安装材料汇总表。针对每一个单项工程列出钢筋、型钢、水泥、木材等主要建筑安装材料的消耗量。

表 4-10　总概算表

总概算编号：　　　　　工程名称：　　　　　单位：万元　　　　　共　页　第　页

序号	概算编号	工程项目和费用名称	概算价值						其中：引进部分		占总投资比例(%)
			建筑工程	安装工程	设备购置	工器具及生产家具购置	其他费用	合计	美元	折合人民币	
1	2	3	4	5	6	7	8	9	10	11	12
		第一部分 工程费用									
		一、主要生产和辅助生产项目									
1		×××厂房	√	√	√	√		√			
2		×××厂房	√	√	√	√		√			
		…	…	…	…	…					
3		机修车间	√	√	√	√		√			
4		电修车间	√	√	√	√		√			
5		工具车间	√	√	√	√		√			
6		木工车间	√	√	√	√		√			
7		模型车间	√	√	√	√		√			
8		仓库	√					√			
		…	…	…	…	…	…				
		小计	√	√	√	√	√	√			
		二、公用设施项目									
9		变电所	√	√	√			√			
10		锅炉房	√	√	√			√			
11		压缩空气站	√	√	√			√			
12		室外管道	√	√	√			√			
13		输电线路		√	√			√			
14		水泵房	√		√			√			
15		铁路专用线	√					√			
16		公路	√					√			
17		车库	√			√		√			
18		运输设备			√		√	√			
19		人防设备	√	√	√			√			
		…	…	…	…	…					
		小计	√	√	√	√	√	√			
		三、生活福利、文化教育及服务项目									
20		职工住宅	√	√	√			√			
21		俱乐部	√	√	√			√			
22		医院	√	√	√			√			

（续）

总概算编号：　　　　工程名称：　　　　　　　　单位：万元　　共　页　第　页

序号	概算编号	工程项目和费用名称	概算价值						其中：引进部分		占总投资比例(%)
			建筑工程	安装工程	设备购置	工器具及生产家具购置	其他费用	合计	美元	折合人民币	
23		食堂及办公门卫	√	√		√	√	√			
24		学校托儿所	√	√			√				
25		浴室厕所	√								
		…	…	…							
		小计	√	√	√	√	√	√			
		第一部分 工程费用合计	√	√	√	√	√	√			
		第二部分 其他费用项目									
26		土地征用费									
27		建设管理费					√	√			
28		研究试验费					√	√			
29		生产工人培训费					√	√			
30		办公和生活用具购置费	…	…	…	…	√	√			
31		联合试车费					√	√			
32		勘察设计费						√			
		…						√			
		第二部分 其他费用项目合计	…	…							
		第一、第二部分合计				√	√	√			
		预备费	√	√	√		√	√			
		建设期利息					√	√			
		铺底流动资金	√	√	√	√	√	√			
		建设项目概算总投资	√	√	√	√	√	√			
		（其中回收金额）				√	√				
		投资比例(%)	√	√	√	√	√	√			

表 4-11　工程项目其他费用表

序号	费用项目编号	费用项目名称	费用计算基数	费率	金额	计算公式	备注
1							
2							
	合计						

4.3　施工图预算

4.3.1　施工图预算的概念及作用

1. 施工图预算的概念

施工图预算是以施工图设计文件为依据，按照规定的程序、方法，在工程开工前对工程项目的费用进行的预测与计算。施工图预算价格既可以是按照有关主管部门统一规定的预算单价、取费标准、计价程序计算得到的属于计划或预期性质的施工图预算价格，也可以是通过招标投标法定程序后施工企业依据企业定额、资源市场单价以及市场供求及竞争状况计算得到的反映市场性质的施工图预算。

2. 施工图预算的作用

（1）对投资方的作用

1）它是控制施工图设计阶段不突破设计概算的依据。

2）它是控制造价及资金合理使用的依据。

3）它是确定工程招标控制价的依据。

4）它是确定合同价款、拨付工程进度款及办理工程结算的依据。

（2）对施工企业的作用

1）它是施工企业编制报价文件的依据。

2）它是实行工程预算包干的依据和签订合同的主要内容。

3）它是施工企业编制进度计划，组织材料、机具、设备和劳动力供应的依据。

4）它是施工企业控制工程成本的依据。

5）它是施工企业加强经营管理，搞好核算，实行对施工预算和施工图预算"两算对比"的基础，也是施工企业编制经营计划、进行施工准备的依据。

（3）对其他方面的作用

1）对工程咨询企业，客观、准确地为委托方编制施工图预算，不仅体现其专业素质，而且强化了投资方对工程造价的控制，有利于节约投资，提高建设项目投资效益。

2）对于工程项目管理、监理等中介服务企业，客观准确的施工图预算是为业主方提供投资控制的依据。

3）对于工程造价管理部门，施工图预算是其监督、检查执行有关标准、合理确定工程造价、测算造价指数以及审定工程招标控制价的依据。

4）对仲裁及司法机关，如果履行合同的过程中发生经济纠纷，施工图预算是其按照仲裁条款及法律程序处理、解决问题的依据。

4.3.2　施工图预算的编制

1. 编制依据

1）经过批准和会审的全部施工图设计文件。在编制施工图预算之前，施工图必须经过建设主管机关批准，同时还要经过图纸会审，并签署图纸会审纪要；预算部门不仅要具备全部施工图设计文件和图纸会审纪要，而且要具备设计所要求的全部标准图。

2）经过批准的工程设计概算文件。设计单位编制的设计概算文件经过主管机关批准后，是国家控制工程投资最高限额和单位工程预算的主要依据。如果施工图预算所确定的投资总额超过设计概算，则应调整设计概算，并经原批准机关批准后，方可实施。

3）经过批准的施工组织设计文件。拟建工程施工组织设计文件经施工企业主管部门批准以后，它所确定的施工方案和相应的技术组织措施，就成为预算部门必须具备的依据之一。如土方开挖方案和大型钢筋混凝土预制构件吊装方案等。

4）工程预算定额。现行工程预算定额规定了分项工程项目划分、分项工程内容、工程量计算规则和定额使用说明等内容，因此它是编制施工图预算的主要依据。

5）地区建设工程费用定额。工程费用随地区不同取费标准不同。按照国家规定，各地区均制定了建筑工程费用定额，它规定了各项费用取费标准；这些标准是确定工程预算造价的基础。

6) 地区材料预算价格表。地区材料价格是编制单位估价表和确定材料价差的依据，预算部门必须具备材料预算价格表。

7) 预算工作手册。预算工作手册是预算部门必备的参考书。它主要包括：各种常用数据和计算公式，各种标准构件的工程量和材料量、金属材料规格和计量单位之间的换算，以及投资估算指标、概算指标、单位工程造价指标和工期定额等参考资料。因此，预算工作手册是预算部门必备的基础资料。

8) 工程合同。建设单位和施工企业所签订的工程承包合同文件，是双方进行工程结算和竣工决算的基础。合同中的一些相关条款，在编制单位工程预算时必须遵循和执行。

2. 编制内容

施工图预算由建设项目总预算、单项工程综合预算和单位工程预算组成。

1) 建设项目总预算是反映施工图设计阶段建设项目投资总额的造价文件，是施工图预算文件的主要组成部分。由组成该建设项目的各个单项工程综合预算和相关费用组成。具体包括：建筑安装工程费、设备及工器具购置费、工程建设其他费用、预备费、建设期利息及铺底流动资金。施工图总预算应控制在已批准的设计总概算投资范围以内。

2) 单项工程综合预算是反映施工图设计阶段一个单项（设计单元）造价的文件，是总预算的组成部分，由构成该单项工程的各个单位工程施工图预算组成。其编制的费用项目是各单项工程的建筑安装工程费、设备及工器具购置费和工程建设其他费用总和。

3) 单位工程预算是依据单位工程施工图设计文件、人工、材料和施工机械台班价格等，按照规定的计价方法编制的工程造价文件。包括单位建筑工程预算和单位设备及安装工程预算。单位建筑工程的预算是建筑工程各专业单位工程施工图预算的总称。

4.3.3 单位工程施工图预算的编制

1. 建筑安装工程费计算

单位工程施工图预算是施工图预算的关键。其中的建筑安装工程费应根据施工图设计文件、有关的定额（或综合单价），以及人工、材料、施工机械台班等价格资料进行计算。编制方法和步骤如下：

(1) 收集编制预算的基础文件和资料

编制预算的基础文件和资料主要包括：施工图设计文件，施工组织设计文件，设计概算文件，建筑工程预算定额，建设工程费用定额，工程承包合同文件，当地各种人工、材料、机械当时的实际价格，以及预算工作手册等文件和资料。

(2) 熟悉预算基础文件和资料

1) 熟悉施工图设计文件。施工图是编制单位工程预算的基础。在编制工程预算之前，必须结合图纸会审纪要，对全部施工设计文件进行认真熟悉和详细审查，这样不仅可以发现和改进施工图中的问题，而且可以在预算人员头脑中形成一个完整、系统和清楚的工程实物形象，对于加快预算速度十分有利。

熟悉施工图的要点主要包括：审查施工图是否齐全，施工图与说明书是否一致；每张施工图本身有无差错；各单位工程施工图之间有矛盾；掌握工程结构形式、特点和全貌；了解工程地质和水文地质资料；复核建筑平面图、立面图和剖面图等各部分尺寸关系。

2) 熟悉施工组织设计文件。在编制单位工程预算时，应全面掌握施工组织设计文件，并重点熟悉以下内容：各分部（项）工程的施工方案（如土方工程开挖方法），各种大型预制构件吊装方法和各项技术组织措施。充分了解这些内容，对于正确计算工程量和选套预算定额大有好处。

（3）掌握施工现场情况

为编制出符合施工实际的单位工程预算，除了要全面掌握施工图设计文件和施工组织设计文件外，还必须掌握施工现场的实际情况。例如，施工现场障碍物拆除情况，场地平整状况；土方开挖和基础施工状况；工程地质和水文地质状况；施工顺序和施工项目划分状况；主要建筑材料、构配件、制品和供应状况，以及其他施工条件、施工方法和技术组织措施的实施状况。这些现场施工状况，对单位工程预算的准确性影响很大，必须随时观察和掌握，并做好记录以备应用。

（4）计算工程量

工程量是编制单位工程预算的原始数据，其计算的准确性和快慢，将直接影响所编预算的质量和速度。一般应根据划分的工程量计算项目，按照相应工程量计算规则的要求，逐个计算各分项工程的工程量；复核后，可按预算定额规定和分部分项工程顺序进行列表汇总。

（5）选套定额或确定分部分项工程单价

如果是选套定额确定工程单价，必须合理选套定额，并根据以下三种情况分别进行处理：

1）当计算项目工程内容与规定工程内容一致时，可以直接选套定额。

2）当计算项目工程内容与规定工程内容不一致，而定额规定允许换算时，应进行定额换算；然后选套换算后的定额。

3）当计算项目工程内容与规定工程内容不一致，而定额规定不允许换算时，可以直接选套定额或按照编制补充定额的要求，编制补充定额，并报请当地建设主管部门批准，作为一次性定额纳入预算文件。

填列分部分项工程单价和计算分部分项工程费。一般按照定额顺序或施工顺序要求，逐项将分部分项工程单价填入工程预算书中，并计算分部分项工程费。

（6）计算工程预算造价和技术经济指标

按照建筑安装单位工程造价构成的规定费用项目、费率及计费基础，分别计算出各项费用并汇总单位工程造价，计算各项技术经济指标。

（7）工料分析

根据各分部分项工程的实物工程量和相应定额中的项目所列的用工工日及材料数量，计算出各分部分项工程所需的人工及材料数量，其计算方法按下列公式进行：

$$人工工日消耗量 = 某工种定额用量 \times 某分项工程量 \tag{4-45}$$

$$材料消耗量 = 某种材料定额用量 \times 某分项工程量 \tag{4-46}$$

$$机械台班消耗量 = 某种机械定额用量 \times 某分项工程量 \tag{4-47}$$

汇总统计单位工程所需的各类人工工日、材料、机械台班消耗量相加汇总便可得到单位工程各类人工、材料、机械台班的消耗量。

（8）复核

在复核时，应对项目填列、工程量计算公式、套用的单价、采用的各项取费费率，以及各项计算数值的正确性和精确度等进行全面复核，以便及时发现差错，及时修改，从而提高预算的准确性。

（9）编制说明、填写封面

编制说明主要包括：工程性质、内容范围、施工图预算所采用的设计图编号、预算定额、费用定额等编制依据、存在的问题及处理的结果等需要说明的问题。

封面填写应写明工程名称、工程编号、建筑面积、预算总造价及单位平方米造价，编制单位名称及负责人和编制日期，审查单位名称及负责人和审核日期等。

2. 设备及工器具购置费计算

设备及工器具购置费计算方法及内容可参见第2章。

3. 单位工程施工图预算书编制

单位工程施工图预算由建筑安装工程费和设备及工器具购置费组成，将计算好的建筑安装工程费和设备及工器具购置费相加，即得到单位工程施工图预算，即

单位工程施工图预算 = 建筑安装工程预算 + 设备及工器具购置费

单位工程施工图预算由单位建筑工程预算书和单位设备及安装工程预算书组成。单位建筑工程预算书则主要由建筑工程预算表和建筑工程取费表构成，单位设备及安装工程预算书则主要由设备及安装工程预算表和设备及安装工程取费表构成。

4.3.4 单项工程综合预算的编制

单项工程综合预算造价由组成该单项工程的各个单位工程预算造价汇总而成，可按下式计算：

$$单项工程施工图预算 = \sum 单位建筑工程费用 + \sum 单位设备及安装工程费用 \qquad (4-48)$$

4.3.5 建设项目总预算的编制

建设项目总预算由组成该建设项目的各个单项工程综合预算，以及经计算的工程建设其他费、预算费、建设期利息和铺底流动资金汇总而成。当建设项目有多个单项工程时，可按下式计算：

$$总预算 = \sum 单项工程施工图预算 + 工程建设其他费 + 预备费 + 建设期利息 + 铺底流动资金 \qquad (4-49)$$

当建设项目只有一个单项工程时，可按下式计算：

$$总预算 = \sum 单位建筑工程费用 + \sum 单位设备及安装工程费用 +$$
$$工程建设其他费 + 预备费 + 建设期利息 + 铺底流动资金 \qquad (4-50)$$

式中，工程建设其他费、预备费、建设期利息、铺底流动资金具体编制方法可参见第2章相关内容。以建设项目施工图预算编制时为界线，若上述费用已经发生，按合理发生金额列入，如果还未发生，按照原概算内容和本阶段的计费原则计算列入。

复习思考题

1. 简述投资估算的概念。投资估算由哪些费用构成？
2. 简述投资估算的作用。
3. 简述投资估算的阶段划分。
4. 简述静态投资估算方法。
5. 简述动态投资估算方法。
6. 简述铺底流动资金估算方法。
7. 设计概算的概念和编制依据是什么？
8. 设计概算应包括哪几部分内容？

9. 什么是单位工程概算？它包括哪些内容？

10. 编制单位工程概算的方法有哪几种？

11. 什么情况下可以用概算定额编制概算？

12. 什么情况下可以用概算指标编制概算？

13. 什么是单项工程综合概算？如何进行编制？

14. 什么是建设项目总概算？它由哪几部分组成？

15. 什么是施工图预算？施工图预算的作用是什么？

16. 施工图预算编制的依据、内容是什么？

17. 单位工程施工图预算编制的方法有哪些？

第5章 建设项目承发包合同价格

5.1 概述

5.1.1 招标投标的概念

建设工程招标是指招标人在发包建设项目之前，依据法定程序，以公开招标或邀请招标方式，鼓励潜在的投标人依据招标文件参与竞争，通过评定，从中择优选定中标人的一种经济活动。

建设工程投标是工程招标的对称概念，指具有合法资格和能力的投标人，根据招标条件，在指定期限内填写标书，提出报价，并等候开标、决定能否中标的经济活动。

5.1.2 招标投标的性质

我国法学界一般认为，建设工程招标是要约邀请，而投标是要约，中标通知书是承诺。我国《合同法》也明确规定，招标公告是要约邀请。也就是说，招标实际上是邀请投标人对招标人提出要约（即报价），属于要约邀请。投标则是一种要约，它符合要约的所有条件，如具有缔结合同的主观目的；一旦中标，投标人将受投标书的约束；投标书的内容具有足以使合同成立的主要条件等。招标人向中标的投标人发出的中标通知书，则是招标人同意接受中标的投标人的投标条件，即同意接受该投标人的要约的意思表示，应属于承诺。

5.1.3 招标投标的意义

实行建设项目的招标投标是我国建筑市场趋向法制化、规范化、完善化的重要举措，对于择优选择承包单位，全面降低工程造价，进而使工程造价得到合理有效的控制，具有十分重要的意义，具体表现在以下几方面：

1）实行建设项目的招标投标基本形成了由市场定价的价格机制，使工程价格更加趋于合理。其最明显的表现是若干投标人之间出现激烈竞争（相互竞标），这种市场竞争最直接、最集中的表现就是在价格上的竞争。通过竞争确定工程价格，使其趋于合理或下降，这将有利于节约投资、提高投资效益。

2）实行建设项目的招标投标能够不断降低社会平均劳动消耗水平，使工程价格得到有效控制。实行招标投标的项目一般总是那些个别劳动消耗水平最低或接近最低的投标者获胜，这样便实现了生产力资源的较优配置，也对不同投标者实行了优胜劣汰。面对激烈竞争的压力，为了自身的生存与发展，每个投标者都必须切实在降低自己个别劳动消耗水平上下功夫，这样将逐步而全面地降低社会平均劳动消耗水平，使工程价格更为合理。

3）实行建设项目的招标投标便于供求双方更好地相互选择，使工程价格更加符合价值基础，进而更好地控制工程造价。由于供求双方各自出发点不同，存在利益矛盾，因而单纯采用"一对一"的选择方式，成功的可能性较小。采用招标投标方式就为供求双方在较大范围内进行相互选择创造了条件，需求者对供给者选择（即建设单位、业主对勘察设计单位、监理单位和施工单位的选择）的基本出发点是"择优选择"，即选择那些报价较低、工期较短、具有良好业绩和管理水平的供给者，这样为合理控制工程造价奠定了基础。

4）实行建设项目的招标投标有利于规范价格行为，使"公开、公平、公正"的原则得以贯彻。我国招标投标活动有特定的机构进行管理，有严格的程序必须遵循，有高素质的专家支持系统、工程技术人员的群体评估与决策，能够避免盲目、过度的竞争和营私舞弊现象的发生，对建筑领域中的腐败现象也是强有力的遏制，使价格形成过程变得透明而较为规范。

5）实行建设项目的招标投标能够减少交易费用，节省人力、物力、财力，进而使工程造价有所降低。我国目前从招标、投标、开标、评标直至定标，均在统一的建筑市场中进行，并有较完善的法律、法规规定，已进入制度化操作。招标投标过程中，若干投标人在同一时间、地点报价竞争，在专家支持系统的评估下，以群体决策方式确定中标者，必然减少交易过程的费用，对工程造价必然产生积极的影响。

5.1.4 我国招标投标的法律、法规框架

我国招标投标制度是伴随着改革开放而逐步建立并完善的。改革开放后的 1984 年，国家计委、城乡建设环境保护部联合下发了《建设工程招标投标暂行规定》，倡导实行建设工程招标投标，我国由此开始推行招标投标制度。

1991 年 11 月 21 日，建设部、国家工商行政管理局联合下发《建筑市场管理规定》（建法［1991］798 号），明确提出加强发包管理和承包管理，其中发包管理主要是指工程报建制度与招标制度。在整顿建筑市场的同时，建设部还与国家工商行政管理局一起制定了《施工合同示范文本》及其管理办法，于 1991 年颁发，以指导工程合同的管理。1992 年 12 月 30 日，建设部颁发了《工程建设施工招标投标管理办法》（建设部第 23 号令）。

1994 年 12 月 16 日，建设部、国家体改委再次发出《全面深化建筑市场体制改革的意见》（建建字第 551 号），强调了建筑市场管理环境的治理。文中明确提出大力推行招标投标，强化市场竞争机制。此后，各地也纷纷制定了各自的实施细则，使我国的工程招标投标制度趋于完善。

1999 年，我国工程招标投标制度面临重大转折。首先是 1999 年 3 月 15 日全国人大通过了《合同法》，并于同年 10 月 1 日起生效实施。由于招标投标是合同订立过程中的重要阶段，因此，该法对招标投标制度产生了重要的影响。其次是 1999 年 8 月 30 日全国人大常委会通过了《招标投标法》，并于 2000 年 1 月 1 日起施行。这部法律基本上是针对建设工程发包活动而言的，其中大量采用了国际惯例或通用做法，带来了招标投标体制的巨大变革。

随后的 2000 年 5 月 1 日，国家发改委发布了《工程建设项目招标范围的规模标准规定》；2000 年 7 月 1 日又发布了《工程建设项目自行招标试行办法》和《招标公告发布暂行办法》。

2001 年 7 月 5 日，国家发改委等七部委联合发布第 12 号令《评标委员会和评标办法暂行规定》。该规定有三个重大突破：关于低于成本价的认定标准；关于中标人的确定条件；关于最低价中标。在这里第一次明确了最低价中标的原则。在这一时期，建设部也连续颁布了第 79 号令《工程建设项目招标代理机构资格认定办法》、第 89 号令《房屋建筑和市政基础设施工程施工招标投标管理办法》、第 107 号令《建筑工程施工发包与承包计价管理办法》等，对招标投标活动及其发承包中的计价工作做出进一步的规范。与这些管理办法相对应，建设部还相继颁发了《建筑工程施工招标文件范本》（建监［1996］577 号）和《房

屋建筑和市政基础设施工程施工招标文件范本》（建市［2002］256 号）等一系列标准示范文本，为招标投标活动的规范性提供了良好的标准。

2002 年 1 月 10 日，国家发改委颁布了第 18 号令《国家重大建设项目招标投标监督暂行办法》，并于 2002 年 2 月 1 日起执行。

2003 年 3 月 8 日，国家发改委、建设部、铁道部、交通部、信息产业部、水利部、民航总局联合发布了第 30 号令《工程建设项目施工招标投标办法》，于 2003 年 5 月 1 日起执行。

2007 年 11 月 1 日，国家发改委、财政部、建设部、铁道部、交通部、信息产业部、水利部、民航总局、广电总局联合发布了第 56 号令《〈标准施工招标资格预审文件〉和〈标准施工招标文件〉试行规定》，标志着我国的招标投标制度逐步趋于完善，与国际惯例进一步接轨。

5.1.5　建设项目招标的范围、种类与方式

5.1.5.1　建设项目招标的范围

1. 《招标投标法》的规定

我国《招标投标法》指出，凡在中华人民共和国境内进行下列工程建设项目，包括项目的勘察、设计、监理以及与工程建设有关的重要设备、材料等的采购，必须进行招标：

1) 大型基础设施、公用事业等关系社会公共利益、公众安全的项目。

2) 全部或者部分使用国有资金投资或国家融资的项目。

3) 使用国际组织或者外国政府贷款、援助资金的项目。

2. 《工程建设项目招标范围和规模标准规定》的规定

2000 年 5 月 1 日，国家计委发布的《工程建设项目招标范围和规模标准规定》，对《招标投标法》中工程建设项目招标范围和规模标准又作了具体规定。

1) 关系社会公共利益、公众安全的基础设施项目的范围。具体包括：

① 煤炭、石油、天然气、电力、新能源等能源项目。

② 铁路、公路、管道、水运、航空及其他交通运输业等交通运输项目。

③ 邮政、电信枢纽、通信、信息网络等邮电通信项目。

④ 防洪、灌溉、排涝、引（供）水、滩涂治理、水土保持、水利枢纽等水利项目。

⑤ 道路、桥梁、地铁和轻轨交通、污水排放及处理、垃圾处理、地下管道、公共停车场等城市设施项目。

⑥ 生态环境保护项目。

⑦ 其他基础设施项目。

2) 关系社会公共利益、公众安全的公用事业项目的范围。具体包括：

① 供水、供电、供气、供热等市政工程项目。

② 科技、教育、文化等项目。

③ 体育、旅游等项目。

④ 卫生、社会福利等项目。

⑤ 商品住宅，包括经济适用住房。

⑥ 其他公用事业项目。

3) 使用国有资金投资项目的范围。具体包括：

① 使用各级财政预算资金的项目。

② 使用纳入财政管理的各种政府性专项建设基金的项目。

③ 使用国有企业事业单位自有资金，并且国有资产投资者实际拥有控制权的项目。

4）国家融资项目的范围。具体包括。

① 使用国家发行债券所筹资金的项目。

② 使用国家对外借款或者担保所筹资金的项目。

③ 使用国家政策性贷款的项目。

④ 国家授权投资主体融资的项目。

⑤ 国家特许的融资项目。

5）使用国际组织或者外国政府资金的项目的范围。具体包括：

① 使用世界银行、亚洲开发银行等国际组织贷款资金的项目。

② 使用外国政府及其机构贷款资金的项目。

③ 使用国际组织或者外国政府援助资金的项目。

6）以上第1）~5）条规定范围内的各类工程建设项目，包括项目的勘察、设计、施工、监理以及与工程建设有关的重要设备、材料等的采购，达到下列标准之一的，必须进行招标：

① 施工单项合同估算价在200万元人民币以上的。

② 重要设备、材料等货物的采购，单项合同估算价在100万元人民币以上的。

③ 勘察、设计、监理等服务的采购，单项合同估算价在50万元人民币以上的。

④ 单项合同估算价低于第①、②、③项规定的标准，但项目总投资额在3000万元人民币以上的。

7）建设项目的勘察、设计，采用特定专利或者专有技术的，或者其建筑艺术造型有特殊要求的，经项目主管部门批准，可以不进行招标。

8）依法必须进行招标的项目，全部使用国有资金投资或者国有资金投资占控股或者主导地位的，应当公开招标。

3.《工程建设项目施工招标投标办法》中关于可以不招标的项目的规定

需要审批的工程项目，有下列情形之一的，经有关审批部门批准，可以不招标。

1）涉及国家安全、国家秘密或者抢险救灾而不适宜招标的。

2）属于利用扶贫资金实行以工代赈需要使用农民工的。

3）施工主要技术采用特定的专利或者专有技术的。

4）施工企业自建自用的工程，且该施工企业资质等级符合工程要求的。

5）在建工程追加的附属小型工程或者主体加层工程，原中标人仍具备承包能力的。

6）法律、行政法规规定的其他情形。

5.1.5.2 建设工程招标的种类

1. 建设工程项目总承包招标

建设工程项目总承包招标又叫建设项目全过程招标，在国外称之为"交钥匙"承包方式。它是指从项目建议书开始，包括可行性研究报告、勘察设计、设备材料询价与采购、工程施工、生产设备、投料试车，直到竣工投产、交付使用全面实行招标。工程总承包企业根据建设单位提出的工程使用要求，对项目建议书、可行性研究、勘察设计、设备询价与选购、材料订货、工程施工、职工培训、试生产、竣工投产等实行全面投标报价。

2. 建设工程勘察招标

建设工程勘察招标是指招标人就拟建工程的勘察任务发布公告，以法定方式吸引勘察单位参加竞争，经招标人审查获得投标资格的勘察单位按照招标文件的要求，在规定的时间内向招标人填报标书，招标人从中选择条件优越者完成勘察任务。

3. 建设工程设计招标

建设工程设计招标是指招标人就拟建工程的设计任务发布公告，以法定方式吸引设计单位参加竞争，经招标人审查获得投标资格的设计单位按照招标文件的要求，在规定的时间内向招标人填报标书，招标人从中择优确定中标单位来完成工程设计任务。设计招标主要是设计方案招标，工业项目可进行可行性研究方案招标。

4. 建设工程施工招标

建设工程施工招标是指招标人就拟建的工程发布公告，以法定方式吸引施工企业参加竞争，招标人从中选择条件优越者完成工程建设任务的法律行为。施工招标是建设项目招标中最有代表性的一种，后文如不加确指出，施工招标均指施工招标。

5. 建设工程监理招标

建设工程监理招标是指招标人为了委托监理任务的完成发布公告，以法定方式吸引监理单位参加竞争，招标人从中选择条件优越者的法律行为。

6. 建设工程材料设备招标

建设工程材料设备招标是指招标人就拟购买的材料设备发布公告，以法定方式吸引建设工程材料设备供应商参加竞争，招标人从中选择条件优越者购买其材料设备的法律行为。

5.1.5.3　建设工程招标方式

1. 按竞争程度分类

按竞争程度分类可以分为公开招标和邀请招标。这是我国《招标投标法》规定的一种主要分类。

1）公开招标。公开招标是指招标人通过报刊、广播或电视等公共传播媒介介绍、发布招标公告或信息而进行招标，是一种无限制的竞争方式。公开招标的优点是招标人有较大的选择范围，可在众多的投标人中选定报价合理、工期较短、信誉良好的承包商，有助于打破垄断，实行公平竞争。

2）邀请招标。邀请招标是指招标人以投标邀请书的方式邀请特定的法人或者其他组织投标。招标人采用邀请招标方式的，应当向 3 个以上具备承担招标项目的能力、资信良好的特定的法人或者其他组织发出投标邀请书。邀请招标虽然也能够邀请到有经验和资信可靠的投标者投标，保证履行合同，但限制了竞争范围，可能会失去技术上和报价上有竞争力的投标者。因此，在我国建设市场中应大力推行公开招标。一般国际上把公开招标称为无限竞争性招标，把邀请招标称为有限竞争性招标。

2. 按招标的范围分类

按招标的范围分类可以分为国际招标和国内招标。国际招标是指符合招标文件规定的国内、国外法人或其他组织，单独或联合其他法人或者其他组织参加投标，并按招标文件规定的币种结算的招标活动。国内招标是指符合招标文件规定的国内法人或其他组织，单独或联合其他法人或其他组织参加投标，并用人民币结算的招标活动。

3. 按招标的组织形式分类

按招标的组织形式分类可以分为招标人自行招标和招标人委托招标机构代理招标。

（1）招标人自行招标

《招标投标法》规定，招标人具有编制招标文件和组织评标能力，且进行招标项目的相应资金或资金来源已经落实，可以自行办理招标事宜。

1）有专门的施工招标组织机构。

2）有与工程规模、复杂程度相适应并具有同类工程施工招标经验、熟悉有关工程施工招标法律法规的工程技术、经济及工程管理的专业人员。

不具备上述条件的，招标人应当委托具有相应资格的工程招标代理机构代理施工招标。

（2）招标人委托招标机构代理招标

自行办理招标事宜的招标人，未经主管部门核准的，招标人应委托招标机构代理招标。依据《工程建设项目招标代理机构资格认定办法》（建设部第 154 号令），工程建设项目招标代理机构，其资格分为甲级、乙级和暂定级。

5.2 工程量清单与招标控制价的编制

为使建设工程发包与承包计价活动规范有序地进行，不论是招标发包还是直接发包，都必须注重前期工作。尤其是对于招标发包，关键的是应从施工招标开始，在拟订招标文件的同时，科学合理地编制工程量清单、招标控制价以及评标标准和办法，只有这样，才能对投标报价、合同价的约定以至后期的工程结算这一工程发承包计价全过程起到良好的控制作用。

5.2.1 招标工程量清单的编制

招标工程量清单是招标人依据国家标准、招标文件、设计文件及施工现场实际情况编制的，随招标文件发布供投标报价的工程量清单，包括对它的说明和表格。编制招标工程量清单，应充分体现"量价分离"和"风险分担"原则。招标阶段，由招标人或其委托的工程造价咨询人根据工程项目设计文件，编制出招标工程项目的工程量清单，并将其作为招标文件的组成部分。招标工程量清单的准确性和完整性由招标人负责；投标人应结合企业自身实际、参考市场有关价格信息完成清单项目工程的组合报价，并对其承担风险。

5.2.1.1 招标工程量清单编制依据及准备工作

1. 招标工程量清单的编制依据

1)《建设工程工程量清单计价规范》及各专业工程计量规范。

2）国家或省级、行业建设主管部门颁发的计价定额和办法。

3）建设工程设计文件及与建设工程有关的标准、规范、技术资料。

4）拟定的招标文件。

5）施工现场情况、地勘水文资料、工程特点及常规施工方案。

6）其他相关资料。

2. 招标工程量清单编制的准备工作

招标工程量清单编制的相关工作在收集资料包括编制依据的基础上，需进行如下工作。

（1）初步研究

对各种资料进行认真研究，为工程量清单的编制做准备。主要包括：

1）熟悉《建设工程工程量清单计价规范》和各专业工程计量规范、当地计价规定及相关文件；熟悉设计文件，掌握工程全貌，便于清单项目列项的完整、工程量的准确计算及清单项目的准确描述，对设计文件中出现的问题应及时提出。

2）熟悉招标文件、招标图纸，确定工程量清单编审的范围及需要设定的暂估价；收集相关市场价格信息，为暂估价的确定提供依据。

3）对《建设工程工程量清单计价规范》缺项的新材料、新技术、新工艺，收集足够的基础资料，为补充项目的制定提供依据。

（2）现场踏勘

为了选用合理的施工组织设计和施工技术方案，需进行现场踏勘，以充分了解施工现场情况及工程特点，主要对以下两方面进行调查。

1）自然地理条件：工程所在地的地理位置、地形、地貌、用地范围等；气象、水文情况，包括气温、湿度、降雨量等；地质情况，包括地质构造及特征、承载能力等；地震、洪水及其他自然灾害情况。

2）施工条件：工程现场周围的道路、进出场条件、交通限制情况；工程现场施工临时设施、大型施工机具、材料堆放场地安排情况；工程现场邻近建筑物与招标工程的间距、结构形式、基础埋深、新旧程度、高度；市政给水排水管线位置、管径、压力，废水、污水处理方式，市政、消防供水管道管径、压力、位置等；现场供电方式、方位、距离、电压等；工程现场通信线路的连接和铺设；当地政府有关部门对施工现场管理的一般要求、特殊要求及规定等。

（3）拟定常规施工组织设计

施工组织设计是指导拟建工程项目的施工准备和施工的技术经济文件。根据项目的具体情况编制施工组织设计，拟订工程的施工方案、施工顺序、施工方法等，便于工程量清单的编制及准确计算，特别是工程量清单中的措施项目。

作为招标人，仅需拟定常规的施工组织设计即可。在拟定常规的施工组织设计时需注意以下问题：

1）估算整体工程量。根据概算指标或类似工程进行估算，且仅对主要项目加以估算即可，如土石方、混凝土等。

2）拟定施工总方案。施工总方案仅只需对重大问题和关键工艺作原则性的规定，不需考虑施工步骤，主要包括：施工方法，施工机械设备的选择，科学的施工组织，合理的施工进度，现场的平面布置及各种技术措施。制定总方案要满足以下原则：从实际出发，符合现场的实际情况，在切实可行的范围内尽量求其先进和快速；满足工期的要求；确保工程质量和施工安全；尽量降低施工成本，使方案更加经济合理。

3）确定施工顺序。合理确定施工顺序需要考虑以下几点：各分部分项工程之间的关系；施工方法和施工机械的要求；当地的气候条件和水文要求；施工顺序对工期的影响。

4）编制施工进度计划。施工进度计划要满足合同对工期的要求，在不增加资源的前提下尽量提前。编制施工进度计划时要处理好工程中各分部、分项、单位工程之间的关系，避免出现施工顺序的颠倒或工种的相互冲突。

5）计算人、材、机需要量。人工工日数量根据估算的工程量、选用的定额、拟定的施工总方案、施工方法及要求的工期来确定，并考虑节假日、气候等的影响。材料需要量主要根据估算的工程量和选用的材料消耗定额进行计算。机械台班数量则根据施工方案确定选择机械设备方案及机械种类的匹配要求，再根据估算的工程量和机械时间定额进行计算。

6）施工平面的布置。施工平面布置是根据施工方案、施工进度要求，对施工现场的道路交通、材料仓库、临时设施等作出合理的规划布置，主要包括：建设项目施工总平面图上的一切地上、地下已有和拟建的建筑物、构筑物以及其他设施的位置和尺寸；所有为施工服务的临时设施的布置位置，如施工用地范围，施工用道路，材料仓库，取土与弃土位置，水源、电源位置，安全、消防设施位置，永久性测量放线标桩位置等。

5.2.1.2 招标工程量清单的编制内容

1. 分部分项工程量清单编制

分部分项工程量清单所反映的是拟建工程分项实体工程项目名称和相应数量的明细清单，招标人负责包括项目编码、项目名称、项目特征、计量单位和工程量在内的五项内容。

（1）项目编码

分部分项工程量清单的项目编码，应根据拟建工程的工程量清单项目名称设置，同一招标工程的项目编码不得有重码。

（2）项目名称

分部分项工程量清单的项目名称应按专业工程计量规范附录的项目名称结合拟建工程的实际确定。

在分部分项工程量清单中所列出的项目，应是在单位工程的施工过程中以其本身构成该单位工程实体的分项工程，但应注意：

1）当在拟建工程的施工图中有体现，并且在专业工程计量规范附录中也有相对应的项目时，则根据附录中的规定直接列项，计算工程量，确定其项目编码。

2）当在拟建工程的施工图中有体现，但在专业工程计量规范附录中没有相对应的项目，并且在附录项目的"项目特征"或"工程内容"中也没有提示时，则必须编制针对这些分项工程的补充项目，在清单中单独列项并在清单的编制说明中注明。

（3）项目特征描述

分部分项工程量清单项目特征应依据专业工程计量规范附录中规定的项目特征，并结合拟建工程项目的实际，按照以下要求予以描述：

1）必须描述的内容：涉及可准确计量，结构要求，材质要求，安装方式的内容。

2）可不描述的内容：对计量计价没有实质影响的内容，应由投标人根据施工方案确定的内容，应由投标人根据当地材料和施工要求确定的内容，应由施工措施解决的内容。

3）可不详细描述的内容：施工图、标准图集标注明确的，清单编制人在项目特征描述中应注明由投标人自定的。

（4）计量单位

分部分项工程量清单的计量单位与有效位数应遵守《建设工程工程量清单计价规范》规定。当附录中有两个或两个以上计量单位的，应结合拟建工程项目的实际选择其中一个确定。

（5）工程量

分部分项工程量清单中所列工程量应按专业工程计量规范规定的工程量计算规则计算。

另外，对补充项的工程量计算规则必须符合下述原则：一是其计算规则要具有可计算性；二是计算结果要具有唯一性。

2. 措施项目清单编制

措施项目清单指为完成工程项目施工，发生于该工程施工前和施工过程中技术、生活、文明、安全等方面的非工程实体项目清单。

措施项目清单的编制需考虑多种因素，除工程本身的因素外，还涉及水文、气象、环境、安全等因素。措施项目清单应根据拟建工程的实际情况列项，若出现《建设工程工程量清单计价规范》中未列的项目，可根据工程实际情况补充。项目清单的设置要考虑拟建工程的施工组织设计，施工技术方案，相关的施工规范与施工验收规范，招标文件中提出的某些必须通过一定的技术措施才能实现的要求，设计文件中一些不足以写进技术方案的、但是要通过一定的技术措施才能实现的内容。

有一些措施项目费用的发生与使用时间、施工方法或者两个以上的工序相关并大都与实际完成的实体工程量的大小关系不大，如安全文明施工、冬雨期施工、已完工程及设备保护等，对于这些措施项目可列入"措施项目清单与计价表（一）"中，另外一些可以精确计算工程量的措施项目可用分部分项工程量清单的方式采用综合单价进行计算，列入"措施项目清单与计价表（二）"中。

3. 其他项目清单的编制

其他项目清单是应招标人的特殊要求而发生的与拟建工程有关的其他费用项目和相应数量的清单。工程建设标准的高低、工程的复杂程度、工程的工期长短、工程的组成内容、发包人对工程管理要求等都直接影响到其具体内容。当出现未包含在表格中的内容的项目时，可根据实际情况补充。其中：

1）暂列金额是指招标人暂定并包括在合同中的一笔款项。用于工程合同签订时尚未确定或者不可预见的所需材料、工程设备、服务的采购，施工中可能发生的工程变更、合同约定调整因素出现时的合同价款调整，以及发生的索赔、现场签证确认等的费用。此项费用由招标人填写其项目名称、计量单位、暂定金额等，若不能详列，也可只列暂定金额总额。由于暂列金额由招标人支配，实际发生后才得以支付，因此，在确定暂列金额时应根据施工图的深度、暂估价设定的水平、合同价款约定调整的因素及工程实际情况合理确定。一般可按分部分项工程量清单的 10% ~ 15% 确定，不同专业预留的暂列金额应分别列项。

2）暂估价是招标人在招标文件中提供的用于支付必然要发生但暂时不能确定价格的材料、工程设备的单价及专业工程的金额。一般而言，为方便合同管理和计价，需要纳入分部分项工程量项目综合单价中的暂估价，最好只限于材料费，以方便投标与组价。以"项"为计量单位给出的专业工程暂估价一般应是综合暂估价，即应当包括除规费、税金以外的管理费、利润等。

3）计日工是为了解决现场发生的零星工作或项目的计价而设立的。计日工为额外工作的计价提供一个方便快捷的途径。计日工对完成零星工作所消耗的人工工时、材料数量、机械台班进行计量，并按照计日工表中填报的适用项目的单价进行计价支付。编制计日工表格时，一定要给出暂定数量，并且需要根据经验，尽可能估算一个比较贴近实际的数量，且尽可能把项目列全，以消除因此而产生的争议。

4）总承包服务费是为了解决招标人在法律、法规允许的条件下，进行专业工程发包及自行采购供应材料、设备时，要求总承包人对发包的专业工程提供协调和配合服务，对供应的材料、设备提供收、发和保管服务及对施工现场进行统一管理，对竣工资料进行统一汇总整理等发生并向承包人支付的费用。招标人应当按照投标人的投标报价支付该项费用。

4. 规费和税金项目清单的编制

规费和税金项目清单应按照规定的内容列项，当出现规范中没有的项目，应根据省级政府或有关部门的规定列项。税金项目清单除规定的内容外，如国家税法发生变化或增加税种，应对税金项目清单进行补充。规费、税金的计算基础和费率均应按国家或地方相关部门的规定执行。

5. 工程量清单总说明的编制

工程量清单总说明包括以下内容：

1）工程概况。工程概况中要对建设规模、工程特征、计划工期、施工现场实际情况、自然地理条件、环境保护要求等作出描述。其中，建设规模是指建筑面积；工程特征应说明基础及结构类型、建筑层数、高度、门窗类型及各部位装饰、装修做法；计划工期是指按工期定额计算的施工天数；施工现场实际情况是指施工场地的地表状况；自然地理条件，是指建筑场地所处地理位置的气候及交通运输条件；环境保护要求，是针对施工噪声及材料运输可能对周围环境造成的影响和污染所提出的防护要求。

2）工程招标及分包范围。招标范围是指单位工程的招标范围，如建筑工程招标范围为"全部建筑工程"，装饰装修工程招标范围为"全部装饰装修工程"，或招标范围不含桩基础、幕墙头、门窗等。工程分包是指特殊工程项目的分包，如招标人自行采购安装"铝合金拉闸窗"等。

3）工程量清单编制依据。工程量清单的编制依据包括《建设工程工程量清单计价规范》、设计文件、招标文件、施工现场情况、工程特点及常规施工方案等。

4）工程质量、材料、施工等的特殊要求。工程质量的要求，是指招标人要求拟建工程的质量应达到合格或优良标准；对材料的要求，是指招标人根据工程的重要性、使用功能及装饰装修标准提出，诸如对水泥的品牌、钢材的生产厂家、花岗石的出产地、品牌等的要求；施工要求，一般是指建设项目中对单项工程的施工顺序等的要求。

5）其他需要说明的事项。

6. 招标工程量清单汇总

在分部分项工程量清单、措施项目清单、其他项目清单、规费和税金项目清单编制完成以后，经审查复核，与工程量清单封面及总说明汇总并装订，由相关责任人签字和盖章，形成完整的招标工程量清单文件。

5.2.2 招标控制价的编制

《招标投标法实施条例》规定，招标人设有最高投标限价的，应当在招标文件中明确最高投标限价或者最高投标限价的计算方法，招标人不得规定最低投标限价。

5.2.2.1 招标控制价的基本概念

1. 招标控制价的概念

招标控制价是指根据国家或省级建设行政主管部门颁发的有关计价依据和办法，根据拟订的招标文件和工程量清单，结合工程具体情况发布的招标工程的最高投标限价，也可称其为拦标价。

招标控制价是推行工程量清单计价过程中对传统标底概念的性质进行界定后所设置的专业术语，它使招标时评标定价的管理方式发生了很大的变化。

2. 采用招标控制价招标的优点

1）可有效控制投资，防止恶性哄抬报价带来的投资风险。

2）提高了透明度，避免了暗箱操作、寻租等违法活动的产生。

3）可使各投标人自主报价，不受标底的左右，公平竞争，符合市场规律。

4）既设置了控制上限又尽量地减少了业主依赖评标基准价的影响。

3. 采用招标控制价招标可能出现的问题

1）若"最高限价"大大高于市场平均价时，就预示中标后利润很丰厚，只要投标不超过公布的限额都是有效投标，从而可能诱导投标人串标、围标。

2）若公布的最高限价远远低于市场平均价，就会影响招标效率。即可能出现只有 1～2 人投标或出现无人投标情况，结果使招标人不得不修改招标控制价进行二次招标。

5.2.2.2　编制招标控制价的规定

1）国有资金投资的工程建设项目应实行工程量清单招标，招标人应编制招标控制价，并应当拒绝高于招标控制价的投标报价，即投标人的投标报价若超过公布的招标控制价，则其投标作为废标处理。

2）招标控制价应由具有编制能力的招标人或受其委托具有相应资质的工程造价咨询人编制。工程造价咨询人不得同时接受招标人和投标人对同一工程的招标控制价和投标报价的编制。

3）招标控制价应在招标文件中公布，不得进行上浮或下调。在公布招标控制价时，应公布招标控制价各组成部分的详细内容，不得只公布招标控制价总价。

4）招标控制价超过批准的概算时，招标人应将其报原概算审批部门审核。这是由于我国对国有资金投资项目的投资控制实行的是设计概算审批制度，国有资金投资的工程原则上不能超过批准的设计概算。

5）招标人应将招标控制价及有关资料报送工程所在地工程造价管理机构备查。

5.2.2.3　招标控制价的编制依据

招标控制价的编制依据是指在编制招标控制价时需要进行工程量计量、价格确认、工程计价的有关参数、率值的确定等工作时所需的基础性资料，主要包括：

1）现行国家标准《建设工程工程量清单计价规范》与专业工程计量规范。

2）国家或省级、行业建设主管部门颁发的计价定额和计价办法。

3）与建设项目相关的标准、规范、设计文件及其他的相关资料。

4）招标文件及工程量清单。

5）施工现场情况、工程特点及常规施工方案。

6）工程造价管理机构发布的工程造价信息；没有发布工程造价信息的，参照市场价。

5.2.2.4　招标控制价的编制内容

招标控制价的编制内容包括分部分项工程费、措施项目费、其他项目费、规费和税金，各个部分有不同的计价要求。

1. 分部分项工程费的编制要求

1）工程量依据招标文件中提供的分部分项工程量清单确定。

2）分部分项工程费应根据招标文件中的分部分项工程量清单及有关要求，按《建设工程工程量清单计价规范》有关规定确定综合单价计价。

3）招标文件提供了暂估单价的材料，应按暂估的单价计入综合单价。

4）为使招标控制价与投标报价所包含的内容一致，综合单价中应包括招标文件中要求投标人所承担的风险内容及其范围产生的风险费用。

2. 措施项目费的编制要求

1）措施项目费中的安全文明施工费应当按照国家或省级、行业建设主管部门的规定标准计价，该部分不得作为竞争性费用。

2）措施项目应按招标文件中提供的措施项目清单确定，措施项目分为以"量"计算和以"项"计算两种。对于可精确计量的措施项目，以"量"计算即按其工程量用与分部分项工程工程量清单单价相同的方式确定综合单价；对于不可精确计量的措施项目，则以"项"为单位，采用费率法按有关规定综合取定，采用费率法时需确定某项费用的计费基数及其费率，结果应是包括除规费、税金以外的全部费用。

3. 其他项目费的编制要求

（1）暂列金额。暂列金额可根据工程的复杂程度、设计深度、工程环境条件（包括地质、水文、气候条件等）进行估算，一般可以分部分项工程费的10%～15%为参考。

（2）暂估价

暂估价中的材料单价应按照工程造价管理机构发布的工程造价信息中的材料单价计算，工程造价信息未发布的材料单价，其单价参考市场价格估算；暂估价中的专业工程暂估价应分不同专业，按有关计价规定估算。

（3）计日工

在编制招标控制价时，对计日工中的人工单价和施工机械台班单价应按省级、行业建设主管部门或其授权的工程造价管理机构公布的单价计算；材料应按工程造价管理机构发布的工程造价信息中的材料单价计算，工程造价信息未发布单价的材料，其价格应按市场调查确定的单价计算。

（4）总承包服务费

总承包服务费应按照省级、行业建设主管部门的规定计算，在计算时可参考以下标准：

1）招标人仅要求对分包的专业工程进行总承包管理和协调时，按分包的专业工程估算造价的1.5%计算。

2）招标人要求对分包的专业工程进行总承包管理和协调，并同时要求提供配合服务时，根据招标文件中列出的配合服务内容和提出的要求，按分包的专业工程估算造价的3%～5%计算。

3）招标人自行供应材料的，按招标人供应材料价值的1%计算。

4. 规费和税金的编制要求

规费和税金必须按国家或省级、行业建设主管部门的规定计算。

5.2.2.5　确定招标控制价应考虑的风险因素

编制招标控制价在确定其综合单价时，应考虑一定范围内的风险因素。在招标文件中应通过预留一定的风险费用，或明确说明风险所包括的范围及超出该范围的价格调整方法。

对于招标文件中未作要求的可按以下原则确定：

1）对于技术难度较大和管理复杂的项目，可考虑一定的风险费用，并纳入到综合单价中。

2）对于工程设备、材料价格的市场风险，应依据招标文件的规定，工程所在地或行业工程造价管理机构的有关规定，以及市场价格趋势考虑一定率值的风险费用，纳入到综合单价中。

3）税金、规费等法律、法规、规章和政策变化的风险和人工单价等风险费用不应纳入综合单价中。

5.2.2.6　编制招标控制价时应注意的问题

1）采用的材料价格应是工程造价管理机构通过工程造价信息发布的材料价格，工程造价信息未发布材料单价的材料，其材料价格应通过市场调查确定。另外，未采用工程造价管理机构发布的工程造价信息时，需在招标文件或答疑补充文件中对招标控制价采用的与造价信息不一致的市场价格予以说明，采用的市场价格则应通过调查、分析确定，有可靠的信息来源。

2）施工机械设备的选型直接关系到综合单价水平，应根据工程项目特点和施工条件及常规的施工组织设计或施工方案，本着经济实用、先进高效的原则确定。

3）应该正确、全面地使用行业和地方的计价定额与相关文件。

4）不可竞争的措施项目和规费、税金等费用的计算均属于强制性的条款，编制招标控制价时应按国家有关规定计算。

5.3　投标文件及投标报价的编制

投标报价是承包商采取投标方式承揽工程项目时，计算和确定承包该项工程的投标总价格。业主把承包商的报价作为主要标准来选择中标者，也是业主和承包商就工程标价进行承包合同谈判的基础，直接关系到承包商投标的成败。报价是进行工程投标的核心。报价过高会失去承包机会，而报价过低虽然中了标，但会给工程带来亏本的风险。因此，标价过高或过低都不可取，如何作出合适的投标报价，是投标者能否中标的最关键的问题。

在我国社会主义市场经济体制下有其特定的条件及环境，既不能超过招标控制价，更不能为了中标而盲目压低标价，这不但保护了施工企业的合法权益，同时也有利于建设单位的合理投资。因此，投标报价必须在规定的编制依据的基础上，有限度地上下浮动。

投标是一种要约，需要严格遵守关于招标投标的法律规定及程序，还需对招标文件作出实质性响应，并符合招标文件的各项要求，科学规范地编制投标文件与合理策略地提出报价，直接关系到承揽工程项目的中标率。

5.3.1　建设项目施工投标与投标文件的编制

5.3.1.1　施工投标前期工作

1. 研究招标文件

投标人取得招标文件后，为保证工程量清单报价的合理性，应对投标人须知、合同条件、技术规范、图纸和工程量清单等重点内容进行分析，正确地理解招标文件和业主的意图。

（1）投标人须知

它反映了招标人对投标的要求，特别要注意项目的资金来源、投标书的编制和递交、投标保证金、更改或备选方案、评标方法等，重点在于防止废标。

（2）合同分析

1）合同背景分析。投标人有必要了解与自己承包的工程内容有关的合同背景，了解监理方式，了解合同的法律依据，为报价和合同实施及索赔提供依据。

2）合同形式分析。主要分析承包方式（如分项承包、施工承包、设计与施工总承包和管理承包等）；计价方式（如固定合同价格、可调合同价格和成本加酬金确定的合同价格等）。

3）合同条款分析。主要包括：承包商的任务、工作范围和责任；工程变更及相应的合同价款调整；付款方式、时间、施工工期。

4）技术标准和要求分析。工程技术标准是按工程类型来描述工程技术和工艺内容特点，对设备、材料、施工和安装方法等所规定的技术要求，有的是对工程质量进行检验、试验和验收所规定的方法和要求。它们与工程量清单中各子项工作密不可分，报价人员应在准确理解招标人要求的基础上对有关工程内容进行报价。任何忽视技术标准的报价都是不完整、不可靠的，有时可能导致工程承包重大失误和亏损。

5）图纸分析。图纸是确定工程范围、内容和技术要求的重要文件，也是投标者确定施工方法等施工计划的主要依据。

图纸的详细程度取决于招标人提供的施工图设计所达到的深度和所采用的合同形式。详细的图纸可使投标人比较准确地估价，而不够详细的图纸则需要采用综合估价方法，其结果一般不很精确。

2. 调查工程现场

在菲迪克（FIDIC）土木工程施工合同条件第 11 条中明确规定："应当认为承包商在提交投标书之前，已对现场和其周围环境及与之有关的可用资料进行了视察和检查，……已取得上述可能对其投标产生影响或发生作用的风险、意外事件及所有其他情况的全部必要资料"；"应当认为承包商的投标书是以雇主提供的可利用的资料和承包商自己进行的上述视察和检查为依据的"。这说明现场考察是投标者必须经过的投标程序。按国际惯例，一般认为投标者的报价是在现场考察的基础上提出的，一旦随投标书提交了报价单，承包商就无权因为现场考察不周、对因素考虑不全面而提出修改投标报价或提出补偿等要求。

招标人在招标文件中一般会明确进行工程现场踏勘的时间和地点。调查工程现场应包括以下内容：

1）自然条件调查。如气象资料，水文资料，地震、洪水及其他自然灾害情况，地质情况等。

2）施工条件调查。主要包括：工程现场的用地范围、地形、地貌、地物、高程，地上或地下障碍物，现场的"三通一平"情况；工程现场周围的道路、进出场条件、有无特殊交通限制；工程现场施工临时设施、大型施工机具、材料堆放场地安排的可能性，是否需要二次搬运；工程现场邻近建筑物与招标工程的间距、结构形式、基础埋深、新旧程度、高度；市政给水及污水、雨水排放管线位置、高程、管径、压力、废水、污水处理方式；当地供电方式、方位、距离、电压等；工程现场通信线路的连接和铺设；当地政府有关部门对施工现场管理的一般要求、特殊要求及规定等。

　　3）其他条件调查。主要包括各种构件、半成品及商品混凝土的供应能力和价格，以及现场附近的生活设施等。

5.3.1.2　询价与工程量复核

　　1. 询价

　　询价是投标报价的基础，它为投标报价提供可靠的依据。投标报价之前，投标人必须通过各种渠道，采用各种手段对工程所需各种材料、设备等的价格、质量、供应时间、供应数量等进行系统全面的调查。询价时要特别注意两个问题，一是产品质量必须可靠，并满足招标文件的有关规定；二是供货方式、时间、地点，有无附加条件和费用。

　　（1）询价的渠道

　　1）直接与生产厂商联系。

　　2）了解生产厂商的代理人或从事该项业务的经纪人。

　　3）了解经营该项产品的销售商。

　　4）通过互联网查询。

　　（2）生产要素询价

　　1）材料询价。材料询价的内容包括调查对比材料价格、供应数量、运输方式、保险和有效期、不同买卖条件下的支付方式等。对同种材料从不同经销部门所得到的所有资料进行比较分析，选择合适、可靠的材料供应商的报价，提供给工程报价人员使用。

　　2）施工机械设备询价。在外地施工需用的机械设备，有时在当地租赁或采购可能更为有利。必须采购的机械设备，可向供应厂商询价。对于租赁的机械设备，可向专门从事租赁业务的机构询价，并应详细了解其计价方法。

　　3）劳务询价。劳务询价主要有两种情况：一是成建制的劳务公司，相当于劳务分包，一般费用较高，但素质较可靠，工效较高，承包商的管理工作较轻；另一种是劳务市场招募零散劳动力，根据需要进行选择，这种方式虽然劳务价格低廉，但有时素质达不到要求或工效降低，且承包商的管理工作较繁重。投标人应在对劳务市场充分了解的基础上决定采用哪种方式，并以此为依据进行投标报价。

　　（3）分包询价

　　总承包商在确定了分包工作内容后，就将分包专业的工程施工图纸和技术说明送交预先选定的分包单位，请他们在约定的时间内报价，以便进行比较选择，最终选择合适的分包人。对分包人询价应注意以下几点：分包标函是否完整；分包工程单价所包含的内容；分包人的工程质量、信誉及可信赖程度；质量保证措施；分包报价。

　　2. 复核工程量

　　工程量清单作为招标文件的组成部分，是由招标人提供的。工程量的大小是投标报价最直接的依据。复核工程量的准确程度，将影响承包商的经营行为：一是根据复核后的工程量与招标文件提供的工程量之间的差距，考虑相应的投标策略，决定报价尺度；二是根据工程量的大小采取合适的施工方法，选择适用、经济的施工机具设备、投入使用相应的劳动力数量等。

　　复核工程量，要与招标文件中所给的工程量进行对比，注意以下几方面：

　　1）投标人应认真根据招标说明、施工图、地质资料等招标文件资料，计算主要清单工程量，复核工程量清单。正确划分分部分项工程项目，与《建筑工程工程量清单计价规范》保持一致。

2）针对工程量清单中工程量的遗漏或错误，是否向招标人提出修改意见取决于投标策略。投标人可以运用一些报价的技巧提高报价的质量，争取在中标后能获得更大的收益。

3）通过工程量计算复核还能准确地确定订货及采购物资的数量，防止由于超量或少购等带来的浪费、积压或停工待料。

如果招标的工程是一个大型项目，而投标时间又比较短，要在较短的时间内核算全部工程数量，将是十分困难的。即使时间紧迫，承包商至少应当在报价前核算那些工程数量较大和造价较高的项目。

在核算完全部工程量清单中的细目后，投标人应按大项分类汇总主要工程总量，以便获得对整个工程施工规模的全面和清楚的概念，并据此研究采用合适的施工方法，选择适用和经济的施工设备等。

3. 制订项目管理规划

项目管理规划是工程投标报价的重要依据，项目管理规划应分为项目管理规划大纲和项目管理实施规划。根据《建设工程项目管理规范》（GB/T 50326—2006），当承包商以编制施工组织设计代替项目管理规划时，施工组织设计应满足项目管理规划的要求。

1）项目管理规划大纲。项目管理规划大纲是投标人管理层在投标之前编制的，旨在作为投标依据，满足招标文件要求及签订合同要求的文件。可包括下列内容（根据需要选定）：项目概况；项目范围管理规划；项目管理目标规划；项目管理组织规划；项目成本管理规划；项目进度管理规划；项目质量管理规划；项目职业健康安全与环境管理规划；项目采购与资源管理规划；项目信息管理规划；项目沟通管理规划；项目风险管理规划；项目收尾管理规划。

2）项目管理实施规划。项目管理实施规划是指在开工之前由项目经理主持编制的，旨在指导施工项目实施阶段管理的文件。项目管理实施规划必须由项目经理组织项目经理部在工程开工之前编制完成。应包括下列内容：项目概况；总体工作计划；组织方案；技术方案；进度计划；质量计划；职业健康安全与环境管理计划；成本计划；资源需求计划；风险管理规划；信息管理计划；项目沟通管理计划；项目收尾管理计划；项目现场平面布置图；项目目标控制措施；技术经济指标。

5.3.1.3 编制投标文件

1. 投标文件编制的内容

投标人应当按照招标文件的要求编制投标文件。投标文件应当包括下列内容：

1）法定代表人身份证明或附有法定代表人身份证明的授权委托书。

2）投标保证金。

3）联合体协议书（如工程允许采用联合体投标）。

4）资格审查资料。

5）已标价工程量清单。

6）施工组织设计。

7）项目管理机构。

8）拟分包项目情况表。

9）规定的其他材料。

2. 投标文件编制时应遵循的规定

1）投标文件应按"投标文件格式"进行编写，如有必要，可以增加附页，作为投标文件的组成部分。

2）投标文件应当对招标文件有关工期、投标有效期、质量要求、技术标准和要求、招标范围等实质性内容作出响应。

3）投标文件应由投标人的法定代表人或其委托代理人签字或盖单位公章。委托代理人签字的，投标文件应附法定代表人签署的授权委托书。投标文件应尽量避免涂改，如果出现上述情况，改动之处应加盖单位公章或由投标人的法定代表人或其授权的代理人签字确认。

4）投标文件正本一份，副本份数按招标文件有关规定。正本和副本的封面上应清楚地标记"正本"或"副本"的字样。投标文件的正本与副本应分别装订成册，并编制目录。当副本和正本不一致时，以正本为准。

5.3.2　投标报价的编制原则与依据

投标报价是在工程招标发包过程中，由投标人按照招标文件的要求，根据工程特点，并结合自身的施工技术、装备和管理水平，依据有关计价规定自主确定的工程造价，是投标人希望达成工程承包交易的期望价格，它不能高于招标人设定的招标控制价。作为投标计算的必要条件，应预先确定施工方案和施工进度，此外，投标计算还必须与采用的合同形式相协调。

5.3.2.1　投标报价的编制原则

报价是投标的关键性工作，报价是否合理不仅直接关系到投标的成败，还关系到中标后企业的盈亏。投标报价编制原则如下：

1）投标报价由投标人自主确定，但必须执行《建设工程工程量清单计价规范》的强制性规定。投标价应由投标人或受其委托具有相应资质的工程造价咨询人员编制。

2）投标人的投标报价不得低于成本。《招标投标法》第四十一条规定："能够满足招标文件的实质性要求，并且经评审的投标价格最低，但是投标价格低于成本的除外。"《评标委员会和评标方法暂行规定》（七部委第 12 号令）第二十一条规定："在评标过程中，评标委员会发现投标人的报价明显低于其他投标报价或者在设有标底时明显低于标底的，使得其投标报价可能低于其个别成本的，应当要求该投标人作出书面说明并提供相关证明材料。投标人不能合理说明或者不能提供相关证明材料的，由评标委员会认定该投标人以低于成本报价竞标，由投标应作为废标处理。"根据上述法律、规章的规定，特别要求投标人的投标报价不得低于成本。

3）投标报价要以招标文件中设定的发承包双方责任划分，作为考虑投标报价费用项目和费用计算的基础，发承包双方的责任划分不同，会导致合同风险不同的分摊，从而导致投标人选择不同的报价；根据工程发承包模式考虑投标报价的费用内容和计算深度。

4）以施工方案、技术措施等作为投标报价计算的基本条件；以反映企业技术和管理水平的企业定额作为计算人工、材料和机械台班消耗量的基本依据；充分利用现场考察、调研成果、市场价格信息和行情资料，编制基础标价。

5.3.2.2　投标报价的编制依据

《建设工程工程量清单计价规范》规定，投标报价应根据下列依据编制和复核：

1）《建设工程工程量清单计价规范》。

2）国家或省、行业建设主管部门颁发的计价定额和计价办法。

3）与建设项目相关的标准、规范等技术资料。

4）招标文件、招标工程量清单及其补充通知、答疑纪要。

5）建设工程设计文件及相关资料。

6）施工现场情况、工程特点及投标时拟定的施工组织设计或施工方案。

7）市场价格信息或工程造价管理机构发布的工程造价信息。

8）其他的相关资料。

5.3.2.3 投标报价的编制方法和内容

投标报价的编制过程，应首先根据招标人提供的工程量清单编制分部分项工程量清单计价表，措施项目清单计价表，其他项目清单计价表，规费，税金项目清单计价表。计算完毕之后，汇总得到单位工程投标报价汇总表，再层层汇总，分别得出单项工程投标报价汇总表和工程项目投标总价汇总表。在编制过程中，投标人应按招标人提供的工程量清单填报价格。填写的项目编码、项目名称、项目特征、计量单位、工程量必须与招标人提供的一致。

1. 分部分项工程量清单与计价表的编制

承包人投标价中的分部分项工程费应按招标文件中分部分项工程量清单项目的特征描述确定综合单价计算。因此，确定综合单价是分部分项工程工程量清单与计价表编制过程中最主要的内容。分部分项工程量清单综合单价，包括完成单位分部分项工程所需的人工费、材料费、施工机具使用费、管理费、利润，并考虑风险费用的分摊。

$$分部分项工程综合单价 = 人工费 + 材料费 + 施工机具使用费 + 管理费 + 利润 \quad (5-1)$$

（1）确定分部分项工程综合单价的注意事项

1）以项目特征描述为依据。项目特征是确定综合单价的重要依据之一，投标人投标报价时应依据招标文件中分部分项工程量清单项目的特征描述确定清单项目的综合单价。在招标投标过程中，当出现招标文件中分部分项工程量清单特征描述与施工图不符时，投标人应以分部分项工程量清单的项目特征描述为准，确定投标报价的综合单价。当施工中施工图或设计变更与工程量清单项目特征描述不一致时，发承包双方应按实际施工的项目特征，依据合同约定重新确定综合单价。

2）材料、工程设备暂估价的处理。招标文件中在其他项目清单中提供了暂估单价的材料和工程设备，应按其暂估的单价计入分部分项工程量清单项目的综合单价中。

3）考虑合理的风险。招标文件中要求投标人承担的风险费用，投标人应考虑进入综合单价。在施工过程中，当出现的风险内容及其范围（幅度）在招标文件规定的范围（幅度）内时，综合单价不得变动，合同价款不作调整。根据国际惯例并结合我国工程建设的特点，发承包双方对工程施工阶段的风险宜采用如下分摊原则：

① 对于主要由市场价格波动导致的价格风险，如工程造价中的建筑材料、燃料等价格风险，发承包双方应当在招标文件中或在合同中对此类风险的范围和幅度予以明确约定，进行合理分摊。根据工程特点和工期要求，一般采取的方式是承包人承担 5% 以内的材料、工程设备价格风险，10% 以内的施工机具使用费风险。

② 对于法律、法规、规章或有关政策出台导致工程税金、规费、人工费发生变化，并由省级、行业建设行政主管部门或其授权的工程造价管理机构根据上述变化发布的政策性调

整，承包人不应承担此类风险，应按照有关调整规定执行。

③ 对于承包人根据自身技术水平、管理、经营状况能够自主控制的风险，如承包人的管理费、利润的风险，承包人应结合市场情况，根据企业自身的实际合理确定、自主报价，该部分风险由承包人全部承担。

（2）分部分项工程综合单价确定的步骤和方法

1）确定计算基础。计算基础主要包括消耗量指标和生产要素单价。应根据本企业的企业实际消耗量水平，并结合拟定的施工方案确定完成清单项目需要消耗的各种人工、材料、机械台班的数量。计算时应采用企业定额，在没有企业定额或企业定额缺项时，可参照与本企业实际水平相近的国家、地区、行业定额，并通过调整来确定清单项目的人、材、机单位用量。各种人工、材料、机械台班的单价，则应根据询价的结果和市场行情综合确定。

2）分析每一清单项目的工程内容。在招标文件提供的工程量清单中，招标人已对项目特征进行了准确、详细的描述，投标人根据这一描述，再结合施工现场情况和拟定的施工方案确定完成各清单项目实际应发生的工程内容。必要时可参照《建设工程工程量清单计价规范》中提供的工程内容，有些特殊的工程也可能出现规范列表之外的工程内容。

3）计算工程内容的工程数量与清单单位的含量。每一项工程内容都应根据所选定额的工程量计算规则计算其工程数量，当定额的工程量计算规则与清单的工程量计算规则相一致时，可直接以工程量清单中的工程量作为工程内容的工程数量。

4）分部分项工程人工、材料、机具费用的计算。以完成每一计量单位的清单项目所需的人工、材料、机械用量为基础计算，再根据预先确定的各种生产要素的单位价格，计算出每一计量单位清单项目的分部分项工程的人工费、材料费和施工机具使用费。当招标人提供的其他项目清单中列示了材料暂估价时，应根据招标人提供的价格计算材料费，并在分部分项工程量清单与计价表中表现出来。

5）计算综合单价。管理费和利润的计算按人工费、材料费、机具费之和按照一定的费率取费计算。

$$管理费 = （人工费 + 材料费 + 施工机具使用费） \times 管理费费率（\%） \tag{5-2}$$

$$利润 = （人工费 + 材料费 + 施工机具使用费 + 管理费） \times 利润率（\%） \tag{5-3}$$

将五项费用汇总，并考虑合理的风险费用后，即可得到分部分项工程量清单综合单价。根据计算出的综合单价，可编制分部分项工程量清单与计价表。

（3）工程量清单综合单价分析表的编制

为表明分部分项工程量综合单价的合理性，投标人应对其进行单价分析，以作为评标时的判断依据。

2. 措施项目清单与计价表的编制

编制内容主要是计算各项措施项目费，措施项目费应根据招标文件中的措施项目清单及投标时拟定的施工组织设计或施工方案按不同报价方式自主报价。计算时应遵循以下原则：

1）投标人可根据工程实际情况结合施工组织设计，自主确定措施项目费。对招标人所列的措施项目可以进行增补。这是由于各投标人拥有的施工装备、技术水平和采用的施工方法有所差异，招标人提出的措施项目清单是根据一般情况确定的，没有考虑不同投标人的"个性"，投标人投标时应根据自身编制的投标施工组织设计或施工方案确定措施项目，对招标人提供的措施项目进行调整。投标人根据投标施工组织设计或施工方案调整和确定的措施项目应通过评标委员会的评审。

2）措施项目清单计价应根据拟建工程的施工组织设计，对于可以精确计"量"的措施项目宜采用分部分项工程量清单方式的综合单价计价；对于不能精确计量的措施项目可以"项"为单位的方式按"率值"计价，应包括除规费、税金外的全部费用；以"项"为计量单位的，按项计价，其价格组成与综合单价相同，应包括除规费、税金以外的全部费用。

3）措施项目清单中的安全文明施工费应按照国家或省级、行业建设主管部门的规定计价，不得作为竞争性费用。招标人不得要求投标人对该项费用进行优惠，投标人也不得将该项费用参与市场竞争。

3. 其他项目清单与计价表的编制

其他项目费主要包括暂列金额、暂估价、计日工及总承包服务费组成。

1）暂列金额应按照其他项目清单中列出的金额填写，不得变动。

2）暂估价不得变动和更改。暂估价中的材料暂估价必须按照招标人提供的暂单价计入分部分项工程费用中的综合单价；专业工程暂估价必须按照招标人提供的其他项目清单中列出的金额填写。材料暂估单价和专业工程暂估价均由招标人提供，为暂估价格，在工程实施过程中，对于不同类型的材料与专业工程采用不同的计价方法。

① 招标人在工程量清单中提供了暂估价的材料和专业工程属于依法必须招标的，由承包人和招标人共同通过招标确定材料单价与专业工程中标价。

② 若材料不属于依法必须招标的，经发承包双方协商确认单价后计价。

③ 若专业工程不属于依法必须招标的，由发包人、总承包人与分包人按有关计价依据进行计价。

3）计日工应按照其他项目清单列出的项目和估算的数量，自主确定各项综合单价并计算费用。

4）总承包服务费应根据招标人在招标文件中列出的分包专业工程内容和供应材料、设备情况，按照招标人提出的协调、配合与服务要求和施工现场管理需要自主确定。

4. 规费、税金项目清单与计价表的编制

规费和税金应按国家或省级、行业建设主管部门的规定计算，不得作为竞争性费用。这是由于规费和税金的计取标准是依据有关法律、法规和政策规定制定的，具有强制性。因此，投标人在投标报价时必须按照国家或省级、行业建设主管部门的有关规定计算规费和税金。

5. 投标价的汇总

投标人的投标总价应当与组成工程量清单的分部分项工程费、措施项目费、其他项目费和规费、税金的合计金额相一致，即投标人在进行工程量清单招标的投标报价时，不能进行投标总价优惠（或降价、让利），投标人对投标报价的任何优惠（或降价、让利）均应反映在相应清单项目的综合单价中。

复习思考题

1. 我国《招标投标法》规定，必须进行招标的工程建设项目有哪些？
2. 什么是工程量清单？
3. 什么是招标控制价？
4. 投标报价的内容有哪些？

第6章 房屋建筑工程工程量计算

6.1 概述

工程造价的有效确定与控制，应以构成工程实体的分部分项工程项目以及所需采取的措施项目的数量标准为依据。由于工程造价的多次性计价特点，工程计量也具有多阶段性和多次性，不仅包括招标阶段工程量清单编制中的工程计量，也包括投资估算、设计概算、投标报价以及合同履约阶段的变更、索赔、支付和结算中的工程计量。本章讲述的房屋建筑工程工程量计算是根据《房屋建筑与装饰工程工程量计算规范》（GB 50854—2013）的规定编写的，适用于房屋建筑与装饰工程施工发承包计价活动中的工程量清单编制和工程量计算。

6.1.1 工程量的含义及作用

6.1.1.1 工程量的含义

工程量是指以物理计量单位或自然计量单位所表示的分部分项工程项目和措施项目的数量。

物理计量单位是指需经量度的具有物理属性的单位，一般是以公制度量单位表示，如长度（m）、面积（m²）、体积（m³）、质量（t）等；自然计量单位是指无需量度的具有自然属性的单位，如个、台、组、套、樘等，如门窗工程可以以"樘"为计量单位，桩基工程可以以"根"为计量单位等。

6.1.1.2 工程量的作用

1）工程量是确定建筑安装工程造价的重要依据。只有准确计算工程量，才能正确计算工程相关费用，合理确定工程造价。

2）工程量是承包方生产经营管理的重要依据。工程量是编制项目管理规划、安排工程施工进度、编制材料供应计划、进行工料分析、进行工程统计和经济核算的重要依据，也是编制工程形象进度统计报表，向工程建设发包方结算工程价款的重要依据。

3）工程量是发包方管理工程建设的重要依据。工程量是编制建设计划、筹集资金、工程招标文件、工程量清单、建筑工程预算、安排工程价款的拨付和结算、进行投资控制的重要依据。

6.1.2 工程量计算的依据

工程量是根据施工图及其相关说明，按照一定的工程量计算规则逐项进行计算并汇总得到的。工程量计算的主要依据如下：

1）经审定的施工图及其说明。施工图全面反映建筑物（或构筑物）的结构构造、各部位的尺寸及工程做法，是工程量计算的基础资料和基本依据。

2）工程施工合同、招标文件的商务条款等。

3）经审定的施工组织设计（项目管理实施规划）或施工技术措施方案。施工图主要表现拟建工程的实体项目，分项工程的具体施工方法及措施，应按施工组织设计（项目管理实施规划）或施工技术措施方案确定。

4）工程量计算规则。工程量计算规则是规定在计算工程实物数量时，从设计交件和施工图中摘取数值的取定原则。我国目前的工程量计算规则主要有两类，一是与计价定额相配套的工程量计算规则，如原建设部制定的《全国统一建筑工程预算工程量计算规则》（GJDGZ—101—1995）；二是与清单计价相配套的计算规则，原建设部分别于 2003 年和 2008 年先后公布了两版《建设工程工程量清单计价规范》，在规范的附录部分明确了分部分项工程的工程量计算规则。2013 年住建部又颁布了房屋建筑与装饰工程、仿古建筑工程、通用安装工程、市政工程、园林绿化工程、矿山工程、构筑物工程、城市轨道交通工程、爆破工程九个专业的工程量计算规范，进一步规范了工程造价中工程计量行为，统一了各专业工程量清单的编制、项目设置和工程量计算规则。

5）经审定的其他有关技术经济文件。

6.1.3　工程量计算规范

工程量计算规范是工程量计算的主要依据之一，按照现行规定，对于建设工程采用工程量清单计价的，其工程量计算应执行《房屋建筑与装饰工程工程量计算规范》（GB 50854），《仿古建筑工程工程量计算规范》（GB 50855），《通用安装工程工程量计算规范》（GB 50856），《市政工程工程量计算规范》（GB 50857），《园林绿化工程工程量计算规范》（GB 50858），《矿山工程工程量计算规范》（GB 50859），《构筑物工程工程量计算规范》（GB 50860），《城市轨道交通工程工程量计算规范》（GB 50861），《爆破工程工程量计算规范》（GB 50862）以上各项，以下统称《工程量计算规范》。

6.1.4　工程量计算的一般方法及顺序

为了准确快速地计算工程量，避免发生多算、少算、重复计算的现象，计算中应按照一定的顺序及方法进行。

在安排各分部工程计算顺序时，可以按照工程量计算规则顺序或按照施工顺序（自下而上，由外向内）依次进行计算。通常计算顺序为：建筑面积→土、石方工程→基础工程→门窗工程→混凝土及钢筋混凝土工程→墙体工程→楼地面工程→屋面工程→其他分部工程等。而对于同一分部工程中不同分项工程量的计算，一般可采用以下几种顺序：

1. 按顺时针顺序计算

从平面图左上角开始，按顺时针方向逐步计算，绕一周后回到左上角。此方法可用于计算外墙的挖沟槽、浇筑或砌筑基础、砌筑墙体和装饰等项目，以及以房间为单位的室内地面、天棚等工程项目。

2. 按横竖顺序计算

从平面图上的横竖方向，从左到右，先外后内，先横后竖，先上后下逐步计算。此方法可用于计算内墙的挖沟槽、基础、墙体和各种间壁墙等工程量。

3. 按编号顺序计算

按照施工图上注明的编号顺序计算。如钢筋混凝土构件、门窗、金属构件等，可按照图纸的编号进行计算。

4. 按轴线顺序计算

对于复杂的分部工程，如墙体工程、装饰工程等，仅按上述顺序计算还可能发生重复或遗漏，这时可按图上的轴线顺序进行计算，并将其部位以轴线号表示出来。

6.1.5　统筹法计算工程量

　　统筹法计算工程量打破了按照工程量计算规则或按照施工程序的工程量计算顺序，而是根据施工图中大量图形线、面数据之间"集中""共需"的关系，找出工程量的变化规律，利用其几何共同性，统筹安排数据的计算。统筹法计算工程量的基本特点是：统筹程序、合理安排；一次算出、多次使用；结合实际、灵活机动。统筹法计算工程量应根据工程量计算自身的规律，抓住共性因素，统筹安排计算顺序，使已算出的数据能为以后的分部分项工程的计算所利用，减少计算过程中的重复性，提高计算效率。

　　统筹法计算工程量的核心在于：根据统筹的程序首先计算出若干工程量计算的基数，而这些基数能在以后的工程量计算中反复使用。工程量计算基数并不确定，不同的工程可以归纳出不同的基数，但对于大多数工程而言，"三线一面"是其共有的基数。即：

　　1）外墙中心线（$L_中$）：建筑物外墙的中心线长度之和。

　　2）外墙外边线（$L_外$）：建筑物外墙的外边线长度之和。

　　3）内墙净长线（$L_净$）：建筑物所有内墙的净长度之和。

　　4）底层建筑面积（$S_底$）：建筑物底层的建筑面积。

　　外墙偏心时，如图 6-1 所示，外墙中心线、外墙外边线可按下式计算：

$$L_外 = L_{外轴} + 8b \; ; L_中 = L_{外轴} + 8e \tag{6-1}$$

式中，e 为偏心距，$e = (b-a)/2$。

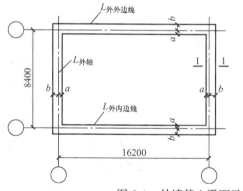

图 6-1　外墙偏心平面示意图

　　【例 6-1】　某建筑物，其平面图如图 6-2 所示，计算该建筑物的"三线一面"。

　　【解】　（1）外墙中心线 $L_中 = [(8.800 - 0.365) + (0.365 + 2.765 + 0.240 + 2.765 + 0.365 - 0.365) + 4.400 + (2.765 + 0.365) + (4.400 - 0.365) + (9.630 - 0.365)]m = 35.400$m

　　或 $[(8.800 - 0.365) \times 2 + (9.630 - 0.365) \times 2]m = 35.400$m

　　（2）外墙外边线 $L_外 = [(8.800 + 9.630) \times 2]m = 36.860$m

　　（3）内墙（365）净长线 $L_净 = 2.765$m

　　　　内墙（240）净长线 $L_净 = (8.070 +$

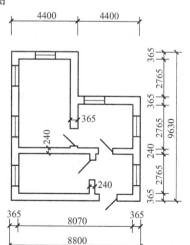

图 6-2　建筑平面图

2.765）m = 10.835m

　　（4）底层建筑面积 $S_底 = [8.800 \times 9.630 - 4.400 \times (2.765 + 0.365)]m^2 = 70.972m^2$

6.2　建筑面积计算

6.2.1　建筑面积的概念

　　建筑面积，也称建筑展开面积，是房屋建筑的各层水平投影面积之和。建筑面积包括使用面积、辅助面积和结构面积。使用面积是指建筑物各层平面布置中可直接为生产或生活使用的净面积总和，净面积在民用建筑中称为居住面积；辅助面积是指建筑物各层平面布置中辅助部分（如公共楼梯、公共走廊）的面积之和，辅助面积在民用建筑中称为公共面积；结构面积是指建筑物各层平面布置中结构部分的墙体或柱体所占面积之和。

6.2.2　建筑面积的作用

　　1）建筑面积是一项重要的技术经济指标。根据建筑面积可以计算出建设项目的单方造价、单方资源消耗量、建筑设计中的有效面积率、平面系数、土地利用系数等重要的技术经济指标。

　　2）建筑面积是进行建设项目投资决策、勘察设计、招标投标、工程施工、竣工验收等一系列工作的重要依据。

　　3）建筑面积在确定建设项目投资估算、设计概算、施工图预算、招标控制价、投标报价、合同价、结算价等一系列的工程估价工作中发挥了重要的作用。

　　4）建筑面积与其他的分项工程量的计算结果有关甚至其本身就是某些分项工程的工程量。例如，平整场地、脚手架工程、楼地面工程、垂直运输工程、建筑物超高增加人工、机械等。

6.2.3　建筑面积计算规则

　　由于建筑面积是一项重要的技术经济指标，起着衡量基本建设规模、投资效益、建设成本等重要尺度的作用，因此必须保证其计算结果的准确性及统一性，本书将根据《建筑工程建筑面积计算规范》（GB/T 50353—2013）中的有关规定加以介绍。

　　工业与民用建筑工程建设全过程的建筑面积计算，总的原则应该本着凡在结构上、使用上形成具有一定使用功能的空间，并能单独计算出水平投影面积及其相应资源消耗部分的新建、扩建、改建工程可计算建筑面积，反之不应计算建筑面积。

　　1.　计算建筑面积的范围

　　1）建筑物的建筑面积应按自然层外墙结构外围水平面积之和计算。结构层高在2.20m及以上的，应计算全面积；结构层高在2.20m以下的，应计算1/2面积。

　　2）建筑物内设有局部楼层时，对于局部楼层的二层及以上楼层，有围护结构的应按其围护结构外围水平面积计算，无围护结构的应按其结构底板水平面积计算，且结构层高在2.20m及以上的，应计算全面积，结构层高在2.20m以下的，应计算1/2面积。

　　3）对于形成建筑空间的坡屋顶，结构净高在2.10m及以上的部位应计算全面积；结构净高在1.20m及以上至2.10m以下的部位应计算1/2面积；结构净高在1.20m以下的部位不应计算建筑面积。

　　4）对于场馆看台下的建筑空间，结构净高在2.10m及以上的部位应计算全面积；结构净高在1.20m及以上至2.10m以下的部位应计算1/2面积；结构净高在1.20m以下的部位不应计算建筑面积。室内单独设置的有围护设施的悬挑看台，应按看台结构底板水平投影面积计算建筑面积。有顶盖无围护结构的场馆看台应按其顶盖水平投影面积的 1/2 计算面积。

5）地下室、半地下室应按其结构外围水平面积计算，如图 6-3 所示。结构层高在 2.20m 及以上的，应计算全面积；结构层高在 2.20m 以下的，应计算 1/2 面积。

6）出入口外墙外侧坡道有顶盖的部位，应按其外墙结构外围水平面积的 1/2 计算面积，如图 6-3 所示。

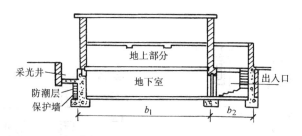

图 6-3　有地下室的建筑物

7）坡地建筑物吊脚架空层（图 6-4a）及建筑物架空层（图 6-4b），应按其顶板水平投影计算建筑面积。结构层高在 2.20m 及以上的，应计算全面积；结构层高在 2.20m 以下的，应计算 1/2 面积。

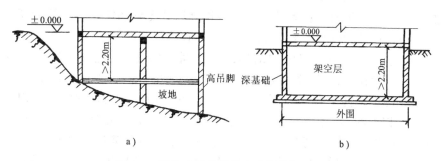

图 6-4　坡地建筑物吊脚和建筑物架空层
a）坡地建筑物吊脚架空层　b）建筑物架空层

8）建筑物的门厅、大厅按一层计算建筑面积。门厅、大厅内设置的走廊，应按结构底板水平投影面积计算建筑面积。结构层高在 2.20m 及以上的，应计算全面积；结构层高在 2.20m 以下的，应计算 1/2 面积。

9）对于建筑物间的架空走廊，有顶盖和围护设施的，应按其围护结构外围水平面积计算全面积；无围护结构、有围护设施的，应按其结构底板水平投影面积计算 1/2 面积。

10）对于立体书库、立体仓库、立体车库，有围护结构的，应按其围护结构外围水平面积计算建筑面积；无围护结构、有围护设施的，应按其结构底板水平投影面积计算建筑面积。无结构层的应按一层计算，有结构层的应按其结构层面积分别计算。结构层高在 2.20m 及以上的，应计算全面积；结构层高在 2.20m 以下的，应计算 1/2 面积。

11）有围护结构的舞台灯光控制室，应按其围护结构外围水平面积计算。结构层高在 2.20m 及以上的，应计算全面积；结构层高在 2.20m 以下的，应计算 1/2 面积。

12）附属在建筑物外墙的落地橱窗，应按其围护结构外围水平面积计算。结构层高在 2.20m 及以上的，应计算全面积；结构层高在 2.20m 以下的，应计算 1/2 面积。

13）窗台与室内楼地面高差在 0.45m 以下且结构净高在 2.10m 及以上的凸（飘）窗，应按其围护结构外围水平面积计算 1/2 面积。

14）门斗（图 6-5）应按其围护结构外围水平面积计算建筑面积，且结构层高在 2.20m 及以上的，应计算全面积；结构层高在 2.20m 以下的，应计算 1/2 面积。

15）有围护设施的室外走廊（挑廊）（图 6-6），应按其结构底板水平投影面积计算 1/2 面积；有围护设施（或柱）的檐廊，应按其围护设施（或柱）外围水平面积计算 1/2 面积。

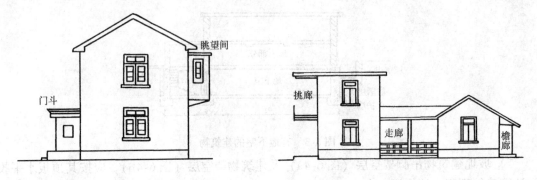

图 6-5　门斗、眺望间　　　　　图 6-6　挑廊、走廊、檐廊

16）门廊应按其顶板的水平投影面积的 1/2 计算建筑面积；有柱雨篷应按其结构板水平投影面积的 1/2 计算建筑面积；无柱雨篷的结构外边线至外墙结构外边线的宽度在 2.10m 及以上的，应按雨篷结构板的水平投影面积的 1/2 计算建筑面积。

17）设在建筑物顶部的、有围护结构的楼梯间、水箱间、电梯机房等，结构层高在 2.20m 及以上的应计算全面积；结构层高在 2.20m 以下的，应计算 1/2 面积。

18）围护结构不垂直于水平面的楼层，应按其底板面的外墙外围水平面积计算。结构净高在 2.10m 及以上的部位，应计算全面积；结构净高在 1.20m 及以上至 2.10m 以下的部位，应计算 1/2 面积；结构净高在 1.20m 以下的部位，不应计算建筑面积。

19）建筑物的室内楼梯、电梯井、提物井、管道井、通风排气竖井、烟道，应并入建筑物的自然层计算建筑面积。有顶盖的采光井应按一层计算面积，且结构净高在 2.10m 及以上的，应计算全面积；结构净高在 2.10m 以下的，应计算 1/2 面积。

20）室外楼梯应并入所依附建筑物自然层，按其水平投影面积的 1/2 计算建筑面积。

21）在主体结构内的阳台，应按其结构外围水平面积计算全面积；在主体结构外的阳台，应按其结构底板水平投影面积计算 1/2 面积，如图 6-7 所示。

22）有顶盖无围护结构的车棚、货棚、站台、加油站、收费站等，应按其顶盖水平投影面积的 1/2 计算建筑面积。

23）以幕墙作为围护结构的建筑物，应按幕墙外边线计算建筑面积。

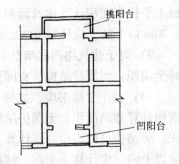

图 6-7　凹阳台、挑阳台

24）建筑物的外墙外保温层，应按其保温材料的水平截面积计算，并计入自然层建筑面积。

25）与室内相通的变形缝，应按其自然层合并在建筑物建筑面积内计算。对于高低联跨的建筑物，当高低跨内部连通时，其变形缝应计算在低跨面积内。

26）对于建筑物内的设备层、管道层、避难层等有结构层的楼层，结构层高在 2.20m 及以上的，应计算全面积；结构层高在 2.20m 以下的，应计算 1/2 面积。

2. 不计算建筑面积的范围

1）与建筑物内不相连通的建筑部件。

2）骑楼、过街楼底层的开放公共空间和建筑物通道。

3）舞台及后台悬挂幕布和布景的天桥、挑台等。

4）露台、露天游泳池、花架、屋顶的水箱及装饰性结构构件。

5）建筑物内的操作平台、上料平台、安装箱和罐体的平台。

6）勒脚、附墙柱、垛、台阶、墙面抹灰、装饰面、镶贴块料面层、装饰性幕墙，主体结构外的空调室外机搁板（箱）、构件、配件，挑出宽度在 2.10m 以下的无柱雨篷和顶盖高度达到或超过两个楼层的无柱雨篷。

7）窗台与室内地面高差在 0.45m 以下且结构净高在 2.10m 以下的凸（飘）窗，窗台与室内地面高差在 0.45m 及以上的凸（飘）窗。

8）室外爬梯、室外专用消防钢楼梯。

9）无围护结构的观光电梯。

10）建筑物以外的地下人防通道，独立的烟囱、烟道、地沟、油（水）罐、气柜、水塔、储油（水）池、储仓、栈桥等构筑物。

6.3 房屋建筑工程工程量计算规则

6.3.1 土石方工程

土石方工程包括土方工程、石方工程及回填三部分。

6.3.1.1 土方工程

1. 平整场地

平整场地是指工程动土开工前，对施工现场 ±30cm 以内的部位进行的就地挖填、找平。其工程量按设计图示尺寸以建筑物首层面积计算，单位：m^2。

建筑物场地厚度 ≤ ±300mm 的挖、填、运、找平，应按平整场地项目编码列项；厚度 > ±300mm 的竖向布置挖土或山坡切土应按一般土方项目编码列项。项目特征包括土壤类别、弃土运距、取土运距。

平整场地若需要外运土方或取土回填时，在清单项目特征中应描述弃土运距或取土运距，其报价应包括在平整场地项目中；当清单中没有描述弃、取土运距时，应注明由投标人根据施工现场实际情况自行考虑到投标报价中。

2. 挖一般土方

工程量按设计图示尺寸以体积计算，单位：m^3。挖土方平均厚度应按自然地面测量标高至设计地坪标高间的平均厚度确定。土石方体积应按挖掘前的天然密实体积计算，如需按天然密实体积折算时，应按表 6-1 计算。挖土方如需截桩头时，应按桩基工程相关项目列项。桩间挖土不扣除桩的体积，并在项目特征中加以描述。

土壤的不同类别决定了土方工程施工的难易程度、施工方法、功效及工程成本，所以应掌握土壤类别的划分,如土壤类别不能准确划分时,招标人可注明为综合,由投标人根据地勘报告决定报价。土壤分类可参考表6-2。

表6-1　土方体积折算系数

天然密实度体积	虚方体积	夯实后体积	松填体积
0.77	1.00	0.67	0.83
1.00	1.30	0.87	1.08
1.15	1.50	1.00	1.25
0.92	1.20	0.80	1.00

注:虚方指未经碾压、堆积时间≤1年的土壤。

表6-2　土壤分类表

土壤分类	土壤名称	开挖方法
一、二类土	粉土、砂土(粉砂、细砂、中砂、粗砂、砾砂)、粉质黏土、弱中盐渍土、软土(淤泥质土、泥炭、泥炭质土)、软塑红黏土、冲填土	用锹,少许用镐、条锄开挖。机械能全部直接铲挖满载者
三类土	黏土、碎石土(圆砾、角砾)、混合土、可塑红黏土、硬塑红黏土、强盐渍土、素填土、夯实填土	主要用镐、条锄,少许用锹开挖。机械需部分刨松方能铲挖满载者或可直接铲挖但不能满载者
四类土	碎石土(卵石、碎石、漂石、块石)、坚硬红黏土、超盐渍土、杂填土	全部用镐、条锄开挖,少许用撬棍挖掘。机械需普遍刨松方能铲挖满载者

注:本表土的名称及其含义按《岩土工程勘察规范(2009年版)》(GB 50021—2001)定义。

3. 挖沟槽土方及挖基坑土方

房屋建筑按设计图示尺寸以基础垫层底面积乘以挖土深度计算,单位:m³;构筑物按最大水平投影面积乘以挖土深度(原地面平均标高至坑底高度)以体积计算,单位:m³。

挖土应按自然地面测量标高至设计地坪标高的平均厚度确定。竖向土方、山坡切土开挖深度应按基础垫层底表面标高至交付施工现场地标高确定,无交付施工场地标高时,应按自然地面标高确定。

沟槽、基坑、一般土方的划分为:底宽≤7m且底长>3倍底宽为沟槽;底长≤3倍底宽且底面积≤150m² 为基坑;超出上述范围则为一般土方。

挖沟槽、基坑、一般土方因工作面和放坡增加的工程量,是否并入各土方工程量中,按各省、自治区、直辖市或行业建设主管部门的规定实施,如并入各土方工程量中,办理工程结算时,按经发包人认可的施工组织设计规定计算,编制工程量清单时,可按以下规定计算:

(1)基坑(沟槽)开挖断面形式的确定

基坑(沟槽)土方开挖工程量计算,首先应根据施工组织设计(施工方案)确定断面形式,一般来说基坑(沟槽)土方开挖断面有以下三种基本形式:

1)无支护结构的垂直边坡(图6-8a)。

2)有支护结构的垂直边坡(图6-8b)。

3)放坡开挖(图6-8c)。

(2)放坡系数的确定

基坑(沟槽)若采取放坡开挖的施工方案(图6-3c),计算工程量前应根据土壤种类和施工方案选取适当的放坡系数K和放坡的起点深度。放坡系数K按表6-3取用,K表示当挖

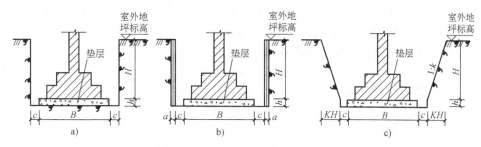

图 6-8　土石方工程坑槽断面类型

a）无支护结构的垂直边坡　b）有支护结构的垂直边坡（挡土板）　c）放坡开挖

土深度为 H（m）时，放出的边坡宽度为 KH（m）。基坑（沟槽）底部有基础垫层时，则应从垫层的上表面开始放坡。

沟槽、基坑中土壤类别不同时，分别按其放坡起点、放坡系数，依不同土壤类别厚度加权平均计算。计算放坡时，在交接处的重复工程量不予扣除，原槽、基坑作基础垫层时，放坡自垫层上表面开始计算。

表 6-3　放坡系数表

土壤类型	放坡的起点 /m	人工挖土放坡系数 K	机械挖土放坡系数 K		
			坑内作业	坑上作业	顺沟槽在坑上作业
一、二类土	1.20	1:0.50	1:0.33	1:0.75	1:0.50
三类土	1.50	1:0.33	1:0.25	1:0.67	1:0.33
四类土	2.00	1:0.25	1:0.10	1:0.33	1:0.25

【例 6-2】　某基槽深 2.8m，地基土分为两层，分别为二类土（$K = 0.5$）厚 1.0m，三类土（$K = 0.35$）厚 1.8m，则该基槽加权放坡系数应为多少？

【解】　加权放坡系数 $K = K_1 \dfrac{H_1}{H_1 + H_2 + \cdots} + K_2 \dfrac{H_2}{H_1 + H_2 + \cdots} + \cdots$

所以，该基槽的加权放坡系数 $= 0.5 \times \dfrac{1.0\text{m}}{1.0\text{m} + 1.8\text{m}} + 0.35 \times \dfrac{1.8\text{m}}{1.0\text{m} + 1.8\text{m}} = 0.404$

（3）挡土板宽度的确定

若基坑（沟槽）采取设置挡土板挖土施工，挡土板宽度应按图示的槽底或坑底宽度单面加 10cm、双面加 20cm 计算，支挡土板后，不得再计算放坡。

（4）工作面宽度的确定

基础施工所需加宽工作面 c 的宽度，按表 6-4 选取。

表 6-4　基础施工所需工作面宽度

基础材料	各边增加工作面宽度/mm	基础材料	各边增加工作面宽度/mm
砖基础	200	混凝土基础支模板	300
浆砌毛石、条石基础	150	基础垂直面作防水层	1000（防水层面）
混凝土基础垫层支模板	300		

（5）挖沟槽工程量计算（考虑施工增加量）

人工挖沟槽工程量按设计图示尺寸以基础垫层底面积乘以挖土深度计算。根据施工组织设计确定沟槽在开挖时应采用的断面形式，按相应的公式计算其土方工程量。

1）无支护结构的垂直边坡，如图6-8a所示：

$$V = (B + 2c) \times (H + h) \times L \tag{6-2}$$

2）有支护结构的垂直边坡（支挡土板），如图6-8b所示：

$$V = (B + 2c + 2a) \times (H + h) \times L（有垫层） \tag{6-3}$$

3）放坡开挖，如图6-8c所示：

$$V = (B + 2c + KH) \times HL + (B + 2c) \times hL \tag{6-4}$$

式中　V——挖沟槽的体积；

$\quad\quad B$——沟槽中基础（有垫层时按垫层）底部宽底；

$\quad\quad a$——挡土板宽度，一般取 $a = 100$mm；

$\quad\quad K$——放坡系数，按表6-3选用；

$\quad\quad c$——加宽工作面宽度，根据基础材料按表6-4选用；

$\quad\quad H$——沟槽深度，室外地坪标高到基础底部（不包括垫层）的深度；

$\quad\quad h$——垫层厚度；

$\quad\quad L$——沟槽的计算长度，外墙下沟槽按图示外墙中心线长度计算，内墙下沟槽按内墙净长线计算。

【例6-3】 某工程设计采用条形砖基础，如图6-9所示，计算人工挖沟槽工程量，土质为三类土。（因工作面和放坡增加的工程量，并入土方工程量中）

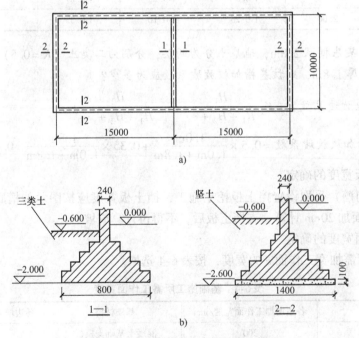

图6-9　条形砖基础人工挖沟槽示意图

a）平面图　b）砖基础剖面图

【解】 $L_{中} = 80$m；$L_{净} = (10 - 2 \times 0.12)$m $= 9.76$m

外墙下沟槽挖土深度2.0m，大于三类土放坡起点深度（1.5m），按放坡开挖计算土方工程量。

$$V_{外} = (B+2c) \times hL_{中} + (B+2c+KH) \times HL_{中}$$

$$= \left[(1.4+2\times0.2)\times0.1\times80 + (1.4+2\times0.2+0.33\times1.9)\times1.9\times80 \right] \mathrm{m}^3 = 383.3 \ \mathrm{m}^3$$

内墙下沟槽挖土深度 1.4m，小于三类土放坡起点深度（1.5m），按无支护结构的垂直边坡计算土方工程量。

$$V_{内} = (B+2c) \times (H+h) \times L_{净}$$

$$= (0.8+2\times0.2)\times1.4\times9.76 = 16.4\mathrm{m}^3$$

$$V = V_{外} + V_{内} = (383.3+16.4)\mathrm{m}^3 = 399.7\mathrm{m}^3$$

（6）挖基坑工程量计算（考虑施工增加量）

现以柱下独立基础（图6-10）为例，对挖基坑的工程量计算加以说明。

1）无支护结构的垂直边坡，如图6-11a所示：

$$V = (A+2c) \times (B+2c) \times (H+h) \quad (6\text{-}5)$$

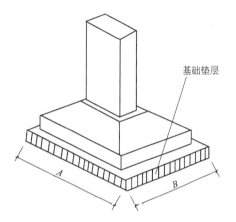

图6-10　柱下独立基础示意图

2）有支护结构的垂直边坡（支挡土板），如图6-11b所示：

$$V = (A+2c+2a) \times (B+2c+2a) \times (H+h) \quad (6\text{-}6)$$

3）放坡开挖，如图6-11c所示：

$$V = (A+2c) \times (B+2c) \times h + (A+2c+KH)(B+2c+KH) \times H + \frac{1}{3}K^2H^3 \quad (6\text{-}7)$$

式中　A、B——基底的长和宽（有垫层时按垫层宽度）；其他符号含义同前。

在放坡开挖工程量计算中，其土方体积应为基础部分（四棱台，图6-12）和垫层部分（正四棱柱，应从垫层的上表面开始放坡）体积之和。

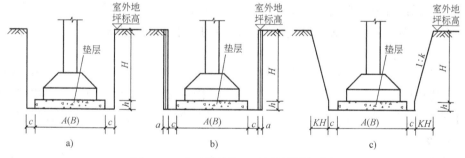

图6-11　人工挖基坑工程量计算断面图

a）无支护结构的垂直边坡　b）有支护结构的垂直边坡（挡土板）　c）放坡开挖

【例6-4】　某工程设计采用柱下独立基础，如图6-12所示。已知室外自然地坪标高为 $-0.3\mathrm{m}$，混凝土垫层厚度200mm，$A=1.8\mathrm{m}$，$B=1.4\mathrm{m}$，垫层底面标高 $-2.5\mathrm{m}$，人工开挖，二类土，计算该工程每个独立基础下挖基坑土方工程量。（混凝土垫层施工时需支设模板）

【解】　基坑挖土深度2.2m，大于二类土放坡起点深度（1.2m），按放坡开挖计算土方工程量。

$$V = (A+2c) \times (B+2c) \times h + (A+2c+KH)(B+2c+KH) \times H + \frac{1}{3}K^2H^3$$

$$= (1.8 + 2 \times 0.3) \times (1.4 + 2 \times 0.3) \times 0.2 + (1.8 + 2 \times 0.3 + 0.5 \times 2.0)$$

$$(1.4 + 2 \times 0.3 + 0.5 \times 2.0) \times 2 + \frac{1}{3} \times 0.5^2 \times 2.0^3 = 0.96 + 20.4 + 0.67 = 22.03 \text{m}^3$$

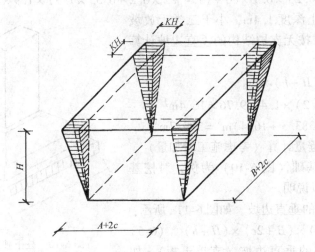

图 6-12　基坑垫层以上部分放坡示意图

4. 冻土开挖

按设计图示尺寸开挖面积乘以厚度以体积计算，单位：m^3。

5. 挖淤泥、流砂

按设计图示位置、界限以体积计算，单位：m^3。挖方出现流砂、淤泥时，如设计未明确，在编制工程量清单时，其工程数量可为暂估量，结算时应根据实际情况由发包人与承包人双方现场签证确认工程量。

6. 管沟土方

按设计图示以管道中心线长度计算，单位：m；或按设计图示管底垫层面积乘以挖土深度以体积计算，单位：m^3。无管底垫层按管外径的水平投影面积乘以挖土深度计算。不扣除各类井的长度，井的土方并入。

管沟土方项目适用于管道（给水排水、工业、电力、通信）、光（电）缆沟（包括：人（手）孔、接口坑）及连接井（检查井）等。有管沟设计时，平均深度以沟垫层底面标高至交付施工场地标高计算；无管沟设计时，直埋管深度应按管底外表面标高至交付施工场地标高的平均高度计算。

若按当地或行业主管部门规定需考虑管沟土方施工工作面宽度，则管沟施工每侧工作面宽度按表 6-5 执行。

表 6-5　管沟施工每侧工作面宽度计算表　　　　　　　　　　（单位：mm）

管道材料 ＼ 管道结构宽	≤500	≤1000	≤2500	>2500
混凝土及钢筋混凝土管道	400	500	600	700
其他材质管道	300	400	500	600

注：1. 本表按《全国统一建筑工程预算工程量计算规则》（GJDGZ—101—1995）整理。

　　2. 管道结构宽：有管座的按基础外缘，无管座的按管道外径。

6.3.1.2　石方工程

1. 挖一般石方

按设计图示尺寸以体积计算，单位：m³。厚度 > ±300mm 的竖向布置挖石或山坡凿石应按挖一般石方项目编码列项。挖石应按自然地面测量标高至设计地坪标高的平均厚度确定。

石方工程中项目特征应描述岩石的类别。弃渣运距可以不描述，但应注明由投标人根据施工现场实际情况自行考虑，决定报价。石方体积应按挖掘前的天然密实体积计算。非天然密实石方应按相应规定折算。

2. 挖沟槽（基坑）石方

按设计图示尺寸以沟槽（基坑）底面积乘以挖石深度以体积计算，单位：m³。沟槽、基坑、一般石方的划分为：底宽 ≤7m 且底长 >3 倍底宽为沟槽；底长 ≤3 倍底宽且底面积 ≤150m² 为基坑；超出上述范围则为一般石方。

3. 管沟石方

按设计图示以管道中心线长度计算，单位：m；或按设计图示截面积乘以长度以体积计算，单位：m³。有管沟设计时，平均深度以沟垫层底面标高至交付施工场地标高计算；无管沟设计时，直埋管深度应按管底外表面标高至交付施工场地标高的平均高度计算。

管沟石方项目适用于管道（给水排水、工业、电力、通信）、光（电）缆沟（包括：人（手）孔、接口坑）及连接井（检查井）等。

6.3.1.3　回填

1. 回填方

按设计图示尺寸以体积计算，单位：m³。

1）场地回填：回填面积乘以平均回填厚度。

2）室内回填：主墙间净面积乘以回填厚度，不扣除间隔墙。

3）基础回填：挖方清单项目工程量减去自然地坪以下埋设的基础体积（包括基础垫层及其他构筑物）。

室内（房心）回填，如图 6-13 所示，室内回填土体积等于底层主墙间净面积乘以回填土厚度，其中，底层主墙间净面积等于 $S_{底} - (L_{中} \times 外墙厚 + L_{净} \times 内墙厚)$，主墙，墙厚大于 15cm 的墙；回填土厚度等于室内外高差减去地坪层厚度。

基础（沟槽、基坑）回填，如图 6-13 所示。基础回填土体积等于挖方清单项目工程量减去室外地坪标高以下埋设物的体积，室外地坪标高以下埋设物的体积，是指基础、基础垫层、地梁或基础梁等体积。

回填土方项目特征包括密实度要求、填方材料品种、填方粒径要求、填方来源及运距，在项目特征描述中需要注意的问题：

1）填方密实度要求，在无特殊要求情况下，项目特征可描述为满足设计和规范的要求。

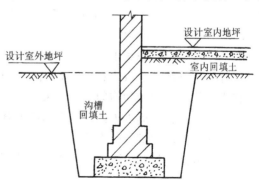

图 6-13　沟槽及室内回填示意图

2）填方材料品种可以不描述，但应注明由投标人根据设计要求验方后方可填入，并符合相关工程的质量规范要求。

3）填方粒径要求，在无特殊要求情况下，项目特征可以不描述。

2. 余方弃置、缺方内运

按挖方清单项目工程量减利用回填方体积计算，单位：m^3。计算结果正数为余方弃置（土方外运），计算结果负数为缺方内运（外购土方）。

在工程量计算时应考虑土质情况、相关规定等因素。例如，若土壤工程性质不良、工程现场场地狭小，无堆土地点或项目所在地不允许现场堆土等情况，挖出的土方不能用于回填，必须全部运出现场，则挖方量均应按余方弃置考虑，相应的回填量均为缺方内运。

【例 6-5】 已知某基础工程挖土体积为 $1000m^3$，室外地坪标高以下埋设物体积为 $450m^3$，底层建筑面积为 $600m^2$，$L_{中}=80m$，$L_{净}=35m$，室内外高差为 $600mm$，又知：地坪 $100mm$ 厚、外墙厚 $365mm$、内墙厚 $240mm$，计算基础回填、室内回填及土方运输工程量。

【解】 （1）基础回填土体积 = 挖土体积 - 室外地坪标高以下埋设物的体积

$$= (1000-450)m^3 = 550m^3$$

（2）室内回填土体积 = 底层主墙间净面积 × 回填土厚度

$$= [(600-80×0.365-35×0.24)(0.6-0.1)]m^3 = 281.2m^3$$

（3）土方运输工程量 = 挖土体积 - 基础回填土体积 - 室内回填土体积

$$= (1000-550-281.2)m^3 = 168.8m^3$$

计算结果为正数，应为余方弃置。

6.3.2 地基处理与边坡支护工程

地基处理与边坡支护工程包括地基处理、基坑与边坡支护。

6.3.2.1 地基处理

1. 换填垫层

当建筑物基础下的持力层比较软弱、不能满足上部结构荷载对地基的要求时，常采用换填垫层来处理软弱地基。即将基础下一定范围内的土层挖去，然后回填以强度较大的砂、砂石或灰土等，并分层夯实至设计要求的密实程度，作为地基的持力层。其工程量按设计图示尺寸以体积计算，单位：m^3。

2. 铺设土工合成材料

在地基处理施工时，为了满足地基抗渗、增强等需要，在地基底部铺设土工织物、土工膜（抗渗）、土工格栅等土工合成材料。其工程量按设计图示尺寸以面积计算，单位：m^2。

3. 预压地基、强夯地基、振冲密实（不填料）

预压地基是指在原状土上加载，使土中水排出，以实现土的预先固结，减少建筑物地基后期沉降和提高地基承载力；强夯地基是利用重锤自由下落时的冲击能来夯实浅层填土地基，使表面形成一层较为均匀的硬层来承受上部载荷；振冲密实是通过振冲器产生水平方向振动力，振挤填料及周围土体，达到提高地基承载力、减少沉降量、增加地基稳定性、提高抗地震液化能力的地基处理方法。

以上三种地基处理方法工程量均按设计图示尺寸以加固面积计算，单位：m^2。

4. 振冲桩（填料）

按设计图示尺寸以桩长计算，单位：m；或按设计桩截面乘以桩长以体积计算，单位：m^3。

5. 砂石桩

按设计图示尺寸以桩长（包括桩尖）计算，单位：m；或按设计桩截面乘以桩长（包括桩尖）以体积计算，单位 m^3。

6. 水泥粉煤灰碎石桩、夯实水泥土桩、石灰桩、灰土（土）挤密桩

工程量均按设计图示尺寸以桩长（包括桩尖）计算，单位：m。

7. 深层搅拌桩、粉喷桩、高压喷射注浆桩、柱锤冲扩桩

工程量均按设计图示尺寸以桩长计算，单位：m。

8. 注浆地基

按设计图示尺寸以钻孔深度计算，单位：m；或按设计图示尺寸以加固体积计算，单位：m^3。

9. 褥垫层

褥垫层通常铺设在搅拌桩复合地基的基础和桩之间，其厚度一般取 200～300mm，材料可选用中砂、粗砂、级配砂石等，最大粒径一般不宜大于 20mm。其作用包括保证桩、土基共同承担荷载；调整桩垂直荷载、水平荷载的分布；减少基础底面的应力集中等。

褥垫层工程量按设计图示尺寸以铺设面积计算，单位：m^2；或按设计图示尺寸以体积计算，单位：m^3。

清单编制时还要注意以下事项：

1）地层情况按《工程量计算规范》的规定，并根据岩土工程勘察报告按单位工程各地层所占比例（包括范围值）进行描述。对无法准确描述的地层情况，可注明由投标人根据岩土工程勘察报告自行决定报价。

2）项目特征中的桩长应包括桩尖，空桩长度 = 孔深 - 桩长，孔深为自然地面至设计桩底的深度。

3）高压喷射注浆类型包括旋喷、摆喷、定喷，高压喷射注浆方法包括单管法、双重管法、三重管法。

4）复合地基的检测费用按国家相关取费标准单独计算，不在本清单项目中。

5）如采用泥浆护壁成孔，工作内容包括土方、废泥浆外运，如采用沉管灌注成孔，工作内容包括桩尖制作、安装。

6）弃土（不含泥浆）清理、运输按土方工程中相关项目编码列项。

6.3.2.2 基坑与边坡支护

1. 地下连续墙

按设计图示墙中心线长度乘以厚度乘以槽深以体积计算，单位：m^3。

2. 咬合灌注桩

按设计图示尺寸以桩长计算，单位：m；或按设计图示数量计算，单位：根。

3. 圆木桩、预制钢筋混凝土板桩

按设计图示尺寸以桩长（包括桩尖）计算，单位：m；或按设计图示数量计算，单位：根。

4. 型钢桩

按设计图示尺寸以质量计算，单价：t；或按设计图示数量计算，单位：根。

5. 钢板桩

按设计图示尺寸以质量计算，单价：t；或按设计图示墙中心线长度乘以桩长以面积计算，单位：m^2。

6. 预应力锚杆、锚索、其他锚杆、土钉

按设计图示尺寸以钻孔深度计算，单位：m；或按设计图示数量计算，单位：根。

7. 喷射混凝土（水泥砂浆）

喷射混凝土（水泥砂浆）按设计图示尺寸以面积计算，单位：m^2。

8. 钢筋混凝土支撑

钢筋混凝土支撑按设计图示尺寸以体积计算，单位：m^3。

9. 钢支撑

按设计图示尺寸以质量计算，单位，t。不扣除孔眼质量，焊条、铆钉、螺栓等不另增加质量。

清单编制时还要注意以下事项：

1）地层情况的描述与地基处理相关项目特征描述要求相同。

2）其他锚杆是指不施加预应力的土层锚杆和岩石锚杆。置入方法包括钻孔置入、打入或射入等。

3）基坑与边坡的检测、变形观测等费用按国家相关取费标准单独计算，不在本清单项目中。

4）地下连续墙和喷射混凝土的钢筋网及咬合灌注桩的钢筋笼制作、安装，按混凝土与钢筋混凝土工程相关项目编码列项。本分部未列的基坑与边坡支护的排桩按桩基础工程相关项目编码列项。水泥土墙、坑内加固按表地基处理相关项目编码列项。砖、石挡土墙、护坡按砌筑工程相关项目编码列项。混凝土挡土墙按混凝土与钢筋混凝土工程相关项目编码列项。弃土（不含泥浆）清理、运输按土方工程相关项目编码列项。

6.3.3 桩基础工程

6.3.3.1 打桩

1. 预制钢筋混凝土方桩、预制钢筋混凝土管桩

按设计图示尺寸以桩长（包括桩尖）计算，单位：m；或按设计图示数量以根计量，单位：根。

2. 钢管桩

按设计图示尺寸以质量计算，单位：t；或按设计图示数量计算，单位：根。

3. 截（凿）桩头

按设计桩截面乘以桩头长度以体积计算，单位：m^3；或按设计图示数量计算，单位：根。

在清单编制相关项目特征描述时应注意：

1）地层情况按地基处理与边坡支护工程的规定，并根据岩土工程勘察报告按单位工程各地层所占比例（包括范围值）进行描述。对无法准确描述的地层情况，可注明由投标人根据岩土工程勘察报告自行决定报价。

2）项目特征中的桩截面、混凝土强度等级、桩类型等可直接用标准图代号或设计桩型进行描述。

3）打桩项目包括成品桩购置费，如果用现场预制桩，应包括现场预制的所有费用。

4）打试验桩和打斜桩应按相应项目编码单独列项，并应在项目特征中注明试验桩或斜桩（斜率）。

5）桩基础的承载力检测、桩身完整性检测等费用按国家相关取费标准单独计算，不在本清单项目中。

【例6-6】　某基础工程设计使用钢筋混凝土预制方桩共计400根，该预制桩构造尺寸及截面图如图6-14所示，已知每根桩打桩完成后需截桩头0.5m，计算该基础工程的打桩与截桩工程量。

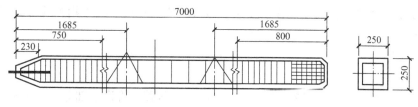

图 6-14　钢筋混凝土预制方桩构造尺寸及截面图

【解】　桩长：$7.00 \times 400 = 2800\text{m}$

根数：400 根

截桩体积：$(0.25 \times 0.25 \times 400)\text{m}^3 = 25\text{m}^3$

故打桩工程量为2800m 或400 根，截桩工程量为25m³ 或400 根。

6.3.3.2　灌注桩

1. 泥浆护壁成孔灌注桩、沉管灌注桩、干作业成孔灌注桩

泥浆护壁成孔灌注桩是指在泥浆护壁条件下成孔，采用水下灌注混凝土的桩。其成孔方法包括冲击钻成孔、冲抓锥成孔、回旋钻成孔、潜水钻成孔、泥浆护壁的旋挖成孔等。

沉管灌注桩的沉管方法包括捶击沉管法、振动沉管法、振动冲击沉管法、内夯沉管法等。

干作业成孔灌注桩是指不用泥浆护壁和套管护壁的情况下，用钻机成孔后，下钢筋笼，灌注混凝土的桩，适用于地下水位以上的土层使用。其成孔方法包括螺旋钻成孔、螺旋钻成孔扩底、干作业的旋挖成孔等。

上述三类灌注桩的工程量按设计图示尺寸以桩长（包括桩尖）计算，单位：m；或按不同截面在桩上范围内以体积计算，单位：m³；或按设计图示数量计算，单位：根。

2. 挖孔桩土（石）方

按设计图示尺寸（含护壁）截面积乘以挖孔深度以体积计算，单位：m³。

3. 人工挖孔灌注桩

按桩芯混凝土体积计算，单位：m³；或按设计图示数量计算，单位：根。

4. 钻孔压浆桩

按设计图示尺寸以桩长计算，单位：m；或按设计图示数量计算，单位：根。

5. 桩底注浆

按设计图示以注浆孔数计算，单位：个。

清单编制时还要注意以下事项：

1）地层情况按地基处理与边坡支护工程的规定，并根据岩土工程勘察报告按单位工程各地层所占比例（包括范围值）进行描述。对无法准确描述的地层情况，可注明由投标人根据岩土工程勘察报告自行决定报价。

2）项目特征中的桩长应包括桩尖，空桩长度＝孔深-桩长，孔深为自然地面至设计桩底的深度。

3）项目特征中的桩截面（桩径）、混凝土强度等级、桩类型等可直接用标准图代号或设计桩型进行描述。

4）桩基础的承载力检测、桩身完整性检测等费用按国家相关取费标准单独计算，不在本清单项目中。

5）混凝土灌注桩的钢筋笼制作、安装，按混凝土与钢筋混凝土相关项目编码列项。

6.3.4 砌筑工程

6.3.4.1 砖砌体

1. 砖基础

砖基础项目适用于各种类型砖基础：柱基础、墙基础、管道基础等。其工程量按图示尺寸以体积计算，单位：m^3。包括附墙垛基础宽出部分体积，扣除地梁（圈梁）、构造柱所占体积，不扣除基础大放脚 T 形接头处的重叠部分（图 6-15）及嵌入基础内的钢筋、铁件、管道、基础砂浆防潮层（图 6-16）和单个面积≤0.3m^2 的孔洞所占体积，靠墙暖气沟（图6-17）的挑檐不增加。

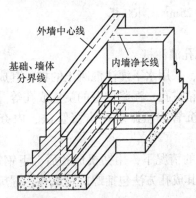

图 6-15 基础大放脚 T 形接头处重叠部分

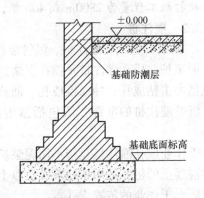

图 6-16 基础防潮层

基础长度：外墙按外墙中心线、内墙按内墙净长线计算。

基础与墙（柱）身使用同一种材料时，以设计室内地面为界（有地下室者，以地下室室内设计地面为界），以下为基础，以上为墙（柱）身。基础与墙身使用不同材料时，位于设计室内地面高度 ≤ ±300mm 时，以不同材料为分界线，高度 > ±300mm 时，以设计室内地面为分界线（图6-18）。

砖围墙以设计室外地坪为界，以下为基础，

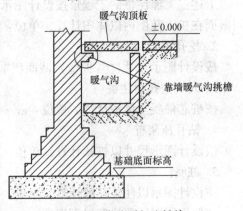

图 6-17 靠墙暖气沟挑檐

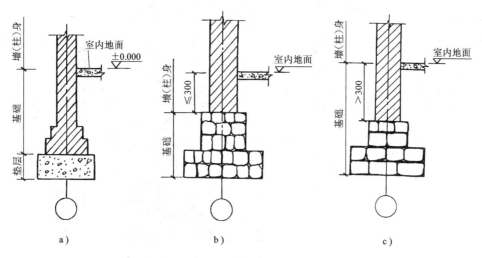

图 6-18　基础与墙身划分示意图

a）基础与墙身使用同种材料　b）基础与墙身使用不同材料（一）　c）基础与墙身使用不同材料（二）

以上为墙身。

砌筑基础工程量按下式计算：

$$砌筑基础体积 = \Sigma(各部分基础长度 \times 基础截面面积) \pm 有关体积 \qquad (6\text{-}8)$$

1）基础长度：外墙墙基按外墙中心线长度计算，内墙墙基按内墙净长线长度计算。

2）砌筑基础截面面积可按下式计算：

$$基础截面面积 = \delta h + \Delta S = \delta(h + \Delta h) \qquad (6\text{-}9)$$

式中　δ——基础墙体厚度；

　　　h——基础高度；

　　ΔS——大放脚增加面积；

　　Δh——大放脚折加高度，$\Delta h = \dfrac{\Delta S}{\delta}$。

标准砖大放脚（图 6-19）折加高度和增加断面面积，可查表计算，见表 6-6。

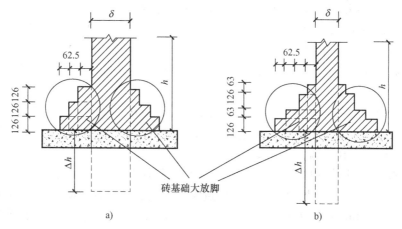

图 6-19　砖基础大放脚示意图

a）等高砖基础大放脚　b）不等高砖基础大放脚

表6-6 标准砖大放脚折加高度和增加断面面积

放脚层数	折加高度/m												增加断面面积/m²	
	1/2 砖		1 砖		3/2 砖		2 砖		5/2 砖		3 砖			
	等高	间隔	等高	间隔	等高	间隔	等高	间隔	等高	间隔	等高	间隔	等高	间隔
一	0.137	0.137	0.066	0.066	0.043	0.043	0.032	0.032	0.026	0.026	0.021	0.021	0.01575	0.01575
二	0.411	0.342	0.197	0.164	0129	0.108	0.096	0.08	0.077	0.064	0.064	0.053	0.04725	0.03938
三			0.394	0.328	0.259	0.216	0.193	0.161	0.154	0.128	0.128	0.106	0.0945	0.07875
四			0.656	0.525	0.432	0.345	0.321	0.253	0.256	0.205	0.213	0.17	0.1575	0.126
五			0.984	0.788	0.647	0.518	0.482	0.38	0.384	0.307	0.319	0.255	0.2363	0.189
六			1.378	1.083	0.906	0.712	0.672	0.58	0.538	0.419	0.447	0.351	0.3308	0.2599
七			1.838	1.444	1.208	0.949	0.90	0.707	0.717	0.563	0.596	0.468	0.441	0.3465
八			2.363	1.838	1.553	1.208	1.157	0.90	0.922	0.717	0.766	0.596	0.567	0.4411
九			2.953	2.297	1.942	1.51	1.447	1.125	1.153	0.896	0.956	0.745	0.7088	0.5513
十			3.61	2.789	2.372	1.834	1.768	1.366	1.409	1.088	1.171	0.905	0.8663	0.6694

【例6-7】 某建筑物基础平面布置图及剖面图如图6-20所示，计算该建筑物砖基础工程量。

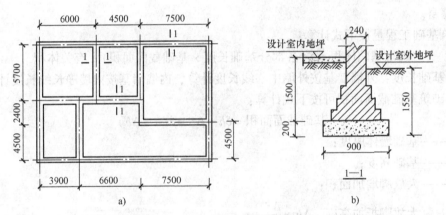

图6-20 基础平面布置图、剖面图

a) 平面布置图 b) 剖面图

【解】 （1）根据剖面图得知，内外墙基础设计相同。

$$L_{中} = [(3.9+6.6+7.5)\times2 + (4.5+2.4+5.7)\times2]m = 61.2m$$

$$L_{净} = [(3.9+6.6)+7.5+(5.7-0.24)\times2+(4.5+2.4-0.24)+(2.4-0.24)]m = 37.74m$$

（2）基础大放脚为三阶等高，基础墙厚度240mm，查表6-6得知基础大放脚折加高度0.394m。

$$基础截面面积 = \delta(h+\Delta h) = [0.24\times(1.5+0.394)]m^2 = 0.455m^2$$

$$V = V_{外} + V_{内} = 0.455\times(L_{中}+L_{净}) = [0.455\times(61.2+37.74)]m^3 = 45.02m^3$$

2. 实心砖墙、多孔砖墙、空心砖

按设计图示尺寸以体积计算，单位：m³。扣除门窗洞口、过人洞、空圈、嵌入墙内的钢筋混凝土柱、梁、圈梁、挑梁、过梁及凹进墙内的壁龛、管槽、暖气槽（图6-21）、消火栓箱所占体积，不扣除梁头（图6-22）、板头（图6-23）、檩头、垫木、木楞头、沿缘木、木砖、门窗走头（图6-24）、砖墙内加固钢筋、木筋、铁件、钢管及单个面积≤0.3m²的孔洞所占的体积。凸出墙面的腰线、挑檐、压顶（图6-25）、窗台线、虎头砖（图6-26）、门窗套（图6-27）的体积亦不增加。凸出墙面的砖垛并入墙体体积内计算。

附墙烟囱、通风道、垃圾道、应按设计图示尺寸以体积（扣除孔洞所占体积）计算并入所依附的墙体体积内。当设计规定孔洞内需抹灰时，应按墙柱面装饰工程中零星抹灰项目编码列项。

砖砌体内钢筋加固，应按钢筋工程相关项目编码列项。

砖砌体勾缝按柱面装饰工程中相关项目编码列项。

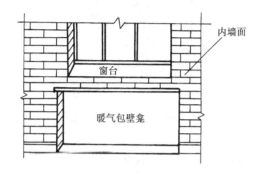

图 6-21 暖气槽（壁龛）

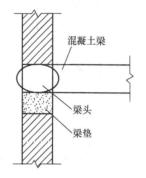

图 6-22 混凝土梁头、梁垫

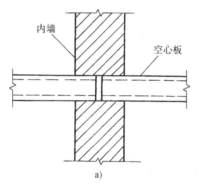

图 6-23 楼板板头

a）内墙板头 b）外墙板头

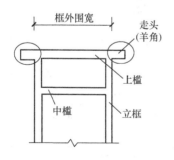

图 6-24 门窗走头

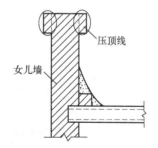

图 6-25 女儿墙压顶（线）

墙体工程量可按以下公式计算：

墙体工程量 = $\sum$（各部分墙长×墙高 - 嵌入墙身的门窗洞孔面积）×墙厚±有关体积

(6-10)

1）墙的计算长度，外墙按外墙中心线，内墙按内墙净长线。

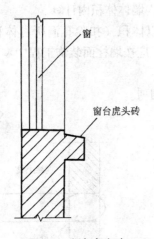

图 6-26　窗台虎头砖

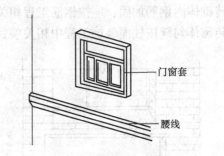

图 6-27　门窗套、腰线

2）墙体计算高度，见表6-7。

3）女儿墙，按外墙顶面至图示女儿墙顶面的高度计算，区别不同墙厚执行外墙项目，如图6-28 所示。

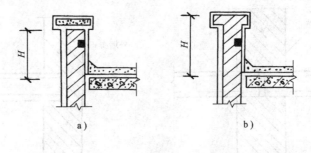

图 6-28　女儿墙计算高度示意图

a）混凝土压顶　b）砖压顶

表 6-7　墙体计算高度

墙体类型	屋 面 类 型		墙体计算高度	图示
外墙	平屋面	有挑檐	钢筋混凝土板底	6-29a
		有女儿墙		6-29b
	坡屋面	无檐口天棚	外墙中心线为准，算至屋面板底	6-29c
		有屋架，且室内外均有天棚	算至屋架下弦底面另加 200mm	6-29d
		有屋架，无天棚	算至屋架下弦底面加 300mm	6-29e
		出檐宽度超过 600mm 时	按实砌墙体高度	6-29f
内墙	位于屋架下弦者		算至屋架底	6-29g
	无屋架者		算至天棚底另加100mm	6-29h
	有钢筋混凝土楼板隔层者		算至楼板底	6-29i
	有框架梁时		算至梁底面	6-29j
山墙	内外山墙		按平均高度计算	6-29k

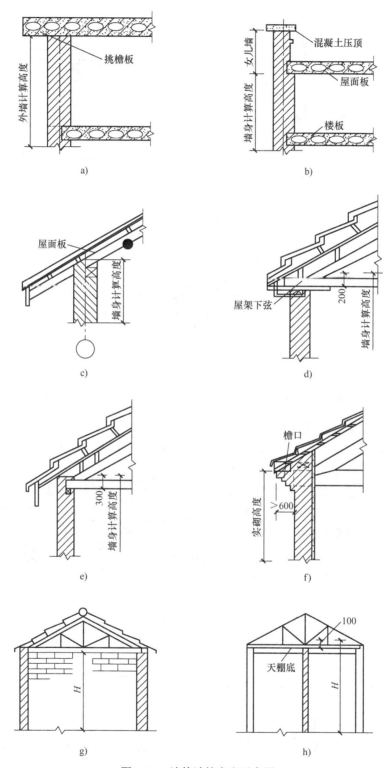

图 6-29　墙体计算高度示意图

a) 平屋面，有挑檐　b) 平屋面，有女儿墙　c) 坡屋面，无檐口天棚
d) 坡屋面，有屋架，且室内外均有天棚　e) 坡屋面，有屋架，无天棚
f) 坡屋面，出檐宽度超过 600mm　g) 内墙，位于屋架下弦　h) 内墙，无屋架

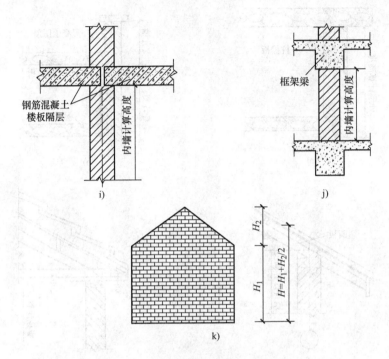

图 6-29 墙体计算高度示意图（续）

i）内墙，有钢筋混凝土楼板隔层　j）内墙，有框架梁　k）内外山墙

3. 空花墙、空斗墙、填充墙

空花墙按设计图示尺寸以空花部分外形体积计算，不扣除空洞部分体积，如图 6-30 所示。空花墙项目适用于各种类型的空花墙，使用混凝土花格砌筑的空花墙，实砌墙体与混凝土花格应分别计算，混凝土花格按混凝土及钢筋混凝土中预制构件相关项目编码列项。

空斗墙按设计图示尺寸以空斗墙外形体积计算。墙角、内外墙交接处、门窗洞口立边、窗台砖、屋檐处的实砌部分体积并入空斗墙体积内，如图 6-31 所示。

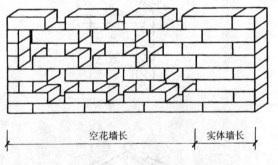

图 6-30 空花墙与实体墙划分示意图

填充墙，通常将柱子之间的框架间隔墙称为填充墙，其工程量按设计图示尺寸以填充墙外形体积计算。

4. 实心砖柱、多孔砖柱

按设计图示尺寸以体积计算。扣除混凝土及钢筋混凝土梁垫、梁头所占体积。

5. 零星砌体

按零星砌体项目列项的有：框架外表面的镶贴砖部分，空斗墙的窗间墙、窗台下、楼板下、梁头下等的实砌部分，台阶、台阶挡墙、梯带、锅台、炉灶、蹲台、池槽、池槽腿、砖

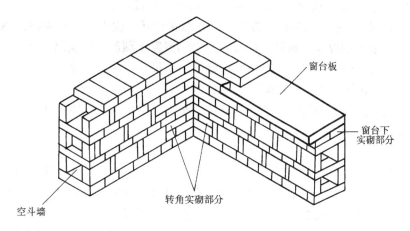

图 6-31　空斗墙示意图

胎模、花台、花池、楼梯栏板、阳台栏板、地垄墙、≤0.3m² 的孔洞填塞等。

　　砖砌锅台与炉灶可按外形尺寸以设计图示数量计算，砖砌台阶（图 6-32）可按水平投影面积以"m²"为单位计算，小便槽、地垄墙（图 6-33）可按长度计算，其他工程均按体积计算。

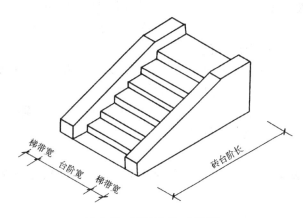

图 6-32　砖砌台阶（梯带）

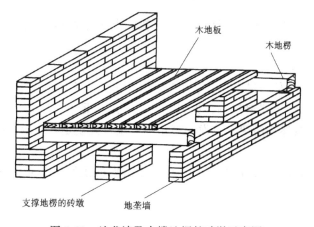

图 6-33　地垄墙及支撑地楞的砖墩示意图

6. 砖检查井、散水、地坪、地沟、明沟、砖砌挖孔桩护壁

1）砖检查井以"座"为单位，按设计图示数量计算。检查井内的爬梯按钢筋工程相关项目列项；井、池内的混凝土构件按混凝土及钢筋混凝土预制构件编码列项。

2）砖散水、地坪以"m²"为单位，按设计图示尺寸以面积计算。

3）砖地沟、明沟以"m"为单位，按设计图示中心线长度计算。

4）砖砌砖砌挖孔桩护壁以"m³"为单位，按设计图示尺寸以体积计算。

6.3.4.2 砌块砌体

1. 砌块墙

砌块墙按设计图示尺寸以体积计算，单位：m³。扣除门窗洞口、过人洞、空圈、嵌入墙内的钢筋混凝土柱、梁、圈梁、挑梁、过梁及凹进墙内的壁龛、管槽、暖气槽、消火栓箱所占体积。不扣除梁头、板头、檩头、垫木、木楞头、沿椽木、木砖、门窗走头、砖墙内加固钢筋、木筋、铁件、钢管及单个面积≤0.3m²的孔洞所占体积。凸出墙面的腰线、挑檐、压顶、窗台线、虎头砖、门窗套的体积不增加。凸出墙面的砖垛并入墙体体积内。

（1）墙长度

外墙按中心线，内墙按净长计算。

（2）墙高度

1）外墙：斜（坡）屋面无檐口天棚者算至屋面板底；有屋架且室内外均有天棚者算至屋架下弦底另加200mm；无天棚者算至屋架下弦底另加300mm，出檐宽度超过600mm时按实砌高度计算；平屋面算至钢筋混凝土板底。

2）内墙：位于屋架下弦者，算至屋架下弦底，无屋架者算至天棚底另加100mm；有钢筋混凝土楼板隔层者算至楼板顶；有框架梁时算至梁底。

3）女儿墙：从屋面板上表面算至女儿墙顶面（如有压顶时算至压顶下表面）。

4）内、外山墙：按其平均高度计算。

（3）围墙

高度算至压顶上表面（如有混凝土压顶时算至压顶下表面），围墙柱并入围墙体积内。

（4）框架间墙

不分内外墙按净尺寸以体积计算。

2. 砌块柱

按设计图示尺寸以体积计算，单位：m³。扣除混凝土及钢筋混凝土梁垫、梁头、板头所占体积。

3. 清单编制注意事项

1）砌体内加筋、墙体拉结的制作、安装，应按钢筋工程相关项目编码列项。

2）砌块排列应上、下错缝搭砌，如果搭错缝长度满足不了规定的压搭要求，应采取压砌钢筋网片的措施，具体构造要求按设计规定。若设计无规定时，应注明由投标人根据工程实际情况自行考虑。

3）砌体垂直灰缝宽>30mm时，采用C20细石混凝土灌实。灌注的混凝土应按混凝土工程相关项目编码列项。

6.3.4.3 石砌体

1. 石基础

石基础项目适用于各种规格（粗料石、细料石等）、各种材质（砂石、青石等）和各种类型（柱基、墙基、直形、弧形等）基础。其工程量按设计图示尺寸以体积计算，单位：m^3。包括附墙垛基础宽出部分体积，不扣除基础砂浆防潮层及单个面积 ≤0.3m^2 的孔洞所占体积，靠墙暖气沟的挑檐不增加。

1）基础长度：外墙按中心线，内墙按净长计算。

2）石基础、石勒脚、石墙身的划分：基础与勒脚应以设计室外地坪为界，勒脚与墙身应以设计室内地坪为界。石围墙内外地坪标高不同时，应以较低地坪标高为界，以下为基础；内外标高之差为挡土墙时，挡土墙以上为墙身。基础垫层包括在基础项目内，不计算工程量。

2. 石勒脚

石勒脚项目适用于各种规格（粗料石、细料石等）、各种材质（砂石、青石、大理石、花岗石等）和各种类型（直形、弧形等）勒脚。其工程量按设计图示尺寸以体积计算，单位：m^3。扣除单个面积 >0.3 m^2 的孔洞所占体积。

3. 石墙

石墙项目适用于各种规格（粗料石、细料石等）、各种材质（砂石、青石、大理石、花岗石等）和各种类型（直形、弧形等）墙体。

其工程量按设计图示尺寸以体积计算，单位：m^3。扣除门窗洞口、过人洞、空圈、嵌入墙内的钢筋混凝土柱、梁、圈梁、挑梁、过梁及凹进墙内的壁龛、管槽、暖气槽、消火栓箱所占体积。不扣除梁头、板头、檩头、垫木、木楞头、沿椽木、木砖、门窗走头、砖墙内加固钢筋、木筋、铁件、钢管及单个面积 ≤0.3m^2 的孔洞所占体积。凸出墙面的腰线、挑檐、压顶、窗台线、虎头砖、门窗套的体积亦不增加。凸出墙面的砖垛并入墙体体积内计算。

（1）墙长度

外墙按中心线，内墙按净长计算。

（2）墙高度

1）外墙：斜（坡）屋面无檐口天棚者算至屋面板底；有屋架且室内外均有天棚者算至屋架下弦底另加 200mm；无天棚者算至屋架下弦底另加 300mm，出檐宽度超过 600mm 时按实砌高度计算；有钢筋混凝土楼板隔层者算至板顶；平屋面算至钢筋混凝土板底。

2）内墙：位于屋架下弦者，算至屋架下弦底；无屋架者算至天棚底另加 100mm；有钢筋混凝土楼板隔层者算至楼板顶；有框架梁时算至梁底。

3）女儿墙：从屋面板上表面算至女儿墙顶面（如有混凝土压顶时算至压顶下表面）。

4）内、外山墙：按其平均高度计算。

（3）围墙

高度算至压顶上表面（如有混凝土压顶时算至压顶下表面），围墙柱并入围墙体积内。

4. 石挡土墙

石挡土墙项目适用于各种规格（粗料石、细料石、块石、毛石、卵石等）、各种材质（砂石、青石、石灰石等）和各种类型（直形、弧形、台阶形等）挡土墙。其工程量按设计图示尺寸以体积计算，单位：m^3。石梯膀应按石挡土墙项目编码列项。

5. 石柱

石柱项目适用于各种规格、各种石质、各种类型的石柱。其工程量按设计图示尺寸以体积计算，单位：m^3。

6. 石栏杆

石栏杆项目适用于无雕饰的一般石栏杆。其工程量按设计图示以长度计算，单位：m。

7. 石护坡

石护坡项目适用于各种石质和各种石料（粗料石、细料石、片石、块石、毛石、卵石等），其工程量按设计图示尺寸以体积计算，单位：m^3。

8. 石台阶

石台阶项目包括石梯带（垂带），不包括石梯膀，其工程量按设计图示尺寸以体积计算，单位：m^3。

9. 其他

1）石坡道：按设计图示尺寸以水平投影面积计算，单位：m^2。

2）石地沟、石明沟：按设计图示以长度计算，单位：m。

6.3.4.4 垫层

除混凝土垫层外，没有包括垫层要求的清单项目应按该垫层项目编码列项。垫层按设计图示尺寸以体积计算，单位：m^3。

6.3.5 混凝土及钢筋混凝土工程

混凝土及钢筋混凝土工程按模板工程、混凝土工程和钢筋工程分别列项计算。其中，混凝土工程包括：各种现浇混凝土基础、柱、梁、墙、板、楼梯后浇带及其他构件；预制的柱、梁、屋架、板、楼梯及其他构件；模板工程列出措施项目。

混凝土工程主要项目特征包括混凝土种类、混凝土强度等级，其中，混凝土种类指清水混凝土、彩色混凝土等，如在同一地区既使用预拌（商品）混凝土又允许现场搅拌混凝土时，应注明。

6.3.5.1 现浇混凝土基础

现浇混凝土基础包括垫层、带形基础、独立基础、满堂基础、桩承台基础和设备基础，其工程量均按设计图示尺寸以体积计算，单位：m^3。不扣除构件内钢筋、预埋铁件和伸入承台基础的桩头所占体积。毛石混凝土基础，项目特征应描述毛石所占比例。

1. 独立基础

独立基础按其构造形式有阶梯形独立基础、截锥式独立基础和杯形独立基础，如图6-34所示。

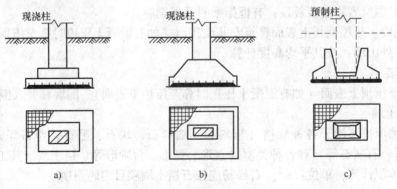

图6-34 独立基础示意图

a）阶梯形独立基础　b）截锥式独立基础　c）杯形独立基础

截锥式独立基础体积包括棱柱和棱台两部分，如图 6-35 所示。

其中，棱台体积计算公式为：

$$V = \frac{1}{6}h\left[AB + ab + (A+a)(B+b)\right] \qquad (6-11)$$

杯形基础混凝土工程量等于上下两个六面体体积及中间四棱台体积之和，再扣除杯槽的体积。

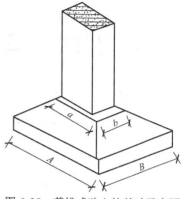

图 6-35　截锥式独立柱基础示意图

【**例 6-8**】　如图 6-36 所示，某工程柱下独立基础共 18 个，计算该工程柱下独立基础混凝土工程量。

【**解**】　$V_{独立基础} = V_{正四棱柱} + V_{四棱台} = \Big\{3.4 \times 2.4 \times 0.25$

$\times 18 + \dfrac{0.2}{6} \times \left[3.4 \times 2.4 + 0.7 \times 0.5 + (3.4 + 0.7)(2.4 + 0.5)\right] \times 18\Big\} m^3 = 48.96 m^3$

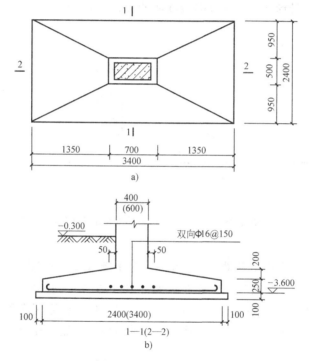

图 6-36　柱下独立基础

a）平面图　b）剖面图

【**例 6-9**】　计算图 6-37 所示杯形基础混凝土工程量。

【**解**】　下部六面体体积 $= (4.2 \times 3 \times 0.4) m^3 = 5.04 m^3$

上部六面体体积 $= (1.55 \times 1.15 \times 0.3) m^3 = 0.535 m^3$

四棱台体积 $= \Big\{\dfrac{0.3}{6} \times \left[4.2 \times 3 + 1.55 \times 1.15 + (4.2 + 1.55)(3 + 1.15)\right]\Big\} m^3 = 1.91 m^3$

杯槽体积 $= (0.95 \times 0.55 \times 0.6) m^3 = 0.314 m^3$

杯形基础的混凝土工程量 $= 5.04 + 0.535 + 1.91 - 0.314 = 7.171 (m^3)$

2. 带形基础

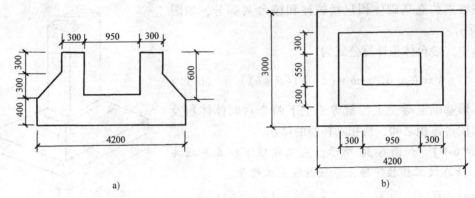

图6-37　杯形基础示意图
a) 平面图　b) 剖面图

带形基础分为板式和有肋式，如图6-38所示。有肋带形基础是指基础扩大面以上肋高与肋宽之比 $h:b \leqslant 4$ 的带形基础，列项时应注明肋高；当 $h:b > 4$ 时，基础扩大面以上肋的体积按混凝土墙列项。

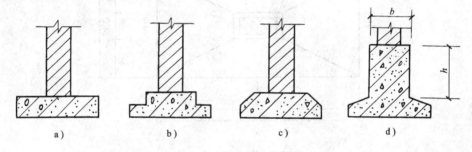

图6-38　带形基础示意图
a) 板式带形基础（一）　b) 板式带形基础（二）　c) 板式带形基础（三）　d) 有肋带形基础（ $h:b \leqslant 4$ ）

3. 满堂基础

满堂基础包括筏板基础（有梁式和无梁式）和箱形基础，如图6-39所示。无梁式筏板基础混凝土工程量包括底板及与底板连在一起的梁（边肋）的体积。箱形满堂基础简称箱形基础，是指上有顶盖，下有底板，中间有纵、横墙、板或柱连接成整体的基础。箱形基础的工程量应分解计算，底板执行满堂基础项目，顶盖板、隔板与柱分别执行板、墙与柱的相应项目。

4. 设备基础

框架式设备基础中的柱、梁、墙、板按现浇混凝土柱、梁、墙、板分别编码列项，基础部分按设备基础列项。

6.3.5.2　现浇混凝土柱

现浇混凝土柱包括矩形柱、构造柱和异形柱。按设计图示尺寸以体积计算，单位：m³。不扣除构件内钢筋，预埋铁件所占体积。型钢混凝土柱扣除构件内型钢所占体积。

柱高按以下规定计算：

1）有梁板的柱高，应自柱基上表面（或楼板上表面）至上一层楼板上表面之间的高度计算，如图6-40所示。

2）无梁板的柱高，应自柱基上表面（或楼板上表面）至柱帽下表面之间的高度计算，

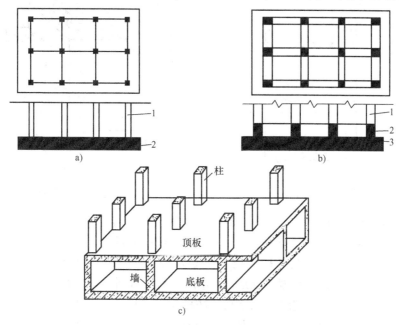

图 6-39　满堂基础示意图

a）无梁式（板式）满堂基础　b）有梁式满堂基础　c）箱形满堂基础

1—柱　2—肋梁　3—板

如图 6-41 所示。

3）框架柱的柱高，应自柱基上表面至柱顶高度计算，如图 6-42 所示。

4）构造柱按全高计算，嵌接墙体部分（马牙槎）并入柱身体积，如图 6-43 所示。

5）依附柱上的牛腿和升板的柱帽，并入柱身体积计算，如图 6-44 所示。

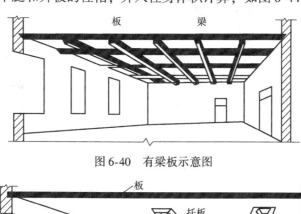

图 6-40　有梁板示意图

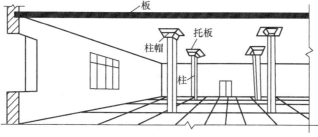

图 6-41　无梁板示意图

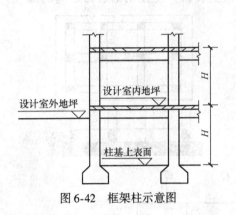

图 6-42 框架柱示意图

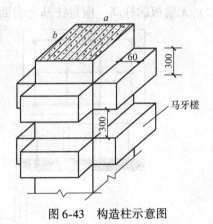

图 6-43 构造柱示意图

计算构造柱时，要根据构造柱所处的位置确定马牙槎的出槎个数，如图 6-45 所示。一般来说，砖墙与构造柱的咬接部分一般为五进五出，即马牙槎的出槎宽度为 1/4 砖长，即 60mm，所以进出的平均宽度为 30mm，也就是说，在计算构造柱时，构造柱与墙连接时，每个马牙槎按照构造柱的宽度增加 0.03m 即可。也就是，构造柱见墙就加 0.03m。

以 240mm × 240mm 构造柱为例，构造柱柱身截面积计算如下。

大拐角构造柱：$(0.24 + 0.03) \times (0.24 + 0.03) - 0.03 \times 0.03$

丁字角构造柱：$(0.24 + 0.06) \times (0.24 + 0.03) - 2 \times 0.03 \times 0.03$

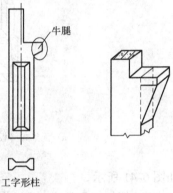

图 6-44 柱上牛腿示意图

十字拐角构造柱：$(0.24 + 0.06) \times (0.24 + 0.06) - 4 \times 0.03 \times 0.03$

直墙构造柱：$(0.24 + 0.06) \times 0.24$

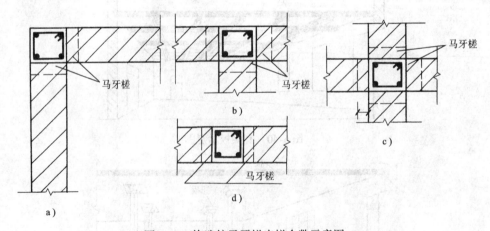

图 6-45 构造柱马牙槎出槎个数示意图

a）大拐角构造柱　b）丁字拐角构造柱　c）直墙构造柱　d）十字交叉构造柱

【例 6-10】 某工程构造柱平面图如图 6-46 所示，已知构造柱高 6m，试计算构造柱工程量。

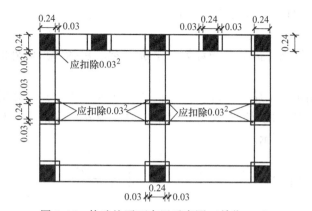

图 6-46 构造柱平面布置示意图 (单位: m)

【解】 大拐角: $\{[(0.24+0.03)\times(0.24+0.03)-0.03\times0.03]\times6\times4\}\,\text{m}^3=1.73\,\text{m}^3$

丁字角: $\{[(0.24+0.06)\times(0.24+0.03)-2\times0.03\times0.03]\times6\times4\}\,\text{m}^3=1.9\,\text{m}^3$

十字角: $\{[(0.24+0.06)\times(0.24+0.06)-4\times0.03\times0.03]\times6\times1\}\,\text{m}^3=0.52\,\text{m}^3$

直墙: $[(0.24+0.06)\times0.24\times6\times2]\,\text{m}^3=0.86\,\text{m}^3$

6.3.5.3 现浇混凝土梁

包括基础梁、矩形梁、异形梁、圈梁、过梁、弧形梁、拱形梁。按设计图示尺寸以体积计算,单位: m^3。不扣除构件内钢筋、预埋铁件所占体积,伸入墙内的梁头、梁垫并入梁体积内。型钢混凝土梁扣除构件内型钢所占体积。

梁长按以下规定计算:

1) 梁与柱连接时,梁长算至柱侧面。

2) 主梁与次梁连接时,次梁长算至主梁侧面。

3) 当梁伸入到砖墙内时,梁按实际长度计算(包括伸入到墙内的梁头)。

4) 梁与混凝土墙连接时,梁长算至混凝土墙的侧面。

5) 圈梁长度,外墙上的按外墙中心线,内墙上的按净长线长度计算。

6.3.5.4 现浇混凝土墙

包括直形墙、弧形墙、短肢剪力墙、挡土墙。按设计图示尺寸以体积计算,单位: m^3。不扣除构件内钢筋、预埋铁件所占体积,扣除门窗洞口及单个面积 $>0.3\,\text{m}^2$ 的孔洞所占体积,墙垛及突出墙面部分并入墙体体积内计算。

墙体截面厚度 $\leqslant300\,\text{mm}$,各肢截面高度与厚度之比的最大值大于4但不小于8的剪力墙称短肢剪力墙;各肢截面高度与厚度之比的最大值不大于4的剪力墙按柱项目编码列项。

6.3.5.5 现浇混凝土板

1. 有梁板、无梁板、平板、拱板、薄壳板、栏板

各类板的混凝土工程量,均按板的设计图示面积乘以板厚以体积计算,单位: m^3。不扣除构件内钢筋、预埋铁件及单个面积 $\leqslant0.3\,\text{m}^2$ 的柱、垛及孔洞所占体积;压形钢板混凝土楼板扣除构件内压形钢板所占体积。

有梁板(包括主、次梁与板)按梁、板体积之和计算,无梁板按板和柱帽体积之和计算,各类板伸入墙内的板头并入板体积内,薄壳板的肋、基梁并入薄壳体积内计算。

2. 天沟(檐沟)、挑檐板

按设计图示尺寸以体积计算，单位：m³。

3. 雨篷、悬挑板、阳台板

按设计图示尺寸以墙外部分体积计算，单位：m³。包括伸出墙外的牛腿和雨篷反挑檐的体积。

现浇挑檐、天沟板、雨篷、阳台与板（包括屋面板、楼板）连接时，以外墙外边线为分界线；与圈梁（包括其他梁）连接时，以梁外边线为分界线。外边线以外为挑檐、天沟、雨篷或阳台，如图6-47所示。

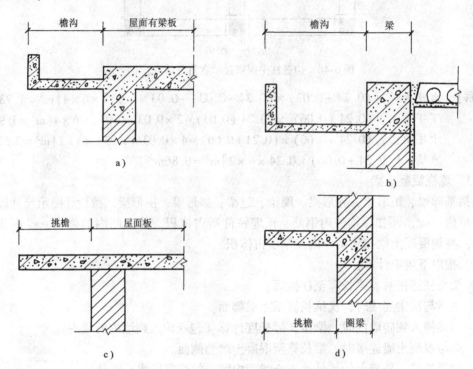

图6-47 现浇挑檐、天沟与板、梁划分
a) 屋面檐沟Ⅰ b) 屋面檐沟Ⅱ c) 屋面挑檐 d) 挑檐

4. 空心板

按设计图示尺寸以体积计算，单位：m³。空心板（GBF高强薄壁蜂巢芯板等）应扣除空心部分体积。

5. 其他板

按设计图示尺寸以体积计算，单位：m³。

【例6-11】 某框架结构标准层平面布置如图6-48所示。柱截面尺寸为600mm×600mm，XB—1厚100mm，XB—2和XB—3厚度均为80mm，XB—4厚120mm。计算该标准层混凝土梁、板工程量（计算板体积时不考虑柱体积的扣减）。

【解】

L—1体积：$[2 \times 0.3 \times 0.5 \times (6.0 - 0.6)]m^3 = 1.62m^3$

L—2体积：$[0.2 \times 0.3 \times (3.4 - 0.3)]m^3 = 0.186m^3$

L—3体积：$[0.3 \times 0.4 \times (6.0 - 0.3)]m^3 = 0.684m^3$

KL—2体积：$\{6 \times 0.3 \times 0.5 \times [(6.0 - 0.6) + (6.8 - 0.6)]\} m^3 = 10.44 m^3$

XB—1体积：$[3 \times 0.1 \times (6.0 - 0.3)(3.4 - 0.3)] m^3 = 5.301 m^3$

XB—2体积：$[0.8 \times (3.4 - 0.3)(4 - 0.15 - 0.1)] m^3 = 9.30 m^3$

XB—3体积：$[0.8 \times (3.4 - 0.3)(2 - 0.15 - 0.1)] m^3 = 4.34 m^3$

XB—4体积：$[0.12 \times (6 - 0.3)(6.8 - 0.3)] = 4.446 m^3$

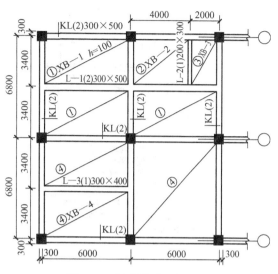

图 6-48　标准层平面布置图

6.3.5.6　现浇混凝土楼梯

包括直行楼梯和弧形楼梯，如图 6-49 所示。其工程量按设计图示尺寸以水平投影面积计算，单位：m^2。不扣除宽度 ≤ 500mm 的楼梯井的投影面积，伸入墙内部分不计算或按设计图示尺寸以体积计算，单位：m^3。

整体楼梯（包括直行楼梯、弧形楼梯）水平投影面积包括休息平台、平台梁、斜梁和楼梯的连接梁。当整体楼梯与现浇楼板无梯梁连接时，以楼梯的最后一个踏步边缘加 300mm 为界。

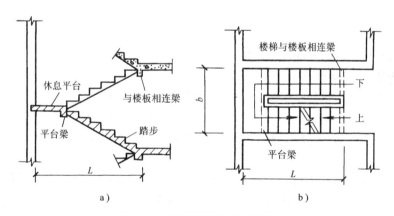

图 6-49　钢筋混凝土整体楼梯

a）楼梯剖面图　b）楼梯平面图

6.3.5.7　现浇混凝土其他构件

1）散水、坡道、室外地坪，按设计图示尺寸以面积计算，单位：m^2。不扣除单个面积 ≤ 0.3m^2 的孔洞所占面积。

2）电缆沟、地沟，按设计图示尺寸以中心线长度计算，单位：m。

3）台阶，按设计图示尺寸以面积计算，单位：m^2。或者按设计图示尺寸以体积计算，单位：m^3。架空式混凝土台阶，按现浇楼梯计算，如图 6-50 所示。

4）扶手、压顶，按设计图示尺寸以长度计算，单位：m。或者按设计图示尺寸以体积计算，单位：m^3。

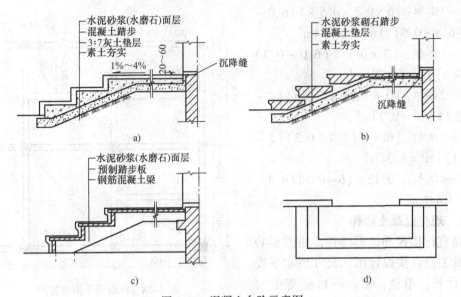

图 6-50 混凝土台阶示意图

a）混凝土台阶 b）石材台阶 c）钢筋混凝土架空台阶 d）平面图

5）化粪池、检查井，按设计图示尺寸以体积计算，单位：m³；或者按设计图示数量计算，单位：座。

6）其他构件，主要包括现浇混凝土小型池槽、垫块、门框等，按设计图示尺寸以体积计算，单位：m³。

6.3.5.8 后浇带

按设计图示尺寸以体积计算，单位：m³。

6.3.5.9 预制混凝土构件

预制混凝土构件项目特征包括图代号、单件体积、安装高度、混凝土强度等级、砂浆（细石混凝土）强度等级及配合比。若引用标准图集可以直接用图代号的方式描述，若工程量按数量以"根""块""榀""套""段"为单位计量，必须描述单件体积。

1. 预制混凝土柱、梁

预制混凝土柱包括矩形柱、异形柱；预制混凝土梁包括矩形梁、异形梁、过梁、拱形梁、鱼腹式吊车梁等。均按设计图示尺寸以体积计算，单位：m³，不扣除构件内钢筋、预埋铁件所占体积；或按设计图示尺寸以数量计算，单位：根。

2. 预制混凝土屋架

预制混凝土屋架包括折线型屋架、组合屋架、薄腹屋架、门式刚架屋架、天窗架屋架，均按设计图示尺寸以体积计算，单位：m³，不扣除构件内钢筋、预埋铁件所占体积；或按设计图示尺寸以数量计算，单位：榀。三角形屋架应按折线形屋架项目编码列项。

3. 预制混凝土板

1）平板、空心板、槽形板、网架板、折线板、带肋板、大型板，按设计图示尺寸以体积计算，单位：m³，不扣除构件内钢筋、预埋铁件及单个面积≤（300mm×300mm）以下的孔洞所占体积，扣除空心板空洞体积；或按设计图示尺寸以数量计算，单位：块。

不带肋的预制遮阳板、雨篷板、挑檐板、栏板等，应按平板项目编码列项。预制 F 形板、双 T 形板、单肋板和带反挑檐的雨篷板、挑檐板、遮阳板等，应按带肋板项目编码列项。预制大型墙板、大型楼板、大型屋面板等，应按大型板项目编码列项。

2）沟盖板、井盖板、井圈，按设计图示尺寸以体积计算，单位：m³；或按设计图示尺寸以数量计算，单位：块。

4. 预制混凝土楼梯

按设计图示尺寸以体积计算，单位：m³，扣除空心踏步板空洞体积；或按设计图示数量以"段"计量。

5. 其他预制构件

其他预制构件包括垃圾道、通风道、烟道和其他构件。

工程量按设计图示尺寸以体积计算，单位：m³，不扣除构件内单个面积≤300mm×300mm 以下的孔洞所占体积，扣除烟道、垃圾道、通风道的孔洞所占体积；或按设计图示尺寸以面积计算，单位：m²，不扣除构件内单个面积≤（300mm×300mm）以下的孔洞所占面积；或按设计图示尺寸以数量计算，单位：根。

以上工程量计算以块、根计量的，必须描述单件体积。

预制钢筋混凝土小型池槽、压顶、扶手、垫块、隔热板、花格等，按"其他构件"项目编码列项。

6.3.5.10 钢筋工程

钢筋工程量计算，无论现浇构件或预制构件、受力钢筋或是锚固钢筋、粗钢筋、钢筋网片或是钢筋笼，其工程量均按设计图示钢筋（网）长度（面积）乘单位理论质量计算，单位：t。

现浇构件中伸出构件的锚固钢筋应并入钢筋工程量内。除设计（包括规范规定）标明的搭接外，其他施工搭接不计算工程量，在综合单价中综合考虑。

钢筋工程量按以下公式计算：

$$G = \Sigma(l_0 \gamma) \tag{6-12}$$

式中　G——钢筋质量（习惯称为重量）（t）；

　　　l_0——钢筋设计长度（m）；

　　　γ——钢筋公称质量（kg/m），取值见表6-8，d 为钢筋直径。

表6-8　钢筋的计算截面面积及公称质量

直径 d/mm	不同根数钢筋的计算截面面积/mm²									单根钢筋公称质量 /（kg/m）
	1	2	3	4	5	6	7	8	9	
3	7.1	14.1	21.2	28.3	36.3	42.4	49.5	56.5	63.6	0.055
4	12.6	25.1	37.7	50.2	62.8	75.4	87.9	100	113	0.099
5	19.6	39	59	79	98	118	138	157	177	0.154
6	28.3	57	85	113	142	170	198	226	255	0.222
6.5	33.2	66	100	133	166	199	232	265	299	0.260
8	50.3	101	151	201	252	302	352	402	453	0.395
8.2	52.8	106	158	211	264	317	370	423	475	0.432
10	78.5	157	236	314	393	471	550	628	707	0.617
12	113.1	226	339	452	565	678	791	904	1017	0.888
14	153.9	308	461	615	769	923	1077	1231	1385	1.21
16	201.1	402	603	804	1005	1206	1407	1608	1809	1.58
18	254.5	509	763	1017	1272	1527	1781	2036	2290	2.00
20	314.2	628	942	1256	1570	1884	2199	2513	2827	2.47

钢筋设计长度的确定是钢筋工程量计算的关键所在，其相关内容见本章6.4平法与钢筋工程量计算。

6.3.5.11 螺栓、铁件

螺栓、预埋铁件，按设计图示尺寸以质量计算，单位：t。机械连接按数量计算，单位：个。编制工程量清单时，如果设计未明确，其工程数量可为暂估量，实际工程量按现场签证数量计算。

以上现浇或预制混凝土和钢筋混凝土构件，不扣除构件内钢筋、预埋铁件所占体积或面积。

6.3.6 金属结构工程

1. 钢网架

按设计图示尺寸以质量计算，单位：t。不扣除孔眼的质量，焊条、铆钉、螺栓等不另增加质量。但在报价中应考虑金属构件的切边，不规则及多边形钢板发生的损耗。

2. 钢屋架、钢托架、钢桁架、钢架桥

（1）钢屋架

以"榀"计量，按设计图示数量计算；或以"t"计量，按设计图示尺寸以质量计算。不扣除孔眼的质量，焊条、铆钉、螺栓等不另增加质量。

（2）钢托架、钢桁架、钢架桥

按设计图示尺寸以质量计算，单位：t。不扣除孔眼的质量，焊条、铆钉、螺栓等不另增加质量，不规则或多边形钢板以其外接矩形面积乘以厚度乘以单位理论质量计算。

3. 钢柱

（1）实腹柱、空腹柱

按设计图示尺寸以质量计算，单位：t。不扣除孔眼的质量，焊条、铆钉、螺栓等不另增加质量，不规则或多边形钢板以其外接矩形面积乘以厚度乘以单位理论质量计算，依附在钢柱上的牛腿及悬臂梁等并入钢柱工程量内。实腹钢柱类型指十字、T、L、H形等；空腹钢柱类型指箱形、格构等。

（2）钢管柱

按设计图示尺寸以质量计算，单位：t。不扣除孔眼的质量，焊条、铆钉、螺栓等不另增加质量，不规则或多边形钢板以其外接矩形面积乘以厚度乘以单位理论质量计算，钢管柱上的节点板、加强环、内衬管、牛腿等并入钢管柱工程量内。

（3）型钢混凝土柱浇筑钢筋混凝土

其混凝土和钢筋应按混凝土及钢筋混凝土工程中相关项目编码列项。

4. 钢梁、钢吊车梁

按设计图示尺寸以质量计算，单位：t。不扣除孔眼的质量，焊条、铆钉、螺栓等不另增加质量，不规则或多边形钢板以其外接矩形面积乘以厚度乘以单位理论质量计算，制动梁、制动板、制动桁架、车挡并入钢吊车梁工程量内。

型钢混凝土梁浇筑钢筋混凝土，其混凝土和钢筋应按混凝土及钢筋混凝土工程中相关项目编码列项。

5. 钢板楼板、墙板

项目特征中应说明螺栓种类，普通螺栓或高强度螺栓。钢板楼板上浇筑钢筋混凝土，其混凝土和钢筋应按混凝土及钢筋混凝土工程中相关项目编码列项。压型钢楼板按钢楼板项目编码列项。

（1）钢板楼板

按设计图示尺寸以铺设水平投影面积计算。不扣除单个面积≤0.3m² 柱、垛及孔洞所占面积。

（2）钢板墙板

按设计图示尺寸以铺挂展开面积计算。不扣除单个面积≤0.3m² 的梁、孔洞所占面积，包角、包边、窗台泛水等不另加面积。

6. 钢构件

1）钢支撑、钢拉条、钢檩条、钢天窗架、钢挡风架、钢墙架、钢平台、钢走道、钢梯、钢栏杆、钢支架、零星钢构件，按设计图示尺寸以质量计算，单位：t。不扣除孔眼、切边、切肢的质量，焊条、铆钉、螺栓等不另增加质量，不规则或多边形钢板以其外接矩形面积乘以厚度乘以单位理论质量计算。钢墙架项目包括墙架柱、墙架梁和连接杆件。加工铁件等小型构件，应按零星钢构件项目编码列项。

2）钢漏斗、钢板天沟，按设计图示尺寸以重量计算，单位：t。不扣除孔眼、切边、切肢的质量，焊条、铆钉、螺栓等不另增加质量，依附漏斗的型钢并入漏斗或天沟工程量内。

7. 金属制品

1）成品空调金属百页护栏、成品栅栏、金属网栏，按设计图示尺寸以框外围展开面积计算，单位：m²。

2）成品雨篷，按设计图示接触边以长度计算，单位：m；或按设计图示尺寸以展开面积计算，单位：m²。

3）砌块墙钢丝网加固、后浇带金属网，按设计图示尺寸以面积计算，单位：m²。

【例 6-12】　试计算如图 6-51 所示上柱钢支撑的制作工程量（钢密度取 $7.85 \times 10^3 kg/m^3$）。

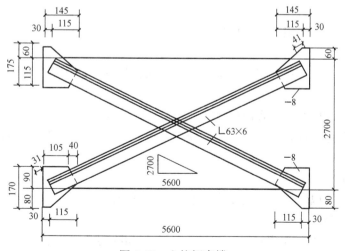

图 6-51　上柱钢支撑

【解】　上柱钢支撑由等边角钢和钢板两部分构成。

（1）等边角钢质量计算。

$$每米等边角钢质量 = 7.85 \times 10^3 \times 边厚 \times (2 \times 边宽 - 边厚)$$
$$= [7.85 \times 10^3 \times 6 \times (2 \times 63 - 6)] \text{kg/m} = 5.65 \text{kg/m}$$

$$等边角钢长 = 斜边长 - 两端空位长$$
$$= (\sqrt{2.7^2 + 5.6^2} - 0.041 - 0.031) \text{m} = 6.145 \text{m}$$

$$两根角钢质量 = [5.65 \times 6.145 \times 2] \text{kg} = 69.44 \text{kg}$$

（2）钢板质量计算：

$$每平方米钢板质量 = 7.85 \times 10^3 \times 板厚 = 7.85 \times 10^3 \times 8 = 6.28 \text{kg/m}^2$$

$$钢板质量 = [(0.145 \times 0.175 + 0.145 \times 0.170) \times 2 \times 62.8] \text{kg} = 6.28 \text{kg}$$

所以，上柱钢支撑的制作工程量 = （69.44 + 6.28）kg = 75.72kg

6.3.7 木结构工程

6.3.7.1 木屋架

包括木屋架和钢木屋架，屋架的跨度应以上、下弦中心线两交点之间的距离计算。带气楼的屋架和马尾、折角及正交部分的半屋架，按相关屋架项目编码列项。当木屋架工程量以"榀"计算时，按标准图设计的应注明标准图代号，按非标准图设计的项目特征需要描述木屋架的跨度、材料品种及规格、刨光要求、拉杆及夹板种类、防护材料种类。

1. 木屋架

按设计图示数量计算，单位：榀；或按设计图示的规格尺寸以体积计算，单位：m^3。带气楼的屋架和马尾、折角以及正交部分的半屋架，应按相关屋架项目编码列项。

2. 钢木屋架

按设计图示数量计算，单位：榀。钢拉杆、受拉腹杆、钢夹板、连接螺栓应包括在报价内。

6.3.7.2 木构件

包括木柱、木梁、木檩、木楼梯及其他木构件。在木构件工程量计算中，若按图示数量以"m"为单位计算，则项目特征必须描述构件规格尺寸。

1. 木柱、木梁

按设计图示尺寸以体积计算，单位：m^3。

2. 木檩条

按设计图示尺寸以体积计算，单位：m^3；或按设计图示尺寸以长度计算，单位：m。

3. 木楼梯

按设计图示尺寸以水平投影面积计算，单位：m^2。不扣除宽度小于或等于300mm的楼梯井，伸入墙内部分不计算。木楼梯的栏杆（栏板）、扶手，应按其他装饰工程中的相关项目编码列项。

4. 其他木构件

按设计图示尺寸以体积或长度计算，单位：m^3 或 m。

6.3.7.3 屋面木基层

按设计图示尺寸以斜面积计算，单位：m^2。不扣除房上烟囱、风帽底座、风道、小气窗、斜沟等所占面积。小气窗的出檐部分不增加面积。

6.3.8 门窗工程

6.3.8.1 木门

　　木质门应区分镶板木门、企口木板门、实木装饰门、胶合板门、夹板装饰门、木纱门、全玻门（带木质扇框）、木质半玻门（带木质扇框）等项目，分别编码列项。

　　木门五金应包括：折页、插销、门碰珠、弓背拉手、搭机、木螺丝、弹簧折页（自动门）、管子拉手（自由门、地弹门）、地弹簧（地弹门）、角铁、门轧头（地弹门、自由门）等。

　　木质门带套计量按洞口尺寸以面积计算，不包括门套的面积。

　　以"樘"计量的，项目特征必须描述洞口尺寸；以"m²"计量的，项目特征可不描述洞口尺寸。

　　单独制作安装木门框按木门框项目编码列项。

　　1. 木质门、木质门带套、木质连窗门、木质防火门

　　工程量可以按设计图示数量计算，单位：樘；或按设计图示洞口尺寸以面积计算，单位：m²。

　　2. 木门框

　　按设计图示数量以"樘"计算；或按设计图示框的中心线以延长米计算。木门框项目特征除了描述门代号及洞口尺寸、防护材料的种类，还需描述框截面尺寸。

　　3. 门锁安装

　　按设计图示数量计算，单位：个或套。

6.3.8.2　金属门

　　金属门包括金属（塑钢）门、彩板门、钢质防火门、防盗门，按设计图示数量计算，单位：樘；或按设计图示洞口尺寸以面积计算（无设计图示洞口尺寸，按门框、扇外围以面积计算），单位：m²。

　　金属门项目特征描述时，以"樘"计量，项目特征必须描述洞口尺寸，没有洞口尺寸必须描述门框或扇外围尺寸；以"m²"计量，项目特征可不描述洞口尺寸及框、扇的外围尺寸。

6.3.8.3　金属卷帘（闸）门

　　金属卷帘（闸）门项目包括金属卷帘（闸）门、防火卷帘（闸）门，工程量按设计图示数量计算，单位：樘；或按设计图示洞口尺寸以面积计算，单位：m²。以"樘"计量，项目特征必须描述洞口尺寸；以"m²"计量，项目特征可不描述洞口尺寸。

6.3.8.4　厂库房大门、特种门

　　厂库房大门、特种门项目包括木板大门、钢木大门、全钢板大门、防护铁丝门、金属格栅门、钢质花饰大门、特种门。工程量可以数量或面积进行计算，当按数量以"樘"计量时，项目特征必须描述洞口尺寸，没有洞口尺寸必须描述门框或扇外围尺寸；以"m²"计量，项目特征可不描述洞口尺寸及框、扇的外围尺寸。工程量以"m²"计量，无设计图示洞口尺寸，按门框、扇外围以面积计算。

　　1. 木板大门、钢木大门、全钢板大门

　　按设计图示数量计算，单位：樘；或按设计图示洞口尺寸以面积计算，单位：m²。

　　2. 防护铁丝门

　　按设计图示数量计算，单位：樘；或按设计图示门框或扇以面积计算，单位：m²。

　　3. 金属格栅门

按设计图示数量计算，单位：樘；或按设计图示洞口尺寸以面积计算，单位：m^2。

4. 钢质花饰大门

按设计图示数量计算，单位：樘；或按设计图示门框或扇以面积计算，单位：m^2。

5. 特种门

特种门应区分冷藏门、冷冻间门、保温门、变电室门、隔音门、防射线门、人防门、金库门等项目，分别编码列项。其工程量按设计图示数量以"樘"计量；或按设计图示洞口尺寸以面积计算，单位：m^2。

6.3.8.5 其他门

其他门包括平开电子感应门、旋转门、电子对讲门、电动伸缩门、全玻自由门、镜面不锈钢饰面门、复合材料门。工程量可按数量或面积计算，按数量以"樘"计量时，项目特征必须描述洞口尺寸，没有洞口尺寸必须描述门框或扇外围尺寸，以"m^2"计量，项目特征可不描述洞口尺寸及框、扇的外围尺寸；工程量以"m^2"计量的，无设计图示洞口尺寸，按门框、扇外围以面积计算。

其他门工程量按设计图示数量计算，单位：樘；或按设计图示洞口尺寸以面积计算，单位：m^2。

6.3.8.6 木窗

包括木质窗、木飘（凸）窗、木橱窗、木纱窗。木质窗应区分木百叶窗、木组合窗、木天窗、木固定窗、木装饰空花窗等项目，分别编码列项。

1) 木质窗工程量按设计图示数量计算，单位：樘；或按设计图示洞口尺寸以面积计算。

2) 木飘（凸）窗、木橱窗工程量按设计图示数量计算，单位：樘；或按设计图示尺寸以框外围展开面积计算。

3) 木纱窗工程量按设计图示数量计算，单位：樘；或按框的外围尺寸以面积计算。

6.3.8.7 金属窗

金属窗应区分金属组合窗、防盗窗等项目，分别编码列项。在项目特征描述中，当金属窗工程量以"樘"计量，项目特征必须描述洞口尺寸，没有洞口尺寸必须描述窗框外围尺寸，以"m^2"计量，项目特征可不描述洞口尺寸及框的外围尺寸；对于金属橱窗、飘（凸）窗以"樘"计量，项目特征必须描述框外围展开面积。在工程量计算时，当以"m^2"计量，无设计图示洞口尺寸，按窗框外围以面积计算。

1. 金属（塑钢、断桥）窗、金属防火窗、金属百叶窗、金属格栅窗

按设计图示数量计算，单位：樘；或按设计图示洞口尺寸以面积计算。

2. 金属纱窗

按设计图示数量计算，单位：樘；或按框的外围尺寸以面积计算。

3. 金属（塑钢、断桥）橱窗、金属（塑钢、断桥）飘（凸）窗

按设计图示数量计算，单位：樘；或按设计图示尺寸以框外围展开面积计算。

4. 彩板窗、复合材料窗

按设计图示数量计算，单位：樘；或按设计图示洞口尺寸或框外围以面积计算。

6.3.8.8 门窗套

门窗套包括木门窗套、金属门窗套、石材门窗套、门窗木贴脸、硬木筒子板、饰面夹板

筒子板。木门窗套适用于单独门窗套的制作、安装。在项目特征描述时，当以"樘"计量时，项目特征必须描述洞口尺寸、门窗套展开宽度；当以"m²"计量，项目特征可不描述洞口尺寸、门窗套展开宽度；当以"m"计量时，项目特征必须描述门窗套展开宽度、筒子板及贴脸宽度。

1. 木门窗套、木筒子板、饰面夹板筒子板、金属门窗套、石材门窗套、成品木门窗套

按设计图示数量计算，单位：樘；或按设计图示尺寸以展开面积计算，单位：m²；或按设计图示中心线以延长米计算，单位：m。

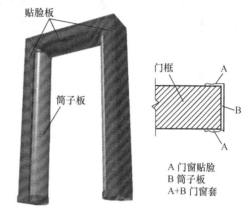

2. 门窗木贴脸

按设计图示数量计算，单位：樘；或按设计图示尺寸以延长米计算，单位：m，如图 6-52 所示。

6.3.8.9 窗台板

窗台板包括木窗台板、铝塑窗台板、石材窗台板、金属窗台板。按设计图示尺寸以展开面积计算，单位：m²。

图 6-52 门窗木贴脸示意图

6.3.8.10 窗帘（杆）、窗帘盒、轨

在项目特征描述中，当窗帘若是双层，项目特征必须描述每层材质；当窗帘以"m"计量，项目特征必须描述窗帘高度和宽。

1. 窗帘（杆）

按设计图示尺寸以长度计算，单位：m；或按图示尺寸以展开面积计算，单位：m²。

2. 木窗帘盒，饰面夹板、塑料窗帘盒，铝合金窗帘盒，窗帘轨按设计图示尺寸以长度计算，单位：m。

6.3.9 屋面及防水工程

6.3.9.1 瓦、型材及其他屋面

1. 瓦屋面、型材屋面

按设计图示尺寸以斜面积计算。不扣除房上烟囱、风帽底座、风道、屋面小气窗、斜沟等所占面积，屋面小气窗的出檐部分亦不增加。

屋面坡度（倾斜度）的表示方法有多种：一种是用屋顶的高度与半跨之间的比表示（B/A）；另一种是用屋顶的高度与跨度之间的比表示（$B/2A$）；还有一种是以屋面的斜面与水平面的夹角（α）表示，如图 6-53 所示。

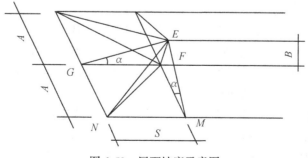

图 6-53 屋面坡度示意图

此外，为计算方便，引入了延尺系数（C）和隅延尺系数（D）的概念。如图6-53所示，坡屋面延尺系数 $C = \text{EM} \div A = 1 \div \cos\alpha = \sec\alpha$；隅延尺系数 $D = \text{EN} \div A$。屋面坡度系数取值见表6-9。

表6-9　屋面坡度系数表

坡度			延尺系数 C	隅延尺系数 D
以高度 B 表示（当 $A=1$ 时）	以高跨比表示（$B/2A$）	以角度表示（α）	（$A=1$）	（$A=1$）
1	1/2	45°	1.4142	1.7321
0.75		36°52′	1.2500	1.6008
0.70		35°	1.2207	1.5779
0.666	1/3	33°40′	1.2015	1.5620
0.65		33°01′	1.1926	1.5564
0.60		30°58′	1.1662	1.5362
0.577		30°	1.1547	1.5270
0.55		28°49′	1.1413	1.5170
0.50	1/4	26°34′	1.1180	1.5000
0.45		24°14′	1.0966	1.4839
0.40	1/5	21°48′	1.0770	1.4697
0.35		19°17′	1.0594	1.4569
0.30		16°42′	1.0440	1.4457
0.25		14°02′	1.0308	1.4362
0.20	1/10	11°19′	1.0198	1.4283
0.15		8°32′	1.0112	1.4221
0.125		7°8′	1.0078	1.4191
0.100	1/20	5°42′	1.0050	1.4177
0.083		4°45′	1.0035	1.4166
0.066	1/30	3°49′	1.0022	1.4157

注：1. 两坡水排水屋面（当 α 角相等时，可以是任意坡水）面积为屋面水平投影面积乘以延尺系数。

2. 四坡水排水屋面斜脊长度 $= AD$（当 $S = A$ 时）。

3. 沿山墙泛水长度 $= AC$。

2. 阳光板屋面、玻璃钢屋面

按设计图示尺寸以斜面积计算，不扣除屋面面积 $\leq 0.3 \text{m}^2$ 孔洞所占面积。

3. 膜结构屋面

按设计图示尺寸以需要覆盖的水平投影面积计算。

6.3.9.2　屋面防水及其他

屋面刚性层无钢筋，其钢筋项目特征不必描述。屋面找平层按楼地面装饰工程"平面砂浆找平层"项目编码列项。屋面防水搭接及附加层用量不另行计算，在综合单价中考虑。屋面保温层按保温、隔热、防腐工程"保温隔热屋面"项目编码列项。

1. 屋面卷材防水、屋面涂膜防水

按设计图示尺寸以面积计算，单位：m^2，并符合以下规定：

1）斜屋顶（不包括平屋顶找坡）按斜面积计算，平屋顶按水平投影面积计算。

2）不扣除房上烟囱、风帽底座、风道、屋面小气窗和斜沟所占面积。

3）屋面的女儿墙、伸缩缝和天窗等处的弯起部分，并入屋面工程量内。

2. 屋面刚性层

项目特征应描述刚性层厚度、混凝土种类及强度等级、嵌缝材料种类和钢筋规格、型号。其工程量按设计图示尺寸以面积计算，单位：m²。不扣除房上烟囱、风帽底座、风道等所占面积。

3. 其他

1）屋面排水管，按设计图示尺寸以长度计算，单位：m。如设计未标注尺寸，以檐口至设计室外散水上表面垂直距离计算。

2）屋面排（透）气管，按设计图示尺寸以长度计算，单位：m。

3）屋面（廊、阳台）泄（吐）水管，按设计图示数量计算，单位：根。

4）屋面天沟、檐沟，按设计图示尺寸以展开面积计算，单位：m²。

5）屋面变形缝，按设计图示以长度计算，单位：m。

6.3.9.3　墙面防水、防潮

墙面防水搭接及附加层用量不另行计算，在综合单价中考虑。墙面变形缝，若做双面，工程量乘以系数 2。墙面找平层按墙、柱面装饰与隔断、幕墙工程"立面砂浆找平层"项目编码列项

1. 墙面卷材防水、墙面涂膜防水、墙面砂浆防水（防潮）

按设计图示尺寸以面积计算，单位：m²。

2. 墙面变形缝

按设计图示以长度计算，单位：m。

6.3.9.4　楼（地）面防水、防潮

楼（地）面防水找平层按楼地面装饰工程"平面砂浆找平层"项目编码列项。楼（地）面防水搭接及附加层用量不另行计算，在综合单价中考虑。

1. 楼（地）面卷材防水、涂膜防水、砂浆防水（防潮）

按设计图示尺寸以面积计算，单位 m²。并应符合下列规定：

1）楼（地）面防水：按主墙间净空面积计算，扣除凸出地面的构筑物、设备基础等所占面积，不扣除间壁墙及单个面积≤0.3m² 柱、垛、烟囱和孔洞所占面积。

2）楼（地）面防水反边高度≤300mm 算作地面防水，反边高度＞300mm 算作墙面防水。

2. 楼（地）面变形缝

按设计图示以长度计算，单位：m。

6.3.10　保温、隔热、防腐工程

6.3.10.1　保温、隔热

保温隔热方式包括内保温、外保温和夹心保温。

保温隔热装饰面层，按装饰工程相关项目编码列项；仅做找平层按楼地面装饰工程"平面砂浆找平层"或墙、柱面装饰与隔断、幕墙工程"立面砂浆找平层"项目编码列项。柱帽保温隔热应并入天棚保温隔热工程量内。池槽保温隔热应按其他保温隔热项目编码列项。保温柱、梁适用于不与墙、天棚相连的独立梁、柱。

1. 保温隔热屋面

按设计图示尺寸以面积计算，单位：m²。扣除面积 >0.3m² 孔洞所占面积。

2. 保温隔热天棚

按设计图示尺寸以面积计算，单位：m²。扣除面积 >0.3m² 柱、垛、孔洞所占面积。与天棚相连的梁按展开面积计算，并入天棚工程量内。

3. 保温隔热墙面

按设计图示尺寸以面积计算，单位：m²。扣除门窗洞口以及面积 >0.3m² 梁、孔洞所占面积；门窗洞口侧壁以及与墙相连的柱，并入保温墙体工程量。

4. 保温柱、梁

按设计图示尺寸以面积计算，单位：m²，并应符合下列规定：

1）柱按设计图示柱断面保温层中心线展开长度乘保温层高度以面积计算，扣除面积 >0.3m² 梁所占面积。

2）梁按设计图示梁断面保温层中心线展开长度乘保温层长度以面积计算。

5. 保温隔热楼地面

按设计图示尺寸以面积计算，单位：m²。扣除面积 >0.3 m² 柱、垛、孔洞所占面积。

6.3.10.2 防腐面层

防腐踢脚线，应按楼地面装饰工程"踢脚线"项目编码列项。

1. 防腐混凝土面层、防腐砂浆面层、防腐胶泥面层、玻璃钢防腐面层、聚氯乙烯板面层、块料防腐面层

按设计图示尺寸以面积计算，单位：m²，并应符合下列规定：

1）平面防腐：扣除凸出地的构筑物、设备基础等以及面积 >0.3m² 孔洞、柱垛所占面积，门洞、空圈、暖气包槽、壁龛的开口部分不增加面积。

2）立面防腐：扣除门、窗、洞口以及面积 >0.3m² 孔洞、梁所占面积。门、窗、洞口侧壁、垛突出部分按展开面积并入墙面面积。

2. 池、槽块料防腐面层

按设计图示尺寸以展开面积计算，单位：m²。

6.3.10.3 其他防腐

1. 隔离层

按设计图示尺才以面积计算，单位：m²，并应符合下列规定：

1）平面防腐：扣除凸出地面的构筑物、设备基础等以及面积 >0.3 m² 孔洞、柱、垛所占面积，门洞、空圈、暖气包槽、壁龛的开口部分不增加面积。

2）立面防腐：扣除门、窗、洞口以及面积 >0.3 m² 孔洞、梁所占面积，门、窗、洞口侧壁、垛突出部分按展开面积并入墙面积内。

2. 砌筑沥青浸渍砖

按设计图示尺寸以体积计算，单位：m³。

3. 防腐涂料

按设计图示尺寸以面积计算，单位：m²，并应符合下列规定：

1）平面防腐：扣除凸出地面的构筑物、设备基础等以及面积 >0.3m² 孔洞、柱、垛所占面积，门洞、空圈、暖气。

2）立面防腐：扣除门、窗、洞口以及面积 >0.3m² 孔洞、梁所占面积，门、窗、洞口

侧壁、垛突出部分按展开面积并入墙面积内。

6.4　平法与钢筋工程工程量计算

　　建筑结构施工图平面整体设计方法（简称平法），是对我国传统的混凝土结构施工图设计表示方法作出的重大改革。其表达方式，概况来讲是把结构构件的尺寸和配筋等，按照平面整体表示方法的制图规则，采用数字和符号整体直接地表达在各类构件的结构平面布置图上，再与标准结构详图相配合，构成一套完整的结构设计的方法。平法施工图彻底改变了将构件从结构平面布置中索引出来，再逐个绘制配筋详图的繁琐方法。传统的结构设计表示方法与平法的区别如图6-54 所示。

　　平法制图的特点是施工图数量少，单张图样信息量大，内容集中，构件分类明确，非常有利于施工。经过十年来的推广应用，平法已成为钢筋混凝土结构工程的主要设计方法。限于篇幅，本书按照《混凝土结构施工图平面整体表示方法制图规则和构造详图》（11G101—1)，仅介绍钢筋混凝土框架梁平法施工图的识读。

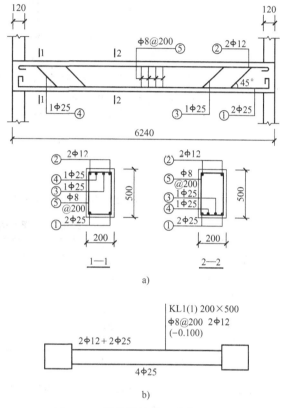

图 6-54　结构设计的两种表示方法
a) 传统的结构设计表示方法　b) 钢筋的平法标注

6.4.1　钢筋混凝土框架结构梁平法施工图

　　钢筋混凝土框架结构梁平法施工图有两种注写方式，分别为平面注写方式和截面注写方式。这里只介绍平面注写方式。

　　平面注写方式，是在梁平面布置图上，分别在不同编号中各选一根梁，在其上以注写截面尺寸和配筋具体数值的方式来表达梁平面施工图。

　　平面注写包括集中标注与原位标注，集中标注表达梁的通用数值，原位标注表达梁的特殊数值。当集中标注中的某项数值不适用于梁的某部位时，则将该项数值原位标注，施工时原位标注取值优先。梁平法施工图平面注写方式集中标注示例如图6-55 所示。

　　图中4个梁截面采用传统表示方法绘制，用于对比按平面注写方式表达的同样内容，实际采用平面注写表达时，不需要绘制梁截面配筋图及相应截面号。

　　1. 梁集中标注

　　梁集中标注的内容，有五项必注值及一项选注值。

　　(1) 梁编号

　　该项为必注值。梁编号见表6-10。

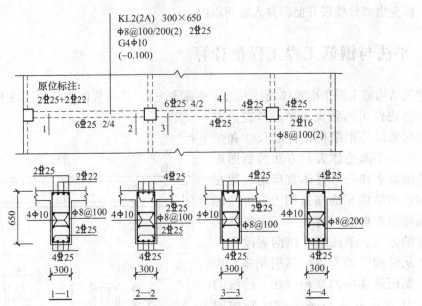

图 6-55　梁平法施工图平面注写方式集中标注示例

表 6-10　梁编号方法表

梁类型	代号	序号	跨数及是否带有悬挑
楼层框架梁	KL	× ×	（× ×）、（× ×A）或（× ×B）
屋面框架梁	WKL	× ×	（× ×）、（× ×A）或（× ×B）
框支梁	KZL	× ×	（× ×）、（× ×A）或（× ×B）
非框架梁	L	× ×	（× ×）、（× ×A）或（× ×B）
悬挑梁	XL	× ×	（× ×）、（× ×A）或（× ×B）
井字梁	JZL	× ×	（× ×）、（× ×A）或（× ×B）

注：（× ×A）为一端有悬挑，（× ×B）为两端有悬挑，悬挑不计入跨数。

【举例】KL7（5A）表示第 7 号框架梁，5 跨，一端有悬挑；L9（7B）表示第 9 号非框架梁，7 跨，两端有悬挑。

（2）梁截面尺寸

该项为必注值。

1）当为等截面时，用 $b \times h$ 表示。

2）当为竖向加腋梁时，用 $b \times h$ GY$c_1 \times c_2$ 表示，其中 c_1 为腋长，c_2 为腋高，如图 6-56 所示。

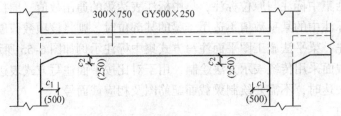

图 6-56　竖向加腋梁截面注写示意

3）当为水平加腋梁时，一侧加腋时用 $b \times h$ 　PY $c_1 \times c_2$ 表示，其中 c_1 为腋长，c_2 为腋宽，加腋部位应在平面图中绘制，如图 6-57 所示。

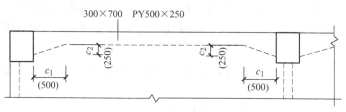

图 6-57　水平加腋梁截面注写示意

4）当有悬挑梁且根部和端部的高度不同时，用斜线分隔根部与端部的高度值，即为 $b \times h_1/h_2$，如图 6-58 所示。

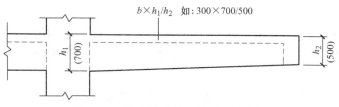

图 6-58　悬挑梁不等高截面注写示意

（3）梁箍筋

梁箍筋包括钢筋级别、直径、加密区与非加密区间距及肢数，该项为必注值。箍筋加密区与非加密区的不同间距及肢数需用斜线"/"分隔；当梁箍筋为同一种间距及肢数时，则不需用斜线；当加密区与非加密区的箍筋肢数相同时，则将肢数注写一次；箍筋肢数应写在括号内。加密区范围见相应抗震等级的标准构造详图。

【举例】Φ10@100/200（4），表示箍筋为 HPB300，直径为 10mm，加密区间距为 100mm，非加密区间距为 200mm，均为四肢箍。

Φ8@100（4）/150（2），表示箍筋为 HPB300，直径为 8mm，加密区间距为 100mm，四肢箍；非加密区间距为 150mm，两肢箍。

当抗震设计中的非框架梁、悬挑梁、井字梁以及非抗震设计中的各类梁采用不同的箍筋间距及肢数时，也用斜线"/"将其分隔开来。注写时，先注写梁支座端部的箍筋（包括箍筋的箍数、钢筋级别、直径、间距与肢数），在斜线后注写梁跨中部分的箍筋间距及肢数。

【举例】13Φ10@150/200（4），表示箍筋为 HPB300，直径 10mm；梁的两端各有 13 个四肢箍，间距为 150mm；梁跨中部分间距为 200mm，四肢箍。

18Φ12@150（4）/200（2），表示箍筋为 HPB300，直径 12mm；梁的两端各有 18 个四肢箍，间距为 150mm；梁跨中部分间距为 200mm，双肢箍。

（4）梁上部通长筋或架立筋

此处所说通长筋可为相同或不同直径采用搭接连接、机械连接或对焊连接的钢筋。该项为必注值。所注规格与根数应根据结构受力要求及箍筋肢数等构造要求而定。当同排纵筋中既有通长筋又有架立筋时，应用加号"+"将通长筋和架立筋相连。注写时须将角部纵筋写在加号的前面，架立筋写在加号后面的括号内，以示不同直径及与通长筋的区别。当全部采用架立筋时，则将其写入括号内。

【举例】2Φ22 用于双肢箍；2Φ22+（4Φ12）用于六肢箍，其中 2Φ22 为通长筋，4Φ12 为架立筋。

当梁的上部纵筋和下部纵筋为全跨相同，且多数跨的全部配筋相同时，此项可加注下部纵筋的配筋值，用分号"；"将上部与下部纵筋的配筋值分隔开来，少数跨不同者，按相关规定处理。

【举例】3ϕ22；3ϕ20 表示梁的上部配置 3ϕ22 的通长筋，梁的下部配置 3ϕ20 的通长筋。

（5）梁的侧面配置的纵向构造筋或受扭钢筋

该项为必注值。当梁腹板高度 h_w≥450mm 时，须配置纵向构造钢筋，此项注写值以大写字母 G 打头，接续注写设置在梁两个侧面的总配筋值，且对称配置。

【举例】G4ϕ12，表示梁两个侧面共配有 4 根直径为 12mm 的 HPB300 纵向构造钢筋，每侧各配置 2 根。

当梁侧配置受扭纵向钢筋时，此项注写以大写字母 N 打头，接续注写配置在梁两个侧面的总配筋值，且对称配置。受扭纵向钢筋应满足梁侧面纵向构造钢筋的间距要求，且不再重复配置纵向构造钢筋。

【举例】N6ϕ22，表示梁的两侧共配置 6ϕ22 的受扭纵向钢筋，每侧各配置 3ϕ22。

注：当为梁侧面构造钢筋时，其搭接与锚固长度可取为 15d；当为梁侧面受扭纵向钢筋时，其搭接长度为 l_1 或 l_{1e}（抗震），其锚固长度与方式同框架梁下部纵筋。

（6）梁顶面标高高差

该项为选注值。梁顶面标高高差，系指相对于结构层楼面标高的高差值，对于位于结构夹层的梁，则指相对于结构夹层楼面标高的高差。有高差时，须将其写入括号内，无高差时不注。

注：当某梁的顶面高于所在结构层的楼面标高时，其标高高差为正值，反之为负值。例如，某结构层的楼面标高为 44.95m 和 48.250m，当某梁的梁顶面标高高差注写为（-0.050）时，即表明该梁顶面标高分别相对于 44.95m 和 48.250m 低 0.005m。

2. 梁原位标注

1）梁支座上部纵筋指含通长筋在内的所有纵筋。当上部纵筋多于一排时，用斜线"/"将各排纵筋自上而下分开。例如，梁支座上部纵筋注写为 6ϕ25 4/2，则表示上一排纵筋为 4ϕ25，下一排纵筋为 2ϕ25。

当同排纵筋有两种直径时，用加号"+"将两种直径的纵筋相连，前面的为角部纵筋。例如，梁支座上部有 4 根纵筋注写为 2ϕ25+2ϕ22，则表示 2ϕ25 放在角部，2ϕ22 放在中部。

当梁中间支座两边的上部纵筋不同时，须在支座两边分别标注；当梁中间支座两边的上部纵筋相同时，可仅在支座的一边标注配筋值，另一边省去不注。

2）当下部纵筋多于一排时，用斜线"/"将各排纵筋自上而下分开。例如，梁下部纵筋为 6ϕ25 2/4，则表示上一排纵筋为 2ϕ25，下一排纵筋为 4ϕ25，全部伸入支座。

当同排纵筋有两种直径时，用加号"+"将两种直径的纵筋相连，角筋注写在前面。

当梁下部纵筋不全部伸入支座时，将支座下纵筋减少的数量写在括号内。

【举例】梁下部纵筋为 6ϕ25(-2)/4，则表示上排纵筋为 2ϕ25 且不伸入支座；下一排纵筋为 4ϕ25，全部伸入支座。

梁下部纵筋为 2ϕ25+3ϕ22(-3)/5ϕ25，则表示上排纵筋为 2ϕ25 和 3ϕ22，其中 3ϕ

22 不伸入支座；下一排纵筋为 5 ⏀ 25，全部伸入支座。

当梁高大于 700mm 时，需设置的侧面纵向构造钢筋按标准构造详图施工，设计图中不注。

3）将附加箍筋或吊筋直接画在平面图中的主梁上，用线引注总配筋值。附加箍筋或吊筋的几何尺寸应按照标准构造详图，结合其所在位置的主梁和次梁的截面尺寸而定。

4）当在梁上集中标注的内容（即梁截面尺寸、箍筋、上部通长筋或架立筋，梁侧面纵向构造钢筋或受扭纵向钢筋，以及梁顶面标高高差中的某一项或几项数值）不适用于某跨或某悬挑部分时，则将其不同数值原位标注在该跨或该悬挑部位，施工时应按原位标注数值取用。

当在多跨梁的集中标注中已注明加腋，而该梁某跨的根部却不需要加腋时，则应在该跨原位标注等截面的 $b \times h$，以修正集中标注中的加腋信息。

梁平法施工图平面注写方式示例如图 6-59 所示。

6.4.2　钢筋设计长度计算

6.4.2.1　钢筋的分类

按直径大小，钢筋混凝土结构配筋分为钢筋和钢丝两类。直径在 6mm 以上的称为钢筋；直径在 6mm 以内的称为钢丝。

按生产工艺，钢筋分为热轧钢筋、余热处理钢筋、冷拉钢筋、冷拔钢筋、冷轧钢筋等多种。其中，热轧钢筋是建筑生产中使用数量最多、最重要的钢材品种。

按钢筋在混凝土构件中作用的不同，钢筋分为受力钢筋、架立钢筋、箍筋、分布钢筋、腰筋、吊筋等。

受力钢筋是承受拉、压应力的钢筋，在梁里通常指纵向钢筋，一般情况跨中下部受拉，承受正弯矩，支座处上部受拉，承受负弯矩。

架立钢筋顾名思义就是不受力，仅仅是架立作用，用以固定梁内钢箍的位置，构成梁内的钢筋骨架。例如，梁顶部的受力钢筋在支座位置有四根，规范要求两根必须贯通，其余两根在适当位置就可以截断，这样在跨中上部就只有两根钢筋，若箍筋是四肢箍，那么箍筋中间两肢就无法支承，此时就是需要增加两根构造的架立钢筋，它的直径可以比支座处的受力钢筋直径小，架立钢筋和截断那两根搭接即可。此外，由于梁上部的两根贯通筋为非受力筋只起到架立的作用，也可以采用小直径的钢筋，以此节省钢材、降低成本，但实际上考虑施工的方便性问题，设计时采用较少。

箍筋主要起到固定纵向钢筋及保证纵筋正确位置的作用。此外，箍筋承受斜截面的剪力，起到截面抗剪作用。

分布筋用于屋面板、楼板内，与板的受力筋垂直布置，将承受的重量均匀地传给受力筋，并固定受力筋的位置，以及抵抗热胀冷缩所引起的温度变形。

腰筋的名字得于它的位置在梁腹，包括抗扭腰筋（N）和构造腰筋（G），抗扭腰筋起到抗扭的作用，而更多的是构造腰筋，是为了避免大范围内没有钢筋，需要维持一个最小配筋率的作用。

吊筋的作用是由于梁的局部受到大的集中荷载作用（主要是主次梁相交处），为了使梁体不产生局部严重破坏，同时使梁体的材料发挥各自的作用而设置的，主要布置在剪力有大幅突变部位，防止该部位产生过大的裂缝，引起结构的破坏，吊筋设置如图 6-60 所示。其

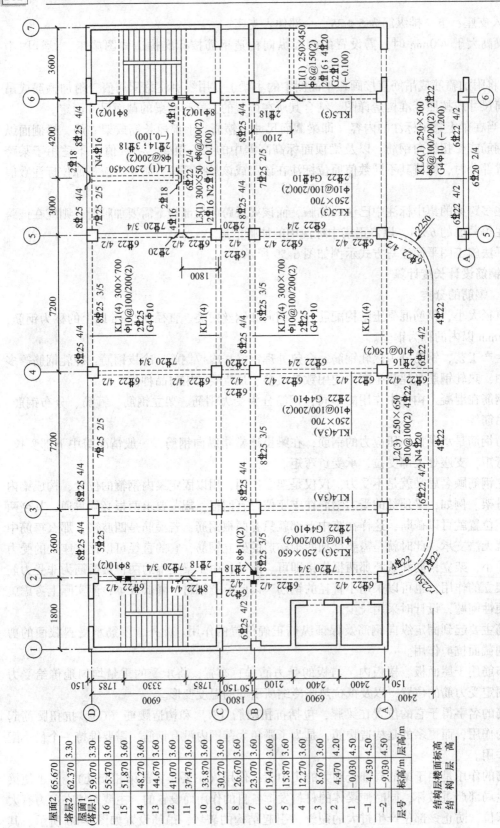

图6-59 梁平法施工图平面注写方式示例

中，吊筋夹角，当主梁梁高≤800mm 时取 45°；主梁梁高 >800mm 时取 60°。

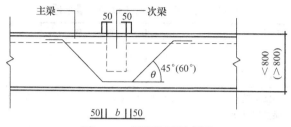

图 6-60　吊筋设置示意图

6.4.2.2　钢筋工程量计算相关规定

钢筋工程量计算，除了能够正确识读施工图之外，还必须掌握建筑结构设计规范的相关内容及要求，并能够进一步的熟悉设计人员的设计意图，了解建筑施工过程中关于钢筋工程的一些施工工序的要求。这些内容包括结构所处环境的类别、混凝土保护层厚度、钢筋锚固长度、钢筋的连接等。

1. 混凝土结构的环境类别

《混凝土结构设计规范》（GB 50010—2010）将混凝土的使用环境分为五个类别，见表 6-11。

表 6-11　混凝土结构的使用环境类别

环境类别	说　明
一	室内干燥环境；无侵蚀性静水浸没环境
二 a	室内潮湿环境；非严寒和非寒冷地区的露天环境；非严寒和非寒冷地区与无侵蚀性的水或土壤直接接触的环境；严寒和寒冷地区的冰冻线以下与无侵蚀性的水或土壤直接接触的环境
二 b	干湿交替环境；水位频繁变动环境；严寒的寒冷地区的露天环境；严寒的寒冷地区的冰冻线以上与无侵蚀性的水或土壤直接接触的环境
三 a	严寒和寒冷地区冬季水位变动区环境；受除冰盐影响环境；海风环境
三 b	盐渍土环境；受除冰盐作用环境；海岸环境
四	海水环境
五	受人为或自然的侵蚀性物质影响的环境

注：1. 室内潮湿环境是指构件表面经常处于结露或湿润状态的环境。

2. 严寒和寒冷地区的划分应符合现行国家标准《民用建筑热工设计规范》（GB 50176—1993）的有关规定。

3. 海岸环境和海风环境宜根据当地情况，考虑主导风向及结构所处迎风、背风部位等因素的影响，由调查研究和工程经验确定。

4. 受除冰盐影响环境是指受冰盐盐雾影响的环境；受除冰盐作用环境是指被除冰盐溶液溅射的环境及使用除冰盐地区的洗车房、停车楼等建筑。

5. 暴露的环境是指混凝土结构表面所处的环境。

2. 混凝土保护层厚度

混凝土保护层厚度是指在钢筋混凝土构件中，结构中最外层钢筋边缘到构件边端之间的距离。混凝土保护层的作用是构件在设计基准期内，保护钢筋不受外部自然环境的影响而受侵蚀，保证钢筋与混凝土良好的工作性能。混凝土保护层厚度根据构件的构造、用途及周围环境等因素确定。混凝土保护层的最小厚度取决于构件的耐久性和受力钢筋粘接锚固性能的要求。设计使用年限为 50 年的混凝土结构，其保护层厚度应符合表 6-12 的规定。

表 6-12　受力钢筋混凝土保护层最小厚度　　　　　　　　单位：mm

环境类别	板、墙	梁、柱	环境类别	板、墙	梁、柱
一	15	20	三 a	30	40
二 a	20	25	三 b	40	50
二 b	25	35			

注：1. 表中混凝土保护层厚度指最外层钢筋外边缘至混凝土表面的距离，适用于设计使用年限 50 年的混凝土结构。

　　2. 构件中受力钢筋的保护层厚度不应小于钢筋的公称直径。

　　3. 设计使用年限为 100 年的混凝土结构，一类环境中，最外层钢筋的保护层厚度不应小于表中数值的 1.4 倍；

　　　二、三类环境中，应采取专门的有效措施。

　　4. 混凝土强度等级不大于 C25 时，表中保护层厚度数值应增加 5mm。

　　5. 基础底面钢筋的保护层厚度，有混凝土垫层时应从垫层顶面算起，且不应小于 40mm。

3. 钢筋锚固长度

　　钢筋混凝土结构中，钢筋与混凝土两种性能截然不同的材料之所以能够共同工作是由于它们之间存在着粘接锚固作用，这种作用使接触界面两边的钢筋与混凝土之间能够实现应力传递，从而在钢筋与混凝土中建立起结构承载所必需的工作应力。因此，为了保证两种材料之间的粘接锚固作用，钢筋必须由一个构件内伸入其支座内一定的长度，且不能小于 250mm，如图 6-61 所示。

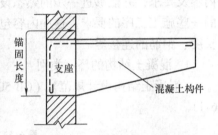

图 6-61　钢筋锚固长度示意图

目的是防止钢筋被拔出，以增加结构的整体性。受拉钢筋基本锚固长度、受拉钢筋锚固长度/抗震锚固长度、受拉钢筋锚固长度修正系数见表 6-13 ~ 表 6-15。

表 6-13　受拉钢筋基本锚固长度 L_{ab}、L_{abE}

钢筋种类	抗震等级	混凝土强度等级								
		C20	C25	C30	C35	C40	C45	C50	C55	≥C60
HPB300	一、二级（L_{abE}）	45d	39d	35d	32d	29d	28d	26d	25d	24d
	三级（L_{abE}）	41d	36d	32d	29d	26d	25d	24d	23d	22d
	四级（L_{abE}）非抗震（L_{ab}）	39d	34d	30d	28d	25d	24d	23d	22d	21d
HPB335 HRBF335	一、二级（L_{abE}）	44d	38d	33d	31d	29d	26d	25d	24d	24d
	三级（L_{abE}）	40d	35d	31d	28d	26d	24d	23d	22d	22d
	四级（L_{abE}）非抗震（L_{ab}）	38d	33d	29d	27d	25d	23d	22d	21d	21d
HPB400 HRBF400 RRB400	一、二级（L_{abE}）	—	46d	40d	37d	33d	32d	31d	30d	29d
	三级（L_{abE}）	—	42d	37d	34d	30d	29d	28d	27d	26d
	四级（L_{abE}）非抗震（L_{ab}）	—	40d	35d	32d	29d	28d	27d	26d	25d
HRB500 HRBF500	一、二级（L_{abE}）	—	55d	49d	45d	41d	39d	37d	36d	35d
	三级（L_{abE}）	—	50d	45d	41d	38d	36d	34d	33d	32d
	四级（L_{abE}）非抗震（L_{ab}）	—	48d	43d	39d	36d	32d	32d	31d	30d

表 6-14　受拉钢筋锚固长度 L_a、受拉钢筋抗震锚固长度 L_{aE}

非抗震	抗震	注：
$L_a = \zeta_a L_{ab}$	$L_{aE} = \zeta_{ae} L_a$	1. L_a 不应小于 200。 2. 锚固长度修正系数按表 6-15 取用，当多于一项时，可按连乘计算，但不应小于 0.6。 3. ζ_{ae} 为抗震锚固长度修正系数，对一二级抗震等级取 1.15，对三级抗震等级取 1.05，对四级抗震等级取 1.00

注：1. HPB300 级钢筋末端应做 180°弯钩，弯后平直段长度不应小于 3d，但作受压钢筋时可不做弯钩。

2. 当锚固钢筋的保护层厚度不大于 5d 时，锚固钢筋长度范围内应设置横向构造钢筋，其直径不应小于 d/4（d 为锚固钢筋的最大直径）；对梁、柱等构件间距不应大于 5d，对板、墙等构件间距不应大于 10d，且均不应大于 100mm（d 为锚固钢筋的最小直径）。

表 6-15　受拉钢筋锚固长度修正系数 ζ_a

锚固条件		ζ_a	
带肋钢筋的公称直径大于 25		1.10	—
环氧树脂涂层带肋钢筋		1.25	
施工过程中易受扰动的钢筋		1.10	
锚固区保护层厚度	3d	0.80	注：1. 中间时按内插值。 2. d 为箍筋直径
	5d	0.70	

6.4.2.3　现浇钢筋混凝土框架梁钢筋的设计长度计算

钢筋混凝土框架梁配筋如图 6-62 所示。

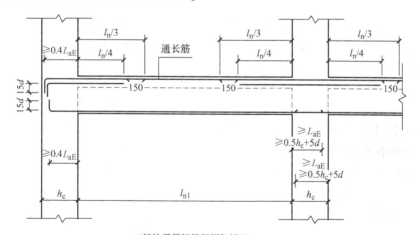

一、二级抗震等级楼层框架梁KL

注：当梁的上部既有通长筋又有架立筋时，其中架立筋的搭接长度为150mm。

图 6-62　钢筋混凝土框架梁配筋示意图

1. 上部纵向钢筋

上部纵向钢筋，如图 6-63 所示，其设计长度按以下公式计算：

$$上部纵向钢筋设计长度 = l_{n1} + 左支座锚固长度 + 右支座锚固长度 \qquad (6\text{-}13)$$

1）当 h_c - 保护层厚度)$\geq L_{aE}$ 时：

$$左、右支座锚固长度 = \max(L_{aE}, 0.5h_c + 5d) \qquad (6\text{-}14)$$

2）当 h_c - 保护层厚度 $< L_{aE}$ 时，必须弯锚：

$$左、右支座锚固长度 = h_c - 保护层 + 15d$$

$$(6-15)$$

式中　l_{n1}——梁的净跨长度；

　　　h_c——框架柱（梁的支座）的截面高度；

　　　d——纵向（通长）钢筋直径。

当梁的上部既有通长筋又有架立筋时，架立筋与通长筋的搭接长度为 150mm。

2. 下部纵向钢筋

下部纵向钢筋设计长度计算同上部纵向钢筋设计长度计算基本相同，主要区别在于，下部纵向钢筋除了角筋通长之外，其他纵向钢筋由于在支座位置基本不承受外力作用，因此可将其设计为不伸入支座的纵向钢筋，其截断处距支座边缘应不大于 0.1 倍的净跨长度，如图 6-63 所示。

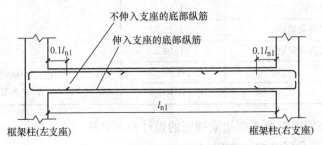

图 6-63　框架梁底部纵向配筋图

伸入支座的底部纵筋设计长度 $= l_{n1} +$ 左支座锚固长度 $+$ 右支座锚固长度。

不伸入支座的底部纵筋设计长度 $= l_{n1} - 2 \times 0.1 \times l_{n1} = 0.8 \times l_{n1}$。

式中　锚固长度的确定同上部纵向钢筋。

3. 侧面纵向钢筋（腰筋）

侧面纵向钢筋设计长度计算同上（下）部纵向钢筋钢筋设计长度计算基本相同，但根据其作用的不同而有所区别，其中：

构造腰筋设计长度 $= l_{n1} + 2 \times 15d$　　(6-16)

抗扭腰筋设计长度 $= l_{n1} +$ 左支座锚固长度 $+$

右支座锚固长度(同上、下部纵筋)

$$(6-17)$$

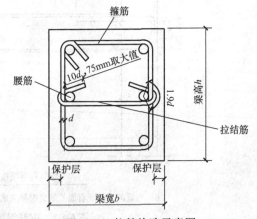

图 6-64　拉筋构造示意图

需要注意的是，设置腰筋时，构造要求两排腰筋之间需按非加密区箍筋"隔一拉一"设置拉结筋，如图 6-64 所示。当梁宽小于等于 350mm 时，拉结筋直径按 6mm 考虑；当梁宽大于 350mm 时，拉结筋直径按 8mm 考虑。

拉筋长度 $= b - 2 \times$ 保护层厚度 $+ 2 \times 1.9d + 2 \times \max(10d, 75mm) + 2d$　　(6-18)

拉筋根数 $= [(l_{n1} - 50 \times 2)/(非加密区箍筋间距 \times 2) + 1)] \times$ 腰筋排数　　(6-19)

式中　　　　　b——梁宽；

$\max(10d, 75mm)$——该项数值取 $10d$ 和 75mm 两者之间的较大值。

4. 左支座、右支座、跨中支座钢筋

左、右支座处承受负弯矩的钢筋统称为支座负筋（这里不包括该处的通长筋，图6-65），其中，第一排支座负筋在本跨净跨的 1/3 处截断，第二排支座负筋在本跨净跨的 1/4 处截断，因此左支座、右支座负筋按下列公式计算：

$$第一排支座负筋计算长度 = 左(右)支座锚固长度 + l_{n1}/3 \tag{6-20}$$

$$第二排支座负筋计算长度 = 左(右)支座锚固长度 + l_{n1}/4 \tag{6-21}$$

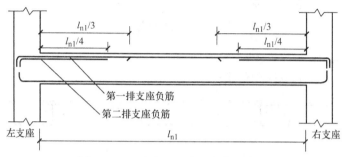

图 6-65　左支座、右支座负筋示意图

跨中支座负筋则按下列公式计算：

$$第一排钢筋设计长度 = 2 \times \max(l_{n1}, l_{n2})/3 + 支座宽度 \tag{6-22}$$

$$第二排钢筋设计长度 = 2 \times \max(l_{n1}, l_{n2})/4 + 支座宽度 \tag{6-23}$$

其中，$\max(l_{n1}, l_{n2})$ 表示该支座左、右两跨净跨长度的最大值。需要注意的是，若两跨净跨长度相差较大，比如 $l_{n1} > l_{n2}$，可能会出现 $l_{n1}/3 > l_{n2}$ 的情况，此时跨中支座负筋就应在较小净跨处通长布置。

5. 吊筋

$$吊筋长度 = b + 2 \times 50 + 2 \times (梁高 - 2 \times 保护层厚度)/\cos\theta + 2 \times 20d \tag{6-24}$$

6. 箍筋

箍筋肢数采用 $m \times n$ 表示，例如 5×4 箍筋（图6-66）。

1）单根箍筋设计长度

单根箍筋设计长度 = $(b - 2c + 2d) \times 2 +$
$(h - 2c + 2d) \times 2 + 2 \times 1.9d +$
$2 \times \max(10d, 75mm)$　(6-25)

式中，$\max(10d, 75mm)$ 表示在 $10d$ 与 $75mm$ 之间取较大值。

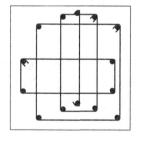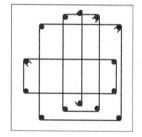

图 6-66　5×4 箍筋下料方式

2）箍筋根数。箍筋在梁里的布设分为加密区和非加密区的，根据结构抗震等级的不同加密区范围分别为 $\max(2h_b, 500)$ 或 $\max(1.5h_b, 500)$，其中 h_b 为梁的截面高度。箍筋距支座边的距离为50mm。箍筋布设要求如图6-67所示。箍筋根数按下式计算：

$$箍筋根数 = \left[\frac{(左加密区长度 - 50)}{加密间距} + 1 \right] + \left(\frac{非加密区长度}{非加密间距} - 1 \right)$$
$$+ \left[\frac{(右加密区长度 - 50)}{加密间距} + 1 \right] \tag{6-26}$$

【例6-13】　某抗震框架梁跨中截面尺寸 $b \times h = 250mm \times 500mm$，梁内配筋箍筋 $\phi 6@150$，

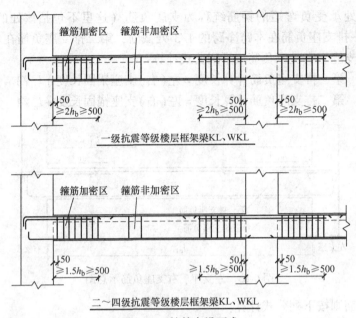

图 6-67 箍筋布设要求

纵向钢筋的保护层厚度 $c = 25mm$，求单根箍筋的下料长度。

【解】 单根箍筋设计长度 $= [(b - 2c + 2d) \times 2 + (h - 2c + 2d) \times 2 + 2 \times 1.9d + 2 \times \max(10d, 75)]mm$

$= [(250 - 2 \times 25 + 2 \times 6) \times 2 + (500 - 2 \times 25 + 2 \times 6) \times 2 + 2 \times 1.9 \times 6 + 2 \times \max(10 \times 6, 75)]mm$

$= 1520.8mm$

若按经验公式计算，则单根箍筋设计长度为 1500mm，与上述计算误差约为 1.4%。

7. 弯起钢筋

底部纵筋在支座处向上弯起，主要是为了能够抵抗支座附近斜截面的剪力。但由于其施工较复杂，目前设计时很少采用，而大多采用箍筋加密的方式抵抗剪力。钢筋弯起角度，一般有 30°、45° 和 60° 三种。弯起增加长度（ΔL）是指钢筋弯起段斜长（S）与水平投影长度（L）之间的差值，应根据弯起的角度（α）和弯起钢筋轴线高差（Δh）计算求出，如图 6-68 所示。

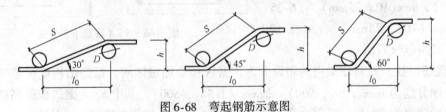

图 6-68 弯起钢筋示意图

$$弯起钢筋增加长度\ \Delta L = S - L \tag{6-27}$$

一般，当 $\alpha = 30°$ 时，$\Delta l = 0.27\Delta h$

当 $\alpha = 45°$ 时，$\Delta l = 0.41\Delta h$

当 $\alpha = 60°$ 时，$\Delta l = 0.58\Delta h$

式中，$\Delta h =$ 构件截面高度 $-$ 保护层厚度 $\times 2 - d$（d 为钢筋的公称直径）。

在实际工作中，为了完成快速报价，箍筋的工程量计算经常采用经验公式。当箍筋直径在 10mm 以内时，单根箍筋下料长度按构件断面周长计算；当箍筋直径在 10mm 以上时，单根箍筋下料长度等于构件断面周长加 20mm。

8. 其他

1）马凳（图 6-69a），设计有规定的按设计规定，设计无规定时，马凳的材料应按底板钢筋降低一个规格，长度按底板厚度加 200mm 计算，每平方米 1 个，计入钢筋总量。

2）墙体拉结 S 钩（图 6-69b），设计有规定的按设计规定，设计无规定按 φ8 钢筋，长度按墙厚加 150mm 计算，每平方米 3 个，计入钢筋总量。

图 6-69　马凳、S 钩

a）马凳　b）S 钩

9. 预应力钢筋长度计算

先张法预应力钢筋，按构件外形尺寸计算长度；后张法预应力钢筋，按设计的预应力预留孔道长度，并区分不同锚具类型，按以下规定计算：

1）低合金钢筋两端采用螺杆锚具（图 6-70），钢筋长度按孔道长度减 0.35m 计算，螺杆另计算。

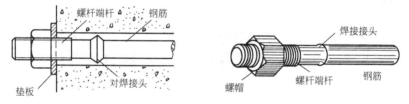

图 6-70　螺杆锚具

2）低合金钢筋一端镦头插片，另一端螺杆锚具，钢筋按预留孔道长度计算，螺杆另计算。

3）低合金钢筋一端镦头插片，另一端帮条锚具，钢筋按预留孔道长度，增加 0.15m 计算；两端均采用帮条锚具时，钢筋按孔道长度增加 0.3m 计算。

4）低合金钢筋用后张法自锚时，钢筋按预留孔道长度增加 0.35m 计算。

5）低合金钢筋或钢绞线采用 JM、XM、QM 型锚具，孔道长在 20m 以内时，钢筋按孔道长度增加 1.0m 计算；孔道长在 20m 以上时，钢筋按孔道长度增加 1.8m 计算。

6）碳素钢丝用锥形锚具，孔道长在 20m 以内时，预应力钢丝按孔道长度增加 1.0m 计算；孔道长在 20m 以上时，预应力钢丝按孔道长度增加 1.8m 计算。

7）碳素钢丝两端采用镦粗头时，预应力钢丝按孔道长度增加 0.35m 计算。

6.5　装饰工程工程量计算

6.5.1　楼地面装饰工程工程量计算规则

《房屋建筑与装饰工程工程量计算规范》将楼地面装饰工程分为整体面层及找平层、块料面层、橡塑面层、其他材料面层、踢脚线、楼梯面层、台阶装饰和零星装饰项目。

1. 整体面层及找平层

整体面层分为水泥砂浆楼地面、现浇水磨石楼地面、细石混凝土楼地面、菱苦土楼地面、自流平楼地面，以上不同做法的楼地面工程量均按设计图示尺寸以面积计算，单位：m^2。扣除凸出地面构筑物、设备基础、室内铁道、地沟等所占面积，不扣除间壁墙（小于或等于120mm）及面积 $\leq 0.3 m^2$ 柱、垛、附墙烟囱及孔洞所占面积。门洞、空圈、暖气包槽、壁龛的开口部分不增加面积。

平面砂浆找平层，按设计图示尺寸以面积计算，单位：m^2。该项只适用于仅做找平层的平面抹灰。

2. 块料面层

块料面层分为石材楼地面、碎石材楼地面、块料楼地面，其工程量均按设计图示尺寸以面积计算，单位：m^2。门洞、空圈、暖气包槽、壁龛的开口部分并入相应的工程量内。

3. 橡塑面层

橡塑面层分为橡胶板楼地面、橡胶板卷材楼地面、塑料板楼地面、塑料卷材楼地面，其工程量均按设计图示尺寸以面积计算，单位：m^2。门洞、空圈、暖气包槽、壁龛的开口部分并入相应的工程量内。

4. 其他材料面层

其他材料面层分为地毯楼地面，竹、木（复合）地板，金属复合地板，防静电活动地板，其工程量均按设计图示尺寸以面积计算，单位：m^2。门洞、空圈、暖气包槽、壁龛的开口部分并入相应的工程量内。

5. 踢脚线

踢脚线分为水泥砂浆踢脚线、石材踢脚线、块料踢脚线、塑料板踢脚线、木质踢脚线、金属踢脚线、防静电踢脚线，工程量均按设计图示长度乘高度以面积计算，单位：m^2；或按延长米计算，单位：m。

6. 楼梯面层

楼梯面层按所用材料及做法不同，分为石材楼梯面层、块料楼梯面层、拼碎块料面层、水泥砂浆楼梯面层、现浇水磨石楼梯面层、地毯楼梯面层、木板楼梯面层，橡胶板楼梯面层、塑料板楼梯面层、工程量均按设计图示尺寸楼梯（包括踏步、休息平台及 $\leq 500mm$ 的楼梯井）水平投影面积计算，单位：m^2。楼梯与楼地面相连时，算至梯口梁内侧边沿；无梯口梁者，算至最上一层踏步边沿加300mm。

7. 台阶装饰

台阶根据面层所用材料及做法不同，分为石材台阶面、块料台阶面、拼碎块料台阶面、水泥砂浆台阶面、现浇水磨石台阶面、剁假石台阶面，工程量均按设计图示尺寸以台阶（包括最上层踏步边沿加300mm）水平投影面积计算，单位：m^2。

8. 零星装饰工程

零星装饰项目分为石材零星项目、拼碎石材零星项目、块料零星项目、水泥砂浆零星项目，工程量均按设计图示尺寸以面积计算，单位：m^2。

6.5.2 墙、柱面装饰与隔断、幕墙工程工程量计算规则

《房屋建筑与装饰工程工程量计算规范》中墙、柱面装饰与隔断、幕墙工程包括墙面抹

灰、柱（梁）面抹灰、零星抹灰、墙面块料面层、柱（梁）面镶贴块料、镶贴零星块料、墙饰面、柱（梁）饰面、幕墙工程、隔断项目。

1. 墙面抹灰

墙面抹灰在《房屋建筑与装饰工程工程量计算规范》中分为墙面一般抹灰、墙面装饰抹灰、墙面勾缝和立面砂浆找平层，均按设计图示尺寸以面积计算。扣除墙裙、门窗洞口及单个 >0.3m² 的孔洞面积，不扣除踢脚线、挂镜线和墙与构件交接处的面积，门窗洞口和孔洞的侧壁及顶面不增加面积。附墙柱、梁、垛、烟囱侧壁并入相应的墙面面积内。其中：

1）外墙抹灰面积按外墙垂直投影面积计算。

2）外墙裙抹灰面积按其长度乘以高度计算。

3）内墙抹灰面积按主墙间的净长乘以高度计算。其高度按以下规则计算：无墙裙的，按室内楼地面至天棚底面计算；有墙裙的，按墙裙顶至天棚底面计算；有吊顶天棚抹灰，高度算至天棚底。

4）内墙裙抹灰面按内墙净长乘以高度计算。立面砂浆找平项目适用于仅做找平层的立面抹灰。墙面抹石灰砂浆、水泥砂浆、混合砂浆、聚合物水泥砂浆、麻刀石灰浆、石膏灰浆等按墙面一般抹灰列项；墙面水刷石、斩假石、干粘石、假面砖等按墙面装饰抹灰列项。

2. 柱（梁）面抹灰

柱（梁）面抹灰包括柱（梁）面一般抹灰、柱（梁）面装饰抹灰、柱（梁）面砂浆找平层、柱面勾缝。工程量均按设计图示柱（梁）断面周长乘以高度（长度）以面积计算，单位：m²。

砂浆找平项目适用于仅做找平层的柱（梁）面抹灰。

柱（梁）面抹石灰砂浆、水泥砂浆、混合砂浆、聚合物水泥砂浆、麻刀石灰浆、石膏灰浆等按柱（梁）面一般抹灰编码列项；柱（梁）面水刷石、斩假石、干粘石、假面砖等柱（梁）面装饰抹灰项目编码列项。

3. 零星抹灰

墙、柱（梁）面≤0.5m² 的少量分散的抹灰按零星抹灰项目编码列项，包括零星项目一般抹灰、零星项目装饰抹灰、零星砂浆找平层，工程量均按设计图示尺寸以面积计算，单位：m²。

4. 墙面块料面层

1）石材墙面、拼碎石材墙面、块料墙面按镶贴表面积计算，单位：m²。

项目特征中"安装方式"可描述为砂浆或粘接剂粘贴、挂贴、干挂等，不论哪种安装方式，都要详细描述与组价相关的内容。

2）干挂石材钢骨架按设计图示尺寸以质量计算，单位：t。

5. 柱（梁）面镶贴块料

柱（梁）面镶贴块料包括石材柱面、块料柱面、拼碎块柱面、石材梁面、块料梁面。均按镶贴表面积计算。

柱（梁）面干挂石材的钢骨架按墙面块料面层中干挂石材钢骨架编码列项。

6. 镶贴零星块料

墙柱面≤0.5m² 的少量分散的镶贴块料面层按零星项目执行。包括石材零星项目、块料零星项目、拼碎块零星项目。均按镶贴表面积计算。

7. 墙饰面

1）墙面装饰板，按设计图示墙净长乘净高以面积计算。扣除门额洞口及 $>0.3m^2$ 的孔洞所占面积。

2）墙面装饰浮雕，按图示尺寸以面积计算。

8. 柱（梁）饰面

1）柱（梁）面装饰，工程量按设计图示饰面外围尺寸以面积计算，单位：m^2。柱帽、柱墩并入相应柱饰面工程量。

2）成品装饰柱，工程量按设计数量计算，以"根"计量；或按设计长度计算，以"m"计量。

9. 幕墙工程

1）带骨架幕墙，按设计图示框外围尺寸以面积计算，单位：m^2。与幕墙同种材质的窗所占面积不扣除。

2）全玻（无框玻璃）幕墙，按设计图示尺寸以面积计算，单位：m^2。带肋全玻幕墙按展开面积计算。

幕墙钢骨架按墙面块料面层中干挂石材钢骨架编码列项。

10. 隔断

1）木隔断、金属隔断，按设计图示框外围尺寸以面积计算，单位：m^2。不扣除单个 $\leqslant 0.3m^2$ 的孔洞所占面积；浴厕门的材质与隔断相同时，门的面积并入隔断面积内。

2）玻璃隔断、塑料隔断、其他隔断，按设计图示框外围尺寸以面积计算，单位：m^2。不扣除单个 $\leqslant 0.3m^2$ 的孔洞所占面积。

3）成品隔断。按设计图示框外围尺寸以面积计算；或按设计间的数量计算，以"间"计量。

6.5.3 天棚工程工程量计算规则

《房屋建筑与装饰工程工程量计算规范》中天棚工程包括天棚抹灰、天棚吊顶、采光天棚及天棚其他装饰项目。

1. 天棚抹灰

天棚抹灰，按设计图示尺寸以水平投影面积计算，单位：m^2。不扣除间壁墙、垛、柱、附墙烟囱、检查口和管道所占的面积，带梁天棚的梁两侧抹灰面积并入天棚面积内，板式楼梯底面抹灰按斜面积计算，锯齿形楼梯底板抹灰按展开面积计算。

2. 天棚吊顶

1）吊顶天棚，按设计图示尺寸以水平投影面积计算，单位：m^2。天棚面中的灯槽及跌级、锯齿形、吊挂式、藻井式天棚面积不展开计算。不扣除间壁墙、检查口、附墙烟囱、柱垛和管道所占面积，扣除单个 $>0.3m^2$ 的孔洞、独立柱及与天棚相连的窗帘盒所占的面积。

2）格栅吊顶、吊筒吊顶、藤条造型悬挂吊顶、织物软雕吊顶、装饰网架吊顶，按设计图示尺寸以水平投影面积计算，单位：m^2。

3. 采光天棚

采光天棚骨架不包括在本节中，应单独按金属结构工程相关项目编码列项。其工程量计算按框外围展开面积计算，单位：m^2。

4. 天棚其他装饰

1）灯带（槽），按设计图示尺寸以框外围面积计算。

2）送风口、回风口，按设计图示数量计算，以"个"计量。

6.5.4 油漆、涂料、裱糊工程工程量计算规则

《房屋建筑与装饰工程工程量计算规范》中油漆、涂料、裱糊工程包括门油漆，窗油漆，木扶手及其他板条、线条油漆，木材面油漆，金属面油漆，抹灰面油漆，喷刷涂料，裱糊项目。

1. 门油漆

门油漆包括木门油漆、金属门油漆，其工程量计算按设计图示数量计算，以"樘"计量；或按设计图示洞口尺寸以面积计算，单位：m^2。

木门油漆应区分木大门、单层木门、双层（一玻一纱）木门、双层（单裁口）木门、全玻自由门、半玻自由门、装饰门及有框门或无框门等项目，分别编码列项。金属门油漆应区分平开门、推拉门、钢制防火门等项目，分别编码列项。

2. 窗油漆

窗油漆包括木窗油漆、金属窗油漆，其工程量计算按设计图示数量，以"樘"计算；或按设计图示洞口尺寸以面积计算，单位：m^2。

木窗油漆应区分单层木窗、双层（一玻一纱）木窗、双层框扇（单裁口）木窗、双层框三层（二玻一纱）木窗、单层组合窗、双层组合窗、木百叶窗、木推拉窗等，分别编码列项。金属窗油漆应区分平开窗、推拉窗、固定窗、组合窗、金属隔栅窗等项目，分别编码列项。

3. 木扶手及其他板条、线条油漆

木扶手及其他板条、线条油漆包括木扶手油漆，窗帘盒油漆，封檐板、顺水板油漆，挂衣板、黑板框油漆，挂镜线、窗帘棍、单独木线油漆。按设计图示尺寸以长度计算，单位：m。

木扶手应区分带托板与不带托板，分别编码列项。若木栏杆带扶手，木扶手不应单独列项，应包含在木栏杆油漆中。

4. 木材面油漆

1）木护墙、木墙裙油漆，窗台板、筒子板、盖板、门窗套、踢脚线油漆，清水板条天棚、檐口油漆，木方格吊顶天棚油漆，吸声板墙面、天棚面油漆，暖气罩油漆及其他木材面油漆。其工程量均按设计图示尺寸以面积计算，单位：m^2。

2）木间壁、木隔断油漆，玻璃间壁露明墙筋油漆，木栅栏、木栏杆（带扶手）油漆。按设计图示尺寸以单面外围面积计算，单位：m^2。

3）衣柜、壁柜油漆，梁柱饰面油漆，零星木装修油漆。按设计图示尺寸以油漆部分展开面积计算，单位：m^2。

4）木地板油漆、木地板烫硬蜡面。按设计图示尺寸以面积计算，单位：m^2。空洞、空圈、暖气包槽、壁龛的开口部分并入相应的工程量内。

5. 金属面油漆

金属面油漆，其工程量可按设计图示尺寸以质量计算，以"t"计量；或按设计展开面积计算，单位：m^2。

6. 抹灰面油漆

1）抹灰面油漆，按设计图示尺寸以面积计算，单位：m^2。

2）抹灰线条油漆，按设计图示尺寸以长度计算，单位：m。

3）满刮腻子，按设计图示尺寸以面积计算，单位：m²。

7. 喷刷涂料

1）墙面喷刷涂料、天棚喷刷涂料，按设计图示尺寸以面积计算，单位：m²。

2）空花格、栏杆刷涂料，按设计图示尺寸以单面外围面积计算，单位：m²。

3）线条刷涂料，按设计图示尺寸以长度计算，单位：m。

4）金属构件刷防火涂料，按设计图示尺寸以质量计算，以"t"计量；或按设计展开面积计算，单位：m²。

5）木材构件喷刷防火涂料，工程量按设计图示以面积计算，单位：m²。

8. 裱糊

裱糊包括墙纸裱糊、织锦缎裱糊。工程量均按设计图示尺寸以面积计算，单位：m²。

6.5.5　其他装饰工程工程量计算规则

《房屋建筑与装饰工程工程量计算规范》中其他装饰工程包括柜类、货架，压条、装饰线，扶手、栏杆、栏板装饰，暖气罩，浴厕配件，雨篷、旗杆，招牌、灯箱，美术字项目。

1. 柜类、货架

柜类、货架包括柜台、酒柜、衣柜、存包柜、鞋柜、书柜、厨房壁柜、木壁柜、厨房低柜、厨房吊柜、矮柜、吧台背柜、酒吧吊柜、酒吧台、展台、收银台、试衣间、货架、书架、服务台。工程量计算有三种方式可供选择：按设计图示数量计算，以"个"计量；或按设计图示尺寸以延长米计算，单位：m；或按设计图示尺寸以体积计算，单位：m³。

2. 压条、装饰线

压条、装饰线包括金属装饰线、木质装饰线、石材装饰线、石膏装饰线、镜面玻璃线、铝塑装饰线、塑料装饰线、GRC 装饰线条。均按设计图示尺寸以长度计算，单位：m。

3. 扶手、栏杆、栏板装饰

扶手、栏杆、栏板装饰包括金属扶手、栏杆、栏板，硬木扶手、栏杆、栏板，塑料扶手、栏杆、栏板，GRC 栏杆、扶手，金属靠墙扶手，硬木靠墙扶手，塑料靠墙扶手，玻璃栏板。均按设计图示尺寸以扶手中心线长度（包括弯头长度）计算，单位：m。

4. 暖气罩

暖气罩包括饰面板暖气罩、塑料板暖气罩、金属暖气罩。均按设计图示尺寸以垂直投影面积（不展开）计算，单位：m²。

5. 浴厕配件

1）洗漱台，按设计图示尺寸以台面外接矩形面积计算，单位：m²。不扣除孔洞、挖弯、削角所占面积，挡板、吊沿板面积并入台面面积内；或按设计图示数量计算，以"个"计量。

2）晒衣架、帘子杆、浴缸拉手、卫生间扶手、毛巾杆（架）、毛巾环、卫生纸盒、肥皂盒，按设计图示数量计算，分别以"个""套""副"计量。

3）镜面玻璃，按设计图示尺寸以边框外围面积计算。

4）镜箱，按设计图示数量计算，以"个"计量。

6. 雨篷、旗杆

1）雨篷吊挂饰面、玻璃雨篷，按设计图示尺寸以水平投影面积计算，单位：m²。

2）金属旗杆，按设计图示数量计算，以"根"计量。

7. 招牌、灯箱

1）平面、箱式招牌，按设计图示尺寸以正立面边框外围面积计算，单位：m^2。复杂形的凸凹造型部分不增加面积。

2）竖式标箱、灯箱、信报箱，按设计图示数量计算，以"个"计量。

8. 美术字

美术字包括泡沫塑料字、有机玻璃字、木质字、金属字、吸塑字。按设计图示数量计算，以"个"计量。

6.6　拆除工程工程量计算

《房屋建筑与装饰工程工程量计算规范》中拆除工程只适用于房建中拆除项目，不适用于大面积拆除工程。包括砖砌体拆除，混凝土及钢筋混凝土构件拆除，木构件拆除，抹灰层拆除，块料面层拆除，龙骨及饰面拆除，屋面拆除，铲除油漆涂料裱糊面，栏杆栏板、轻质隔断隔墙拆除，门窗拆除，金属构件拆除，管道及卫生洁具拆除，灯具、玻璃拆除，其他构件拆除，开孔（打洞）项目。

1）砖砌体拆除以"m^3"计量，按拆除的体积计算；或以"m"计算，按拆除的延长米计算。以"m"计量，如砖地沟、砖明沟等必须描述拆除部位的截面尺寸；以"m^3"计量，截面尺寸不必描述。

2）混凝土及钢筋混凝土构件、木构件拆除以"m^3"计量，按拆除构件的体积计算；或以"m^2"计量，按拆除部位的面积计算；或以"m"计量，按拆除部位的延长米计算。

3）抹灰面拆除、屋面、隔断隔墙拆除，均按拆除部位的面积计算，单位：m^2。块料面层、龙骨及饰面、玻璃拆除均按拆除面积计算，单位：m^2。

4）铲除油漆涂料裱糊面以"m^2"计量，按铲除部位的面积计量；或以"m"计量，按铲除部位的延长米计算。

5）栏板、栏杆拆除以"m^2"计量，按拆除部位的面积计算；或以"m"计量，按拆除的延长米计算。

6）门窗拆除包括木门窗和金属门窗拆除，以"m^2"计量，按拆除面积计算；或以"樘"计量，按拆除樘数计算。

7）金属构件拆除中钢网架以"t"计量，按拆除构件的质量计算，其他（钢梁、钢柱、钢支撑、钢墙架）拆除按拆除构件质量计算外还可以按拆除延长米计算，以"m"计量。

8）管道拆除以"m"计量，按拆除管道的延长米计算；卫生洁具、灯具拆除以"套（个）"计量，按拆除的数量计算。

9）其他构件拆除中，暖气罩、柜体拆除可以按拆除的个数计算以"个"计量，也可按拆除延长米计算，单位：m；窗台板、筒子板拆除可以按拆除的块数计算以"块"计量，也可按拆除的延长米计算，单位：m；窗帘盒、窗帘轨拆除按拆除的延长米计算，单位：m。

10）开孔（打洞）以"个"计量，按数量计算。

复习思考题

1. 什么是工程量？什么是"三线一面"？

2. 某砖混结构警卫室平面图和剖面图如图 6-71 所示，表 6-16 为门窗表。

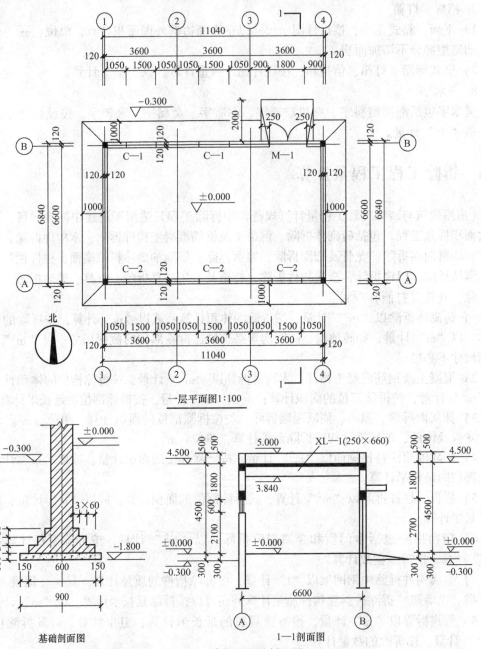

图 6-71　建筑平面及剖面图

表 6-16　门窗表

类别	门窗编号	洞口尺寸/mm		数量/樘
		宽	高	
门	M—1	1800	2700	1
窗	C—1	1500	1500	2
	C—2	1500	600	3

（1）根据地质勘测，工程所在场地为一类土，土方开挖时采用挡土板支护，人工开挖。

（2）基础形式为条形基础，MU10 黏土砖水泥砂浆砌筑，基础下 C10 混凝土垫层厚度 100mm；±0.00 以上采用 MU10 黏土砖混合砂浆砌筑。

（3）屋面结构为 120mm 厚现浇钢筋混凝土板，板面结构标高 4.5m，屋面上采用膨胀珍珠岩做保温层，保温层厚度 150mm；保温层上采用 SBS 改性沥青防水卷材做防水层。

（4）②、③轴处有现浇钢筋混凝土矩形梁（XL—1），梁截面尺寸 250mm × 660mm（660mm 中包括板厚 120mm），伸入墙内的梁头长 120mm。

（5）地坪层厚度 100mm，与自然地坪高差部分，采用素土夯填。

（6）在该建筑物的房屋四角设有 240mm × 240mm 的构造柱。

（7）该建筑物的圈梁设在屋面板下，与屋面板整体浇筑，圈梁高 400mm（包括板厚 120mm），圈梁宽度同墙厚。

（8）所有的门窗洞口上部设有现浇矩形过梁，过梁高均按 240mm 计算，过梁长度 = 门窗洞口宽度 + 500mm，过梁宽同墙厚。

根据以上条件，依据《全国统一建筑工程预算工程量计算规则》计算以下工程量：（1）平整场地；（2）挖沟槽；（3）垫层体积；（4）砌筑工程；（5）外脚手架工程；（6）构造柱；（7）过梁；（8）XL—1 混凝土、模板；（9）屋面卷材防水；（10）屋面保温；（11）散水。

3. 已知某教学楼独立基础如图 6-72 所示，钢筋混凝土框架梁 KL1 的截面尺寸与配筋如图 6-73 所示，次梁的截面宽度为 250mm，混凝土等级均为 C25，求每个独立基础及每根 KL1 中各种钢筋的下料长度。

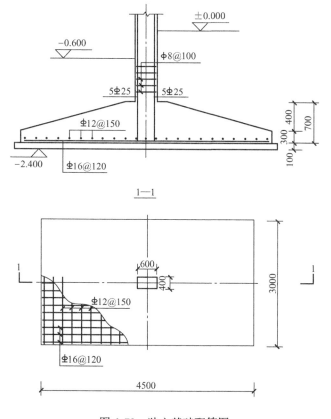

图 6-72 独立基础配筋图

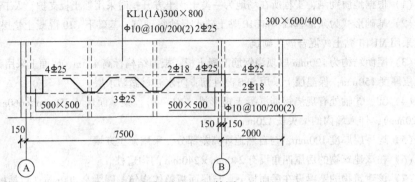

图 6-73　框架梁 KL1 配筋图

4. 地面装饰工程如何划分项目，工程量应如何计算？

5. 简述墙面装饰工程工程量计算规则。

6. 简述天棚抹灰工程量应如何计算。

7. 简述墙面涂料的工程量计算规则。

第7章 措施项目工程量计算

《房屋建筑与装饰工程工程量计算规范》关于措施项目工程量计算，其中脚手架、混凝土模板及支架、垂直运输、超高施工增加、大型机械设备进出场及安拆、施工降水及排水几项措施项目都详细列出了项目编码、项目名称、项目特征、工程量计算规则、工作内容，其清单的编制与分部分项工程一致，工程量应按计算规则计算。

关于安全文明施工及其他措施项目规定了应包含范围，其清单项目设置、计量单位、工作内容及包含范围应按规定执行。报价时应按实际情况计算措施项目费用，需分摊的应合理计算摊销费用。

7.1 计算工程量的措施项目

7.1.1 脚手架工程

1. 综合脚手架

按建筑面积计算，单位：m^2。使用综合脚手架时，不再使用外脚手架、里脚手架等单项脚手架；综合脚手架适用于能够按"建筑面积计算规则"计算建筑面积的建筑工程脚手架，不适用于房屋加层、构筑物及附属工程脚手架。综合脚手架项目特征包括建设结构形式、檐口高度，同一建筑物有不同的檐高时，按建筑物竖向切面分别按不同檐高编列清单项目。脚手架的材质可以不作为项目特征内容，但需要注明由投标人根据实际情况按照有关规范自行确定。

2. 外脚手架、里脚手架、整体提升架、外装饰吊篮

外脚手架、里脚手架如图7-1、图7-2所示。外脚手架、里脚手架、整体提升架、外装饰吊篮按所服务对象的垂直投影面积计算，单位：m^2。整体提升架包括2m高的防护架体设施。

3. 悬空脚手架、满堂脚手架

悬空脚手架、满堂脚手架如图7-3、图7-4所示。其工程量按搭设的水平投影面积计算，单位：m^2。

4. 挑脚手架

挑脚手架如图7-5所示。工程量按搭设长度乘以搭设层数以延长米计算。

7.1.2 混凝土模板及支架（撑）

混凝土模板及支撑（架）项目，只适用于以"m^2"计量，按模板与混凝土构件的接触面积计算，采用清水模板时应在项目特征中说明。以"m^3"计量的模板及支撑（架），按混凝土及钢筋混凝土实体项目执行，其综合单价应包含模板及支撑（架）。以下仅规定了按接触面积计算的规则与方法：

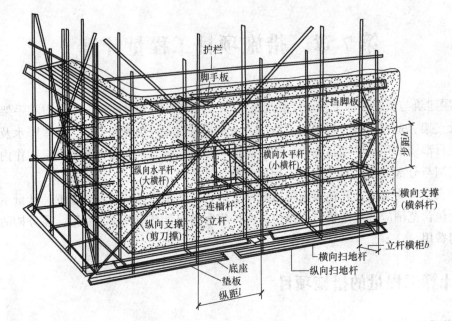

图 7-1 扣件式外墙钢管脚手架

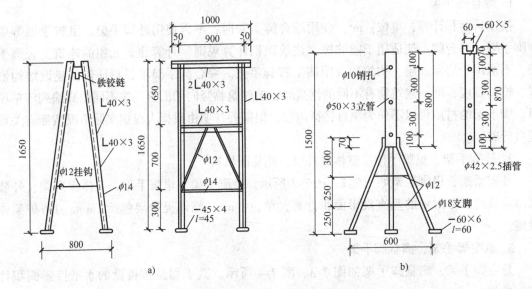

图 7-2 里脚手架示意图

a) 折叠式里脚手架 b) 支柱式里脚手架

1）混凝土基础，矩形柱，构造柱，异形柱，基础梁，矩形梁，圈梁，过梁，弧形、拱形梁，直形墙，弧形墙，短肢剪力墙、电梯井壁，有梁板，无梁板，平板，拱板，薄壳板，空心板，其他板，栏板等。

上述主要构件模板及支架工程量按模板与现浇混凝土构件的接触面积计算。原槽浇灌的混凝土基础不计算模板工程量。若现浇混凝土梁、板支撑高度超过 3.6m 时，项目特征应描述支撑高度。

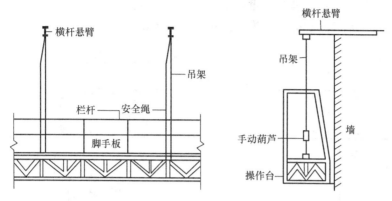

图 7-3　悬空脚手架示意图

图 7-4　满堂脚手架示意图

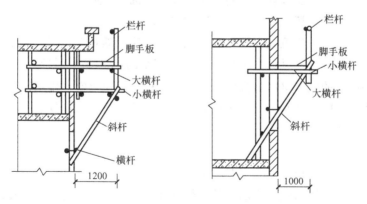

图 7-5　挑脚手架示意图

① 现浇钢筋混凝土墙、板单孔面积≤0.3m² 的孔洞不予扣除，洞侧壁模板亦不增加；单孔面积>0.3m² 时应予扣除，洞侧壁模板面积并入墙、板工程量内计算。

② 现浇框架分别按梁、板、柱有关规定计算；附墙柱、暗梁、暗柱并入墙内工程量内计算。

③ 柱、梁、墙、板相互连接的重叠部分，均不计算模板面积。

④ 构造柱按图示外露部分计算模板面积，如图 7-6 所示。

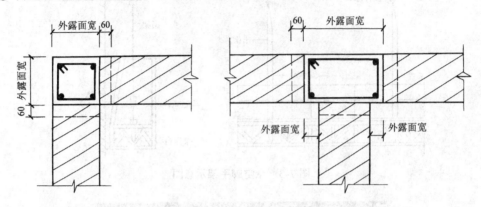

图 7-6　构造柱外露面示意图

2）天沟、檐沟，电缆沟、地沟，散水，扶手，后浇带，化粪池，检查井按模板与现浇混凝土构件的接触面积计算。

3）雨篷、悬挑板、阳台板。按图示外挑部分尺寸的水平投影面积计算，挑出墙外的悬臂梁及板边不另计算。

4）楼梯。按楼梯（包括休息平台、平台梁、斜梁和楼层板的连接梁）的水平投影面积计算，不扣除宽度≤500mm 的楼梯井所占面积，楼梯踏步、踏步板、平台梁等侧面模板不另计算，伸入墙内部分亦不增加。

5）台阶。按图示台阶水平投影面积计算，台阶端头两侧不另计算模板面积。架空式混凝土台阶，按现浇楼梯计算。

7.1.3　垂直运输

垂直运输指施工工程在合理工期内所需垂直运输机械。垂直运输可按建筑面积计算也可以按施工工期日历天数计算，以"m²"或"天"计量。

项目特征包括建筑物建筑类型及结构形式、地下室建筑面积、建筑物檐口高度及层数。其中建筑物的檐口高度是指设计室外地坪至檐口滴水的高度（平屋顶是指屋面板底高度），突出主体建筑物屋顶的电梯机房、楼梯出口间、水箱间、瞭望塔、排烟机房等不计入檐口高度。同一建筑物有不同檐高时，按建筑物的不同檐高做纵向分割，分别计算建筑面积，以不同檐高分别编码列项。

7.1.4　超高施工增加

单层建筑物檐口高度超过 20m，多层建筑物超过 6 层时（不包括地下室层数），可按超高部分的建筑面积计算超高施工增加。其工程量计算按建筑物超高部分的建筑面积计算。同一建筑物有不同檐高时，可按不同高度的建筑面积分别计算建筑面积，以不同檐高分别编码列项。其工作内容包括：

1）由超高引起的人工工效降低以及由于人工工效降低引起的机械降效。

2）高层施工用水加压水泵的安装、拆除及工作台班。

3）通信联络设备的使用及摊销。

7.1.5　大型机械设备进出场及安拆

安拆费包括施工机械、设备在现场进行安装拆卸所需人工、材料、机械和试运转费用，以及机械辅助设施的折旧、搭设、拆除等费用；进出场费包括施工机械、设备整体或分体自停放地点运至施工现场或由一施工地点运至另一施工地点所发生的运输、装卸、辅助材料等费用。工程量按使用机械设备的数量计算，以"台次"计量。

7.1.6　施工排水、降水

1）成井，按设计图示尺寸以钻孔深度计算，单位：m。

2）排水、降水，按排、降水日历天数计算，单位：昼夜。

7.2　计算摊销费用的措施项目

《房屋建筑与装饰工程工程量计算规范》关于安全文明施工及其他措施项目规定了应包含范围，其清单项目设置、计量单位、工作内容及包含范围应按规定执行。报价时应按实际情况计算措施项目费用，需分摊的应合理计算摊销费用。

7.2.1　安全文明施工费

安全文明施工费是指工程施工期间按照国家现行的环境保护、建筑施工安全、施工现场环境与卫生标准和有关规定，购置和更新施工安全防护用具及设施，改善安全生产条件和作业环境所需要的费用。

安全文明施工（含环境保护、文明施工、安全施工、临时设施），包含的具体范围如下。

1. 环境保护

现场施工机械设备降低噪声、防扰民措施；水泥和其他易飞扬细颗粒建筑材料密闭存放或采取覆盖措施等；工程防扬尘洒水；土石方、建渣外运车辆冲洗、防洒漏等；现场污染源的控制、生活垃圾清理外运、场地排水排污措施；其他环境保护措施。

2. 文明施工

"五牌一图"；现场围挡的墙面美化（包括内外粉刷、刷白、标语等）、压顶装饰；现场厕所便槽刷白、贴面砖，水泥砂浆地面或地砖，建筑物内临时便溺设施；其他施工现场临时设施的装饰装修、美化措施；现场生活卫生设施；符合卫生要求的饮水设备、淋浴、消毒等设施；生活用洁净燃料；防煤气中毒、防蚊虫叮咬等措施；施工现场操作场地的硬化；现场绿化、治安综合治理；现场配备医药保健器材、物品和急救人员培训；用于现场工人的防暑降温、电风扇、空调等设备及用电；其他文明施工措施。

3. 安全施工

安全资料、特殊作业专项方案的编制，安全施工标志的购置及安全宣传；"三宝"（安全帽、安全带、安全网）、"四口"'（楼梯口、电梯井口、通道口、预留洞口）、"五临边"（阳台围边、楼板围边、屋面围边、槽坑围边、卸料平台两侧）、水平防护架、垂直防护架、外架封闭等防护；施工安全用电，包括配电箱三级配电、两级保护装置要求、外电防护措施；起重机、塔式起重机等起重设备（含井架、门架）及外用电梯的安全防护措施（含警示标志）及卸料平台的临边防护、层间安全门、防护棚等设施；建筑工地起重机械的检验检测；施工机具防护棚及其围栏的安全保护设施；施工安全防护通道；工人的安全防护用品、用具购置；消防设施与消防器材的配置；电气保护、安全照明设施；其他安全防护措施。

4. 临时设施

施工现场采用彩色、定型钢板，砖、混凝土砌块等围挡的安砌、维修、拆除；施工现场临时建筑物、构筑物的搭设、维修、拆除，如临时宿舍、办公室，食堂、厨房、厕所、诊疗所、临时文化福利用房、临时仓库、加工场、搅拌台、临时简易水塔、水池等；施工现场临时设施的搭设、维修、拆除，如临时供水管道、临时供电管线、小型临时设施等；施工现场规定范围内临时简易道路铺设，临时排水沟、排水设施安砌、维修、拆除；其他临时设施费搭设、维修、拆除。

7.2.2 其他措施项目

1. 夜间施工

夜间施工包含的工作内容及范围有：夜间固定照明灯具和临时可移动照明灯具的设置、拆除；夜间施工时，施工现场交通标志、安全标牌、警示灯等的设置、移动、拆除；包括夜间照明设备摊销及照明用电、施工人员夜班补助、夜间施工劳动效率降低等。

2. 非夜间施工照明

非夜间施工照明包含的工作内容及范围有：为保证工程施工正常进行，在如地下室等特殊施工部位施工时所采用的照明设备的安拆、维护、摊销及照明用电等费用。

3. 二次搬运

二次搬运包含的工作内容及范围有：由于施工场地条件限制而发生的材料、成品、半成品等一次运输不能到达堆放地点，必须进行二次或多次搬运的费用。

4. 冬雨期施工

冬雨期施工包含的工作内容及范围有：冬雨（风）季施工时增加的临时设施（防寒保温、防雨、防风设施）的搭设、拆除；冬雨（风）季施工时，对砌体、混凝土等采用的特殊加温、保温和养护措施；冬雨（风）季施工时，施工现场的防滑处理、对影响施工的雨雪的清除；包括冬雨（风）季施工时增加的临时设施、施工人员的劳动保护用品、冬雨（风）季施工劳动效率降低等。

5. 地上、地下设施、建筑物的临时保护设施

地上、地下设施、建筑物的临时保护设施包含的工作内容及范围有：在工程施工过程中，对已建成的地上、地下设施和建筑物进行的遮盖、封闭、隔离等必要保护措施。

6. 已完工程及设备保护

已完工程及设备保护包含的工作内容及范围有：对已完工程及设备采取的覆盖、包裹、封闭、隔离等必要保护措施。

复习思考题

1. 措施项目应包括哪几项？
2. 什么是综合脚手架？其工程量如何计算？
3. 混凝土柱、梁、墙的模板工程量应如何计算？
4. 按实际情况计算的措施项目都有哪些？

第8章 工程结算

8.1 合同价款的调整

由于工程建设的周期长、涉及的经济关系和法律关系复杂、受自然条件和客观因素影响大，导致项目的实际情况和招标投标时的情况相比发生一些变化，如设计变更、材料价格的变化、某些经济政策的变化、施工条件的变化及其他不可预见的变化等。承发包双方应当在施工合同中约定合同价款，实行招标工程的合同价款由合同双方依据中标通知书的中标价款在合同协议书中约定，不实行招标工程的合同价款由合同双方依据双方确定的施工图预算的总造价在合同协议书中约定。在工程施工阶段，由于项目实际情况的变化，承发包双方在施工合同中约定的合同价款可能会出现变动。为合理分配双方的合同价款变动风险，有效地控制工程造价，承发包双方应当在施工合同中明确约定合同价款的调整事件、调整方法及调整程序。

8.1.1 工程变更

工程变更可以理解为合同工程实施过程中由发包人提出或由承包人提出经发包人批准的合同工程的任何改变。工程变更指令发出后，应当迅速落实指令，全面修改相关的各种文件。承包人也应当抓紧落实，如果承包人不能全面落实变更指令，则扩大的损失应当由承包人承担。

导致工程变更的原因很多，主要有三个方面：一是由于勘察设计工作深度不够，导致在施工过程中出现了许多招标文件中没有考虑或估算不准确的工作量，因而不得不改变施工项目或增减工程量；二是由于不可预见因素的发生，如自然或社会原因引起的停工、返工或工期拖延等；三是由于发包人或承包人的原因导致的，如发包人对工程有新的要求或对工程进度计划的调整导致了工程变更，承包人由于施工质量原因导致的工期拖延等。

1. 工程变更的范围

根据《标准施工招标文件》（2007年版）中的通用合同条款，工程变更的范围和内容包括以下几方面：

1）取消合同中任何一项工作，但被取消的工作不能转由发包人或其他人实施。

2）改变合同中任何一项工作的质量或其他特性。

3）改变合同工程的基线、标高、位置或尺寸。

4）改变合同中任何一项工作的施工时间或改变已批准的施工工艺或顺序。

5）为完成工程需要追加的额外工作。

在履行合同过程中，经发包人同意，监理人可按约定的变更程序向承包人作出变更指示，承包人应遵照执行。没有监理人的变更指示，承包人不得擅自变更。

2. 工程变更的程序

（1）发包人的指令变更

1）发包人直接发布变更指令。发生合同约定的变更情形时，发包人应在合同规定的期限内向承包人发出书面变更指示。变更指示应说明变更的目的、范围、变更内容以及变更的工程量及其进度和技术要求，并附有关变更施工图和文件。承包人收到变更指示后，应按变更指示进行变更工作。发包人在发出变更指示前，可以要求承包人提交一份关于变更工作的实施方案，发包人同意该方案后再向承包人发出变更指示。

2）发包人根据承包人的建议发布变更指令。承包人收到发包人按合同约定发出的施工图和文件后，经检查认为其中存在变更情形的，可向发包人提出书面变更建议，但承包人不得仅仅为了施工便利而要求对工程进行设计变更。承包人的变更建议应阐明要求变更的依据，并附必要的施工图和说明。发包人收到承包人的书面建议后，确认存在变更情形的，应在合同规定的期限内作出变更指示。发包人不同意作为变更情形的，应书面答复承包人。

（2）承包人的合理化建议导致的变更

承包人对发包人提供的施工图、技术要求及其他方面提出的合理化建议，均应以书面形式提交给发包人。合理化建议被发包人采纳并构成变更的，发包人应向承包人发出变更指示。发包人同意采用承包人的合理化建议，所发生费用和获得收益的分担或分享，由发包人和承包人在合同条款中另行约定。

3. 工程变更的价款调整方法

（1）分部分项工程费的调整

工程变更引起分部分项工程项目发生变化的，应按照下列规定调整：

1）已标价工程量清单中有适用于变更工程项目的，且工程变更导致的该清单项目的工程数量变化不足15%时，采用该项目的单价。

2）已标价工程量清单中没有适用，但有类似于变更工程项目的，可在合理范围内参照类似项目的单价调整。

3）已标价工程量清单中没有适用也没有类似于变更工程项目的，由承包人根据变更工程资料、计量规则和计价办法、工程造价管理机构发布的信息（参考）价格和承包人报价浮动率，提出变更工程项目的单价，报发包人确认后调整。承包人报价浮动率可按下列公式计算。

① 实行招标的工程：

$$承包人报价浮动率 L = (1 - 中标价/招标控制价) \times 100\% \tag{8-1}$$

② 不实行招标的工程：

$$承包人报价浮动率 L = (1 - 报价/施工图预算) \times 100\% \tag{8-2}$$

上述公式中的中标价、招标控制价或报价、施工图预算，均不含安全文明施工费。

4）已标价工程量清单中没有适用也没有类似于变更工程项目，且工程造价管理机构发布的信息（参考）价格缺价的，由承包人根据变更工程资料、计量规则、计价办法和通过市场调查等有法律依据的市场价格提出变更工程项目的单价或总价，报发包人确认后调整。

（2）措施项目费的调整

工程变更引起措施项目发生变化，承包人提出调整措施项目费的，应事先将拟实施的方案提交发包人确认，并详细说明与原方案措施项目相比的变化情况。拟实施的方案经发承包双方确认后执行，并应按照下列规定调整措施项目费：

1）安全文明施工费，按照实际发生变化的措施项目调整，不得浮动。

2）采用单价计算的措施项目费，根据实际发生变化的措施项目按前述分部分项工程费的调整方法确定单价。

3）按总价（或系数）计算的措施项目费，除安全文明施工费外，按照实际发生变化的措施项目调整，但应考虑承包人报价浮动因素，即调整金额按照实际调整金额乘以按照式（8-1）或式（8-2）得出的承包人报价浮动率 L 计算。

如果承包人未事先将拟实施的方案提交给发包人确认，则视为工程变更不引起措施项目费的调整或承包人放弃调整措施项目费的权利。

（3）承包人报价偏差的调整

如果工程变更项目出现承包人在工程量清单中填报的综合单价与发包人招标控制价或施工图预算相应清单项目的综合单价偏差超过 5% 的，工程变更项目的综合单价可由发承包双方协商调整。具体的调整方法，由双方当事人在合同专用条款中约定。

（4）删减工程或工作的补偿

如果发包人提出的工程变更，非因承包人原因删减了合同中的某项原定工作或工程，致使承包人发生的费用或（和）得到的收益不能被包括在其他已支付或应支付的项目中，也未被包含在任何替代的工作或工程中，则承包人有权提出并得到合理的费用及利润补偿。

8.1.2 物价波动

施工合同履行期间，因人工、材料、工程设备和施工机械台班等价格波动影响合同价款时，发承包双方可以根据合同约定的调整方法，对合同价款进行调整。因物价波动引起的合同价款调整方法有两种：一种是采用价格指数调整价格差额，另一种是采用造价信息调整价格差额。承包人采购材料和工程设备的，应在合同中约定主要材料、工程设备价格变化的范围或幅度，如没有约定，则材料、工程设备单价变化超过 5%，超过部分的价格按上述两种方法之一进行调整。

1. 采用价格指数调整价格差额

价格指数调整价格差额的方法，主要适用于施工中所用的材料品种较少，但每种材料使用量较大的土木工程，如公路、水坝等。

因人工、材料、工程设备和施工机械台班等价格波动影响合同价款时，根据投标函附录中的价格指数和权重表约定的数据，按以下价格调整公式计算差额并调整合同价款：

$$\Delta P = P_0\left[A + \left(B_1 \times \frac{F_{t1}}{F_{01}} + B_2 \times \frac{F_{t2}}{F_{02}} + B_3 \times \frac{F_{t3}}{F_{03}} + \cdots + B_n \times \frac{F_{tn}}{F_{0n}}\right) - 1\right] \tag{8-3}$$

式中　　　　ΔP——需要调整的价格差额；

P_0——根据进度付款、竣工付款和最终结清等付款证书，承包人应得到的已完成工程量的金额；此项金额应不包括价格调整、不计质量保证金的扣留和支付、预付款的支付和扣回；变更及其他金额已按现行价格计价的，也不计在内；

A——定值权重（即不调部分的权重）；

$B_1，B_2，B_3，\cdots，B_n$——各可调因子的变值权重（即可调部分的权重），为各可调因子在投标函投标总报价中所占的比例；

$F_{t1}，F_{t2}，F_{t3}，\cdots，F_{tn}$——各可调因子的现行价格指数，指根据进度付款、竣工付款和最终结清等约定的付款证书相关周期最后一天的前 42 天的各可调因子的价格指数；

F_{01}，F_{02}，F_{03}，…，F_{0n}——各可调因子的基本价格指数，指基准日期（即投标截止时间前 28 天）的各可调因子的价格指数。

以上价格调整公式中的可调因子、定值和变值权重，以及基本价格指数及其来源在投标函附录价格指数和权重表中约定。价格指数应首先采用工程造价管理部门提供的价格指数，缺乏上述价格指数时，可采用有关部门提供的价格代替。

在运用这一价格调整公式进行工程价格差额调整中，应注意以下几点：

1）暂时确定调整差额。在计算调整差额时得不到现行价格指数的，可暂用上一次价格指数计算，并在以后的付款中再按实际价格指数进行调整。

2）权重的调整。按变更范围和内容所约定的变更，导致原定合同中的权重不合理时，由监理人与承包人和发包人协商后进行调整。

3）工期延误后的价格调整。由于发包人原因导致工期延误的，则对于计划进度日期（或竣工日期）后续施工的工程在使用价格调整公式时，应采用计划进度日期（或竣工日期）与实际进度日期（或竣工日期）的两个价格指数中较高者作为现行价格指数。

由于承包人原因导致工期延误的，则对于计划进度日期（或竣工日期）后续施工的工程，在使用价格调整公式时，应采用计划进度日期（或竣工日期）与实际进度日期（或竣工日期）的两个价格指数中较低者作为现行价格指数。

【例 8-1】 某工程合同规定结算价款为 400 万元，合同原始报价日期为 2011 年 3 月，工程于 2012 年 2 月建成并交付使用。工程人工费、材料费构成比例及有关价格指数见表 8-1，试计算需调整的价格差额。

表 8-1　某工程人工费、材料费构成比例以及有关造价指数

项目	人工费	钢材	水泥	集料	红砖	砂	木材	定值部分
比例	45%	11%	11%	5%	6%	3%	4%	15%
2011 年 3 月指数	100	100.8	102.0	93.6	100.2	95.4	93.4	
2012 年 2 月指数	110.1	98.0	112.9	95.9	98.9	91.1	117.9	

【解】　需调整的价格差额 $= 400$ 万元 $\times \left[15\% + \left(45\% \times \dfrac{110.1}{100} + 11\% \times \dfrac{98.0}{100.8} + 11\% \times \right. \right.$

$\left. \left. \dfrac{112.9}{102.0} + 5\% \times \dfrac{95.9}{93.6} + 6\% \times \dfrac{98.9}{100.2} + 3\% \times \dfrac{91.1}{95.4} + 4\% \times \dfrac{117.9}{93.4} \right) \right] \approx 25.5$ 万元

通过调整，2012 年 2 月实际结算的工程价款，比原始合同价应多结算 25.5 万元。

2. 采用造价信息调整价格差额

这种方法适用于使用的材料品种较多，相对而言每种材料使用量较小的房屋建筑与装饰工程。施工期间，因人工、材料和施工机械台班价格波动影响合同价格时，人工、施工机械使用费按照国家或省、自治区、直辖市建设行政管理部门、行业建设管理部门或其授权的工程造价管理机构发布的人工成本信息、施工机械台班单价或机械使用费系数进行调整；需要进行价格调整的材料，其单价和采购数应由发包人复核，发包人确认需调整的材料单价及数量，作为调整工程合同价款差额的依据。

1）人工单价发生变化时，发承包双方应按省级、行业建设主管部门或其授权的工程造价管理机构发布的人工成本文件调整合同价款。

2）材料价格变化超过省级、行业建设主管部门或其授权的工程造价管理机构规定的幅度时应当调整，承包人应在采购材料前就采购数量和新的材料单价报发包人核对，确认用于本合同工程时，发包人应确认采购材料的数量和单价。发包人在收到承包人报送的确认资料后3个工作日内不予答复的，视为已经认可，作为调整合同价款的依据。如果承包人未报经发包人核对即自行采用材料，再报发包人确认调整合同价款的，如发包人不同意，则不作调整。

3）施工机具台班单价或施工机具使用费发生变化超过省级、行业建设主管部门或其授权的工程造价管理机构规定的范围时，按照其规定调整合同价款。

8.1.3 合同价款的调整程序

合同价款调整报告应由受益方在合同约定时间内向合同的另一方提出，经对方确认后调整合同价款。受益方未在合同约定时间内提出合同价款调整报告的，视为不涉及合同价款的调整。当合同未作约定时，可按下列规定办理：

1）调整因素确定后14天内，由受益方向对方递交调整工程价款报告。受益方在14天内未递交调整合同价款报告的，视为不调整合同价款。

2）收到调整合同价款报告的一方应在收到之日起14天内予以确认或提出协商意见，如在14天内未作确认也未提出协商意见时，视为调整合同价款报告已被确认。

经发承包双方确定调整的合同价款，作为追加（减）合同价款，与工程进度款同期支付。

8.1.4 引起合同价款调整的其他事件

1. 项目特征描述不符

（1）项目特征描述

项目的特征描述是确定综合单价的重要依据之一，承包人在投标报价时应依据发包人提供的招标工程量清单中的项目特征描述，确定其清单项目的综合单价。发包人在招标工程量清单中对项目特征的描述，应被认为是准确的和全面的，并且与实际施工要求相符合。承包人应按照发包人提供的招标工程量清单，根据其项目特征描述的内容及有关要求实施合同工程，直到其被改变为止。

（2）合同价款的调整方法

承包人应按照发包人提供的施工图实施合同工程，若在合同履行期间，出现施工图（含设计变更）与招标工程量清单任一项目的特征描述不符，且该变化引起该项目的工程造价增减变化的，发承包双方应当按照实际施工的项目特征，重新确定相应工程量清单项目的综合单价，调整合同价款。

2. 招标工程量清单缺项漏项

（1）清单缺项漏项的责任

招标工程量清单必须作为招标文件的组成部分，其准确性和完整性由招标人负责。因此，招标工程量清单是否准确和完整，其责任应当由提供工程量清单的发包人负责，作为投标人的承包人不应承担因工程量清单的缺项、漏项以及计算错误带来的风险与损失。

（2）合同价款的调整方法

1）分部分项工程费的调整。施工合同履行期间，由于招标工程量清单中分部分项工程出现缺项漏项，造成新增工程清单项目，应按照工程变更事件中关于分部分项工程费的调整方法，调整合同价款。

2）措施项目费的调整。由于招标工程量清单中分部分项工程出现缺项漏项，引起措施项目发生变化的，应当按照工程变更事件中关于措施项目费的调整方法，在承包人提交的实施方案被发包人批准后，调整合同价款；由于招标工程量清单中措施项目漏项，承包人应将新增措施项目实施方案提交发包人批准后，按照工程变更事件中的有关规定调整合同价款。

3. 工程量偏差

（1）工程量偏差的概念

工程量偏差是指承包人根据发包人提供的施工图（包括由承包人提供经发包人批准的施工图）进行施工，按照现行国家计量规范规定的工程量计算规则，计算得到的完成合同工程项目应予计量的工程量与相应的招标工程量清单项目列出的工程量之间出现的量差。

（2）合同价款的调整方法

施工合同履行期间，若应予计算的实际工程量与招标工程量清单列出的工程量出现偏差，或者因工程变更等非承包人原因导致工程量偏差，该偏差对工程量清单项目的综合单价将产生影响，是否调整综合单价以及如何调整，发承包双方应当在施工合同中约定。如果合同中没有约定或约定不明的，可以按以下原则办理：

1）综合单价的调整原则。当应予计算的实际工程量与招标工程量清单出现偏差（包括因工程变更等原因导致的工程量偏差）超过 15 % 时，对综合单价的调整原则为：当工程量增加 15% 以上时，其增加部分的工程量的综合单价应予调低；当工程量减少 15% 以上时，剩余部分的工程量的综合单价应予调高。至于具体的调整方法，则应由双方当事人在合同专用条款中约定。

2）措施项目费的调整。当应予计算的实际工程量与招标工程量清单出现偏差（包括因工程变更等原因导致的工程量偏差）超过 15%，且该变化引起措施项目相应发生变化，如该措施项目是按系数或单一总价方式计价的，对措施项目费的调整原则为：工程量增加的，措施项目费调增；工程量减少的，措施项目费调减。至于具体的调整方法，则应由双方当事人在合同专用条款中约定。

4. 暂估价

暂估价是指招标人在工程量清单中提供的用于支付必然发生但暂时不能确定价格的材料、工程设备的单价及专业工程的金额。

（1）给定暂估价的材料、工程设备

1）不属于依法必须招标的项目。发包人在招标工程量清单中给定暂估价的材料和工程设备不属于依法必须招标的，由承包人按照合同约定采购，经发包人确认后以此为依据取代暂估价，调整合同价款。

2）属于依法必须招标的项目。发包人在招标工程量清单中给定暂估价的材料和工程设备属于依法必须招标的，由发承包双方以招标的方式选择供应商。依法确定中标价格后，以此为依据取代暂估价，调整合同价款。

（2）给定暂估价的专业工程

1）不属于依法必须招标的项目。发包人在工程量清单中给定暂估价的专业工程不属于依法必须招标的，应按照前述工程变更事件的合同价款调整方法，确定专业工程价款，并以此为依据取代专业工程暂估价，调整合同价款。

2）属于依法必须招标的项目。发包人在招标工程量清单中给定暂估价的专业工程，依法必须招标的，应当由发承包双方依法组织招标选择专业分包人，并接受建设工程招标投标管理机构的监督。

5. 提前竣工（赶工补偿）与误期赔偿

（1）提前竣工（赶工补偿）

1）赶工费用。发包人应当依据相关工程的工期定额合理计算工期，压缩的工期天数不得超过定额工期的20%，超过的，应在招标文件中明示增加赶工费用。

2）提前竣工奖励。发承包双方可以在合同中约定提前竣工的奖励条款，明确每日历天应奖励额度。约定提前竣工奖励的，如果承包人的实际竣工日期早于计划竣工日期，承包人有权向发包人提出并得到提前竣工天数和合同约定的每日历天应奖励额度的乘积计算的提前竣工奖励。一般来说，双方还应当在合同中约定提前竣工奖励的最高限额（如合同价款的5%）。提前竣工奖励列入竣工结算文件中，与结算款一并支付。

发包人要求合同工程提前竣工，应征得承包人同意后与承包人商定采取加快工程进度的措施，并修订合同工程进度计划。发包人应承担承包人由此增加的赶工费。发承包双方也可在合同中约定每日历天的赶工补偿额度，此项费用作为增加合同价款，列入竣工结算文件中，与结算款一并支付。

（2）误期赔偿

发承包双方可以在合同中约定误期赔偿费，明确每日历天应赔偿额度。如果承包人的实际进度迟于计划进度，发包人有权向承包人索取并得到实际延误天数和合同约定的每日历天应赔偿额度的乘积计算的误期赔偿费。一般来说，双方还应当在合同中约定误期赔偿费的最高限额（如合同价款的5%）。误期赔偿费列入进度款支付文件或竣工结算文件中，在进度款或结算款中扣除。

合同工程发生误期的承包人应当按照合同的约定向发包人支付误期赔偿费，如果约定的误期赔偿费低于发包人由此造成的损失的，承包人还应继续赔偿。即使承包人支付误期赔偿费，也不能免除承包人按照合同约定应承担的任何责任和义务。

如果在工程竣工之前，合同工程内的某单项（或单位）工程已通过了竣工验收单项（或单位）工程接收证书中表明的竣工日期并未延误，而是合同工程的其他部分产生了工期延误，则误期赔偿费应按照已颁发工程接收证书的单项（或单位）工程造价占合同价款的比例幅度予以扣减。

6. 不可抗力

（1）不可抗力的范围

不可抗力是指合同双方在合同履行中出现的不能预见、不能避免并不能克服的客观情况。不可抗力的范围一般包括因战争、敌对行动（无论是否宣战）、入侵、外敌行为、军事政变、恐怖主义、骚动、暴动、空中飞行物坠落或其他非合同双方当事人责任或原因造成的罢工、停工、爆炸、火灾等，以及当地气象、地震、卫生等部门规定的情形。双方当事人应当在合同专用条款中明确约定不可抗力的范围及具体的判断标准。

（2）不可抗力造成损失的承担

1）费用损失的承担原则。因不可抗力事件导致的人员伤亡、财产损失及其费用增加，发承包双方应按以下原则分别承担并调整合同价款和工期：

① 合同工程本身的损害、因工程损害导致第三方人员伤亡和财产损失，以及运至施工场地用于施工的材料和待安装的设备的损害，由发包人承担。

② 发包人、承包人人员伤亡由其所在单位负责，并承担相应费用。

③ 承包人的施工机械设备损坏及停工损失，由承包人承担。

④ 停工期间，承包人应发包人要求留在施工场地的必要的管理人员及保卫人员的费用由发包人承担。

⑤ 工程所需清理、修复费用，由发包人承担。

2）工期的处理。因发生不可抗力事件导致工期延误的，工期相应顺延。发包人要求赶工的，承包人应采取赶工措施，赶工费用由发包人承担。

7. 计日工

（1）计日工费用的产生

发包人通知承包人以计日工方式实施的零星工作，承包人应予执行。采用计日工计价的任何一项变更工作，承包人应在该项变更的实施过程中，按合同约定提交以下报表和有关凭证，送发包人复核：

1）工作名称、内容和数量。

2）投入该工作所有人员的姓名、工种、级别和耗用工时。

3）投入该工作的材料名称、类别和数量。

4）投入该工作的施工设备型号、台数和耗用台时。

5）发包人要求提交的其他资料和凭证。

（2）计日工费用的确认和支付

任一计日工项目持续进行时，承包人应在该项工作实施结束后的 24 小时内，向发包人提交有计日工记录汇总的现场签证报告一式三份。发包人在收到承包人提交现场签证报告后的 2 天内予以确认并将其中一份返还给承包人，作为计日工计价和支付的依据。发包人逾期未确认也未提出修改意见的，视为承包人提交的现场签证报告已被发包人认可。

任一计日工项目实施结束，承包人应按照确认的计日工现场签证报告核实该类项目的工程数量，并根据核实的工程数量和承包人已标价工程量清单中的计日工单价计算，提出应付价款；已标价工程量清单中没有该类计日工单价的，由发承包双方按工程变更的有关的规定商定计日工单价计算。

每个支付期末，承包人应与进度款同期向发包人提交本期间所有计日工记录的签证汇总表，以说明本期间自己认为有权得到的计日工金额，调整合同价款，列入进度款支付。

8. 暂列金额

暂列金额是指发包人在招标工程量清单中暂定并包括在合同价款中的一笔款项。招标工程量清单中开列的已标价的暂列金额是用于工程合同签订时尚未确定或者不可预见的所需材料、工程设备、服务的采购，或用于施工中可能发生的工程变更等合同约定调整因素出现时的合同价款调整，以及经发包人确认的索赔、现场签证等费用的支出。

已签约合同价中的暂列金额由发包人掌握使用，发包人按照合同的规定作出支付后，如果有剩余，则暂列金额余额归发包人所有。

8.2　合同价款的结算

8.2.1　概述

1. 合同价款结算的概念

合同价款结算,是指建设工程的发承包双方依据合同约定,进行的工程预付款、工程进度款、工程竣工价款结算的活动。工程价款是反映工程进度和考核经济效益的主要指标。因此,工程价款结算是一项十分重要的造价控制工作。

2. 合同价款结算的依据

合同价款结算应按合同约定办理,合同未作约定或约定不明确的,发承包双方应依据下列规定与文件协商处理:

1) 国家有关法律、法规、规章制度和相关的司法解释。

2) 国家和省级、行业建设主管部门发布的工程造价计价标准、计价办法、有关规定及相关解释。

3) 施工承包合同、专业分包合同及补充合同,有关材料、设备采购合同。

4) 招标投标文件,包括招标答疑文件、投标承诺、中标书及其组成内容。

5) 工程竣工图或施工图、施工图会审记录,经批准的施工组织设计,以及设计变更、工程洽商和相关会议纪要。

6) 经批准的开、竣工报告或停、复工报告。

7) 建设工程工程量清单计价规范或工程计价定额、费用定额及价格信息,调价规定等。

8) 其他可依据的材料。

3. 合同价款结算的分类

根据工程建设的不同时期及结算对象的不同,合同价款结算分为预付款结算、中间结算和竣工结算。

1) 预付款结算。工程预付款又称预付备料款。建筑工程材料物资供应一般有三种方式:包工包全部材料工程、包工包部分材料工程、包工不包材料工程。承包人承包工程,一般都实行包工包料,需要有一定数量的备料周转金。根据工程承包合同条款规定,由发包人在开工前拨给承包人一定限额的工程预付款。此预付款构成承包人为该工程项目主要材料、构件所需的流动资金。工程预付款的结算是指在工程后期随工程所需材料储备逐渐减少,预付款以冲抵工程价款的方式陆续扣回。

2) 中间结算。中间结算是指在工程建设过程中,承包人根据实际完成的工程数量计算工程价款与发包人办理的价款结算。中间结算分按月结算和分段结算两种。

3) 竣工结算。竣工结算是指在承包人按合同(协议)规定的内容全部完工、交工后,承包人与发包人按照合同(协议)约定的合同价调整内容进行的最终工程价款结算。

4. 合同价款结算的方式

根据工程性质、规模、资金来源和施工工期以及承包内容不同,采用的结算方式也不同。我国《建设工程价款结算暂行办法》规定的工程价款结算方式主要有以下几种:

1) 按月结算。即实行按月支付进度款,竣工后清算的办法。合同工期在两个年度以上的工程，在年终进行工程盘点，办理年度结算。我国现行建筑安装工程价款结算中，相当一部分实行这种按月结算。

2）分段结算。即当年开工、当年不能竣工的工程按照工程形象进度，划分不同阶段支付工程进度款。具体划分在合同中明确。

3）竣工后一次结算。建设项目或单项工程全部建筑安装工程建设期在 12 个月以内，或者工程承包合同价值在 100 万元以下的，可以实行工程价款每月月中预支，竣工后一次结算。

4）目标结款方式。即在工程合同中，将承包工程的内容分解成不同的控制界面，以发包人（业主）验收控制界面作为支付工程价款的前提条件。也就是说，将合同中的工程内容分解成不同的验收单元，当承包人完成单元工程内容并经发包人（或其他委托人）验收后，发包人支付构成单元工程内容的工程价款。

除以上几种主要方式外，双方还可以约定其他结算方式。

8.2.2　合同价款结算的编制

1. 合同价款结算的编制要求

1）工程结算一般要经过发包人或有关单位验收合格且点交后方可进行。

2）工程结算应以发承包双方合同为基础，按合同约定的工程价款调整方式对原合同价款进行调整。

3）工程结算应核查设计变更、工程洽商等工程资料的合法性、有效性、真实性和完整性。对有疑义的工程实体项目，应视现场条件和实际需要核查隐蔽工程。

4）建设项目由多个单项工程或单位工程构成的，应按建设项目划分标准的规定，将各单项工程或单位工程竣工结算汇总，编制相应的工程结算书，并撰写编制说明。

5）实行分阶段结算的工程，应将各阶段工程结算汇总，编制工程结算书，并撰写编制说明。

6）实行专业分包结算的工程，应将各专业分包结算汇总在相应的单位工程或单项工程结算内，并撰写编制说明。

7）工程结算编制应采用书面形式，有电子文本要求的应一并报送与书面形式内容一致的电子版本。

8）工程结算应严格按工程结算编制程序进行编制，做到程序化、规范化，结算资料必须完整。

2. 合同结算的程序

工程结算应按准备、编制和定稿三个工作阶段进行，并实行编制人、校对人和审核人分别署名盖章确认的内部审核制度。

（1）结算编制准备阶段

1）收集与工程结算编制相关的原始资料。

2）熟悉工程结算资料内容，进行分类、归纳、整理。

3）召集相关单位或部门的有关人员参加工程结算预备会议，对结算内容和结算资料进行核对与充实完善。

4）收集建设期内影响合同价格的法律和政策性文件。

（2）结算编制阶段

1）根据竣工图、施工图以及施工组织设计进行现场踏勘，对需要调整的工程项目进行观察、对照、必要的现场实测和计算，做好书面或影像记录。

2）按既定的工程量计算规则计算需调整的分部分项、施工措施或其他项目工程量。

3）按招标投标文件、发承包合同规定的计价原则和计价办法对分部分项、施工措施或其他项目进行计价。

4）对于工程量清单或定额缺项，以及采用新材料、新设备、新工艺的，应根据施工过程中的合理消耗和市场价格，编制综合单价或单位估价分析表。

5）工程索赔应按合同约定的索赔处理原则、程序和计算方法、提出索赔费用，经发包人确认作为结算依据。

6）汇总计算工程费用，包括编制分部分项工程费、措施项目费、其他项目费以及规费和税金等表格，初步确定工程结算价格。

7）编写编制说明。

8）计算主要技术经济指标。

9）提交结算编制的初步成果文件待校对、审核。

（3）结算编制定稿阶段

1）由结算编制受托人单位的部门负责人对初步成果文件进行检查、校对。

2）由结算编制受托人单位的主管负责人审核批准。

3）在合同约定的期限内，向委托人提交经编制人、校对人、审核人和受托人单位盖章确认的正式的结算编制文件。

3. 合同价款结算的内容

合同价款结算的内容与施工图预算的内容基本相同，由分部分项工程费、措施项目费、其他项目费、规费和税金五部分组成。竣工结算以竣工结算书形式表现，包括单位工程竣工结算书、单项工程竣工结算书及竣工结算说明等。

工程价款结算主要包括竣工结算、分阶段结算、专业分包结算和合同中止结算。

（1）竣工结算

工程项目完工并经验收合格后，对所完成的工程项目进行的全面结算。竣工结算书中主要体现"量差"和"价差"的基本内容。

1）"量差"是指原计价文件所列工程量与实际完成的工程量不符而产生的差别。

2）"价差"是指签订合同时的计价或取费标准与实际情况不符而产生的差别。

（2）分阶段结算

按施工合同约定，工程项目按工程特征划分为不同阶段实施和结算。每一阶段合同工作内容完成后，经发包人或监理人中间验收合格后，由施工承包人在原合同分阶段价格的基础上编制调整价格并提交监理人审核签认。分阶段结算是一种工程价款的中间结算。

（3）专业分包结算

按分包合同约定，分包合同工作内容完成后，经总承包人、监理人对专业分包工作内容验收合格后，由分包人在原分包合同价格基础上编制调整价格并提交总承包人、监理人审核签认。专业分包结算也是一种工程价款的中间结算。

（4）合同中止结算

工程实施过程中合同中止时，需要对已完成且经验收合格的合同工程内容进行结算。施工合同中止时已完成的合同工程内容，经监理人验收合格后，由施工承包人按原合同价格或合同约定的定价条款，参照有关计价规定编制合同中止价格，提交监理人审核签认。合同中止结算有时也是一种工程价款的中间结算，除非施工合同不再继续履行。

4. 合同价款结算的编制原则及方法

工程结算的编制应区分发承包合同类型，采用相应的编制方法。采用总价合同的，应在合同价基础上对设计变更、工程洽商及工程索赔等合同约定可以调整的内容进行调整；采用单价合同的，应计算或核定竣工图或施工图以内的各个分部分项工程量，依据合同约定的方式确定分部分项工程项目价格，并对设计变更、工程洽商、施工措施及工程索赔等内容进行调整；采用成本加酬金合同的，应依据合同约定的方法计算各个分部分项工程及设计变更、工程洽商、施工措施等内容的工程成本，并计算酬金及有关税费。

(1) 合同价款结算的编制原则

工程结算中涉及工程单价调整时，应当遵循以下原则：

1) 合同中已有适用于变更工程、新增工程单价的，按已有的单价结算。

2) 合同中有类似变更工程、新增工程单价的，可以参照类似单价作为结算依据。

3) 合同中没适用或类似变更工程、新增工程单价的，结算编制受托人可商洽承包人或发包人提出适当的价格，经对方确认后作为结算的依据。

(2) 合同价款结算的编制方法

工程结算编制中涉及的工程单价应按合同要求分别采用综合单价或工料单价。工程量清单计价的工程项目应采用综合单价；定额计价的工程项目可采用工料单价。

1) 综合单价。把分部分项工程单价综合成全费用单价，其内容包括分部分项工程费、措施项目费、其他项目费、规费和税金，经综合计算后生成。各分项工程量乘以综合单价的合价汇总后，生成工程结算价。

2) 工料单价。将分部分项工程量乘以单价形成直接工程费，加上按规定标准计算的措施项目费、其他项目费汇总后另计算规费、税金，生成工程结算价。

8.2.3 预付款与期中支付

1. 预付款

工程预付款是指建设工程施工合同订立后，由发包人按照合同约定，在正式开工前预先支付给承包人的工程款。它是施工准备和所需要材料、结构件等流动资金的主要来源，国内习惯上又称为预付备料款。

预付款的时间和限额，开工后逐次扣回的比例和时间等事项，双方应当在合同专用条款中约定。

(1) 预付款的额度

各地区、各部门对工程预付款额度的规定不完全相同，主要是保证施工所需材料和构件的正常储备。

建筑工程材料物质供应一般有三种方式：一是包工包全部材料，工程预付款额度确定后，发包人把预付款一次预付给承包人；二是包工包部分材料，需要确定工料范围和备料比例，拨付适量预付款，双方及时结算；三是包工不包料，不需要预付备料款。

1) 由承包人自行采购建筑材料的，发包人可以在双方签订工程承包合同后按年度工作量的一定比例向承包人预付备料款，并应在 1 个月内付清。

① 百分比法。发包人根据工程的特点、工期长短、市场行情、供求规律等因素，招标

时在合同条件中约定工程预付款的百分比。根据《建设工程价款结算暂行办法》的规定，预付款的比例原则上不低于合同金额的 10%，不高于合同金额的 30%，可按下式计算：

$$工程预付款 = 年度建筑安装工作量 \times 工程预付款额度 \tag{8-4}$$

【例 8-2】 某工程计划完成建筑安装工作量 1000 万元。按当地规定，工程预付款额度为 25%，试确定该工程的工程预付款。

【解】 工程预付款 $= 1000 \times 25\% = 250$ 万元

② 公式计算法。公式计算法是根据主要材料（含结构件等）占年度承包工程总价的比例、材料储备定额天数和年度施工天数等因素，通过公式计算预付款额度的一种方法。可按下式计算：

$$预付款额度 = \frac{年度承包工程总值 \times 主要材料所占比例}{年度施工天数} \times 材料储备天数 \tag{8-5}$$

式中，年度施工天数按 365 天日历天计算；材料储备定额天数由当地材料供应的在途天数、加工天数、整理天数、供应间隔天数、保险天数等因素决定。

【例 8-3】 某综合楼工程计划完成年度建筑安装工作量 500 万元，计划工期为 400 天，材料比例为 60%，材料储备期为 120 天，试确定工程备料款额度。

【解】 工程备料款额度 $= \dfrac{500 \times 60\%}{400} \times 120 = 90$ 万元

在实际工作中，备料款的数额，要根据各工程类型、合同工期、承包方式和供应体制等不同条件而定。对于重大工程项目，按年度工程计划逐年预付，安装工程一般不得超过当年安装工程量的 10%，安装材料用量大的安装工程可以适当增加，工期短的工程比工期长的工程预付款要高，材料由承包人自购的要比由发包人提供材料的预付款要高。计价执行《建设工程工程量清单计价规范》的工程，实体性消耗和非实体性消耗部分应在合同中分别约定预付款比例。对于只包定额工日（不包材料定额，一切材料由发包人供给）的工程项目，则可以不预付备料款。

2）发包人按合同约定向承包人供应材料的，其材料可按材料预算价格转给承包人。材料价款在结算工程款时陆续抵扣。这部分材料，承包人不应收取备料款。

凡是没有签订工程承包合同和不具备收取备料款的工程，发包人不得预付备料款，不准以备料款为名转移资金。承包人收取备料款后 2 个月仍不开工或发包人不按合同约定拨付备料款的，开户银行可根据双方工程承包合同的约定分别从有关单位账户中收回或付出备料款。

（2）预付款的支付时间

根据《建设工程价款结算暂行办法》的规定，在具备施工条件的前提下，发包人应在双方签订合同后的 1 个月内或不迟于约定的开工日期前的 7 天内预付工程款。发包人不按约定预付，承包人在约定预付时间到期后 10 天内向发包人发出要求预付的通知，发包人收到通知后仍不按要求预付，承包人可在发出通知 14 天后停止施工，发包人应从约定应付之日起向承包人支付应付款的贷款利息（利率按同期银行贷款利率计），并承担违约责任。

1）承包人应在签订合同或向发包人提供与预付款等额的预付款保函（如有）后向发包人提交预付款支付申请。

2）发包人应在收到支付申请的7天内进行核实后向承包人发出预付款支付证书，并在签发支付证书后的7天内向承包人支付预付款。

工程预付款仅用于承包人支付施工开始时与本工程有关的动员费用，如承包人滥用此款，发包人有权立即收回。

（3）预付款的扣回

发包人拨付给承包人的预付款属于预支性质，随着工程的逐步实施后，原已支付的预付款应以充抵工程价款的方式陆续扣回，抵扣方式应当由双方当事人在合同中明确约定。

扣款的方法有三种：一是按照公式确定起扣点和抵扣额；二是按照合同或当地规定办法抵扣预付款；三是工程竣工结算时一次抵扣预付款。

实际工程中，工期较短的工程就无须分期扣回；工期较长的工程，如跨年度工程，预付款的占用时间较长，根据实际情况就可以少扣或不扣，并于次年按应付预付款调整，多退少补。

1）按公式计算起扣点和抵扣额。从未施工工程尚需的主要材料及构件的价值相当于工程预付款数额时起扣，此后每次结算工程价款时，按材料所占比重扣减工程价款，至竣工前全部扣清。可按下式计算：

$$T = P - \frac{M}{N} \tag{8-6}$$

式中　T——起扣点，即工程预付款开始扣回时的累计完成工程金额；

　　　M——工程预付款总额；

　　　N——主要材料及构件所占比重；

　　　P——承包工程价款总额。

2）承发包双方也可在专用条款中约定不同的扣回方法，例如《建设工程价款结算暂行办法》中规定，在承包人完成金额累计达到合同总价的10%后，由承包人开始向发包人还款，发包人从每次应付给承包人的金额中扣回工程预付款，发包人至少在合同规定的完工期前3个月将工程预付款的总计金额按逐次分摊的办法扣回。

2. 期中支付

合同价款的期中支付，是指发包人在合同工程施工过程中，按照合同约定对付款周期内承包人完成的合同价款给予支付的款项，也就是工程进度款的结算支付。发承包双方应按照合同约定的时间、程序和方法，根据工程计量结果，办理期中价款结算，支付进度款。进度款支付周期，应与合同约定的工程计量周期一致。

（1）期中支付价款的计算

1）已完工程的结算价款。已标价工程量清单中的单价项目，承包人应按工程计量确认的工程量与综合单价计算。如综合单价发生调整的，以发承包双方确认调整的综合单价计算进度款。

已标价工程量清单中的总价项目，承包人应按合同中约定的进度款支付分解，分别列入进度款支付申请中的安全文明施工费和本周期应支付的总价项目的金额中。

2）结算价款的调整。承包人现场签证和得到发包人确认的索赔金额列入本周期应增加的金额中。由发包人提供的材料、工程设备金额，应按照发包人签约提供的单价和数量从进度款支付中扣出，列入本周期应扣减的金额中。

（2）期中支付的程序

1）承包人提交进度款支付申请。承包人应在每个计量周期到期后的 7 天内向发包人提交已完工程进度款支付申请一式四份，详细说明此周期认为有权得到的款额，包括分包人已完工程的价款，支付申请的内容包括：

① 累计已完成的合同价款。

② 累计已实际支付的合同价款。

③ 本周期合计完成的合同价款。

④ 本周期合计应扣减的金额，其中包括本周期应扣回的预付款。

⑤ 本周期实际应支付的合同价款。

2）发包人签发进度款支付证书。发包人在收到承包人的工程进度款支付申请后 14 天内核对完毕，否则，从第 15 天起承包人递交的工程进度款支付申请视为被批准。若发承包双方对有的清单项目的计量结果出现争议，发包人应对无争议部分的工程计量结果向承包人出具进度款支付证书。

3）发包人支付进度款。发包人应在签发进度款支付证书后的 14 天内，按照支付证书列明的金额向承包人支付进度款。若发包人逾期未签发进度款支付证书，则视为承包人提交的进度款支付申请已被发包人认可，承包人可向发包人发出催告付款的通知。发包人应在收到通知后的 14 天内，按照承包人支付申请的金额向承包人支付进度款。可按以下规定办理：

① 发包人超过约定的支付时间不支付工程进度款，承包人应及时向发包人发出要求付款的通知，发包人收到承包人通知后仍不能按要求付款，可与承包人协商签订延期付款协议，经承包人同意后可延期支付，协议应明确延期支付的时间和从付款申请生效日按同期银行贷款利率计算应付工程进度款的利息。

② 发包人在付款期满后的 7 天内仍未支付工程进度款，双方又未达成延期付款协议，导致施工无法进行，承包人可在付款期满后的第 8 天起暂停施工。发包人应承担由此增加的费用和（或）延误的工期，向承包人支付合理利润，并承担违约责任。

4）进度款的支付比例。进度款的支付比例按照合同约定，按期中结算价款总额计，不低于 60%，不高于 90%。

5）支付证书的修正。发现已签发的任何支付证书有错、漏或重复的数额，发包人有权予以修正，承包人也有权提出修正申请。经发承包双方复核同意修正的，应在本次到期的进度款中支付或扣除。

3. 竣工结算

工程竣工结算是指工程项目完工并经竣工验收合格后，发承包双方按照施工合同的约定对所完成的工程项目进行的工程价款的计算、调整和确认。竣工结算是以合同或施工图预算为基础，并根据条件的变化和设计变更而按合同规定对合同价进行调整后的结果进行编制的。竣工结算反映了工程项目的实际完成情况，确定了工程的最终造价，为施工单位成本核算及建设单位竣工决策提供了依据。工程竣工结算由承包人或受其委托具有相应资质的工程造价咨询机构编制。

工程竣工结算分为单位工程竣工结算、单项工程竣工结算和建设项目竣工总结算，其中，单位工程竣工结算和单项工程竣工结算也可看做是分阶段结算。单位工程竣工结算由承包人编制，发包人审查；实行总承包的工程，由具体承包人编制，在总承包人审查的基础上，发包人审查。单项工程竣工结算或建设项目竣工总结算由总承包人编制，发包人可直接进行审查，也可以委托具有相应资质的工程造价咨询机构进行审查。政府投资项目，由同级财政部门审查单项工程竣工结算或建设项目竣工总结算，经发承包人签字盖章后有效。承包人应在合同约定期限内完成项目竣工结算编制工作，未在规定期限内完成的并且提不出正当理由延期的，责任自负。

(1) 竣工结算的程序

1) 承包人提交竣工结算文件。合同工程完工后，承包人应在经发承包双方确认的合同工程期中价款结算的基础上汇总编制完成竣工结算文件，并在提交竣工验收申请的同时向发包人提交竣工结算文件。

承包人未在合同约定的时间内提交竣工结算文件，经发包人催告后14天内仍未提交或没有明确答复，发包人有权根据已有资料编制竣工结算文件，作为办理竣工结算和支付结算款的依据，承包人应予以认可。

2) 发包人核对竣工结算文件。

① 发包人应在收到承包人提交的竣工结算文件后的28天内核对。发包人经核实，认为承包人还应进一步补充资料和修改结算文件，应在28天内向承包人提出核实意见，承包人在收到核实意见后的28天内按照发包人提出的合理要求补充资料，修改竣工结算文件，并再次提交给发包人复核后批准。

② 发包人应在收到承包人再次提交的竣工结算文件后的28天内予以复核，并将复核结果通知承包人。如果发包人、承包人对复核结果无异议的，应在7天内在竣工结算文件上签字确认，竣工结算办理完毕；如果发包人或承包人对复核结果认为有误的，无异议部分办理不完全竣工结算；有异议部分由发承包双方协商解决，协商不成的，按照合同约定的争议解决方式处理。

③ 发包人在收到承包人竣工结算文件后的28天内，不核对竣工结算或未提出核对意见的，视为承包人提交的竣工结算文件已被发包人认可，竣工结算办理完毕。

④ 承包人在收到发包人提出的核实意见后的28天内，不确认也未提出异议的，视为发包人提出的核实意见已被承包人认可，竣工结算办理完毕。

3) 发包人委托工程造价咨询机构核对竣工结算文件。发包人委托工程造价咨询机构核对竣工结算的，工程造价咨询机构应在28天内核对完毕，核对结论与承包人竣工结算文件不一致的，应提交给承包人复核，承包人应在14天内将同意核对结论或不同意见的说明提交工程造价咨询机构。工程造价咨询机构收到承包人提出的异议后，应再次复核，复核无异议的，发承包双方应在7天内在竣工结算文件上签字确认，竣工结算办理完毕；复核后仍有异议的，对于无异议部分办理不完全竣工结算；有异议部分由发承包双方协商解决，协商不成的，按照合同约定的争议解决方式处理。

承包人逾期未提出书面异议的，视为工程造价咨询机构核对的竣工结算文件已经承包人认可。

4) 质量争议工程的竣工结算。发包人以对工程质量有异议，拒绝办理工程竣工结算的：

① 已经竣工验收或已竣工未验收但实际投入使用的工程，其质量争议按该工程保修合同执行，竣工结算按合同约定办理。

② 已竣工未验收且未实际投入使用的工程以及停工、停建工程的质量争议，双方应就

有争议的部分委托有资质的检测鉴定机构进行检测，根据检测结果确定解决方案，或按工程质量监督机构的处理决定执行后办理竣工结算，无争议部分的竣工结算按合同约定办理。

（2）工程竣工结算时工程价款的确定

在竣工结算时，若因某些条件变化，使合同工程价款发生变化，则需按规定对合同价款进行调整。

在实际工作中，当年开工、当年竣工的工程，只需办理一次性结算。跨年度工程，在年终办理一次年终结算，将未完工程结转到下一年度，此时竣工结算等于各年结算的总和。

办理竣工结算工程价款，一般可按下式计算：

$$竣工结算工程价款 = 合同价款 + 施工过程中合同价款调整额 -$$
$$预付及已结算工程价款 - 质量保证金 \qquad (8\text{-}7)$$

1）合同价款的确定。施工合同价款是按照有关规定和协议条款约定的各种标准计算，用以支付承包人按照合同要求完成工程内容的价款总额。

招标合同的合同价款由发包人、承包人依据中标通知书中的中标价格在协议书内约定。非招标工程的合同价款由发包人、承包人依据工程预算书在协议书内约定。合同价款在协议书内约定后，任何一方不得擅自改变。

确定合同价款有以下三种方式，合同双方可在专用条款内约定采用其中一种。

① 固定价格合同。双方在专用条款内约定合同价款包括的风险范围和风险费用的计算方法，在约定的风险范围内合同价款不再调整。风险范围以外的合同价款调整方法，应当在专用合同条款内约定。

② 可调价格合同。合同价款可根据双方的约定而调整，双方在专用合同条款内约定合同价款调整方法。

③ 成本加酬金合同。合同价款包括成本和酬金两部分，双方在专用条款内约定成本构成和酬金的计算方法。

2）可调价格合同中合同价款的调整因素。具体包括：

① 法律、行政法规和国家有关政策变化影响合同价款。

② 工程造价管理部门公布的价格调整。

③ 一周内非承包人原因，停水、停电、停气造成停工累计超过8小时。

④ 双方约定的其他因素。

（3）竣工结算文件的签认

1）拒绝签认的处理。对发包人或发包人委托的工程造价咨询机构指派的专业人员与承包人指派的专业人员经核对后无异议并签名确认的竣工结算文件，除非发承包人能提出具体、详细的不同意见，发承包人都应在竣工结算文件上签名确认，如其中一方拒不签认的，按以下规定办理：

① 若发包人拒不签认的，承包人可不提供竣工验收备案资料，并有权拒绝与发包人或其上级部门委托的工程造价咨询机构重新核对竣工结算文件。

② 若承包人拒不签认的，发包人要求办理竣工验收备案的，承包人不得拒绝提供竣工验收资料；否则，由此造成的损失，承包人承担连带责任。

2）不得重复核对。合同工程竣工结算核对完成，发承包双方签字确认后，禁止发包人又要求承包人与另一个或多个工程造价咨询机构重复核对竣工结算。

（4）竣工结算价款的支付

1）承包人提交竣工结算款支付申请。承包人应根据办理的竣工结算文件，向发包人提交竣工结算款支付申请。该申请应包括下列内容：

① 竣工结算合同价款总额。

② 累计已实际支付的合同价款。

③ 应扣留的质量保证金。

④ 实际应支付的竣工结算款金额。

2）发包人签发竣工结算支付证书。发包人应在收到承包人提交竣工结算款支付申请后7天内予以核实，向承包人签发竣工结算支付证书。

3）支付竣工结算款。发包人签发竣工结算支付证书后的14天内，按照竣工结算支付证书列明的金额向承包人支付结算款。

发包人在收到承包人提交的竣工结算款支付申请后7天内不予核实，不向承包人签发竣工结算支付证书的，视为承包人的竣工结算款支付申请已被发包人认可；发包人应在收到承包人提交的竣工结算款支付申请7天后的14天内，按照承包人提交的竣工结算款支付申请列明的金额向承包人支付结算款。

发包人未按照规定的程序支付竣工结算款的，承包人可催告发包人支付，并有权获得延迟支付的利息。发包人在竣工结算支付证书签发后或者在收到承包人提交的竣工结算款支付申请7天后的56天内仍未支付的，除法律另有规定外，承包人可与发包人协商将该工程折价，也可直接向人民法院申请将该工程依法拍卖。承包人就该工程折价或拍卖的价款优先受偿。

（5）工程结算管理

工程结算管理应遵循以下原则：

1）工程竣工后，发承包双方应及时办理工程竣工结算，否则，工程不得交付使用，有关部门不予办理权属登记。

2）发包人与中标人不按照招标文件和中标的承包人的投标文件订立合同的，或者发包人、中标人背离合同实质性内容另行订立协议，造成工程价款结算纠纷的，按我国《招标投标法》第五十九条规定，另行订立的协议无效，由建设行政主管部门责令改正，并可处以中标项目金额 5‰~10‰ 罚款。

3）接受委托承接有关工程结算咨询业务的工程造价咨询机构应具有工程造价咨询资质，其出具的办理拨付工程价款和工程结算的文件，应当由造价工程师签字，并应加盖执业专用章和单位公章。

4）当事人对工程造价发生合同纠纷时，可通过下列办法解决：双方协商确定、按合同条款约定的办法提请调解和向有关仲裁机构申请仲裁或向人民法院起诉。

复习思考题

1. 什么是工程变更？工程变更的价款调整方法是什么？

2. 合同价款的调整程序是什么？

3. 合同价款结算的方式是什么？

4. 什么是工程预付款和期中支付？

5. 竣工结算的程序是什么？

6. 某项工程发包人与承包人签订了工程施工合同，合同中估算工程量为 2300m³，经协商合同价为 180 元/m³。承包合同中规定：

(1) 开工前发包人向承包人支付合同价 20% 的预付款。

(2) 业主自第一个月起，从承包人的工程款中，按 5% 的比例扣留质量保证金。

(3) 工程进度款逐月计算。

(4) 预付款在最后两个月扣除，每月各扣 50%。

承包人各月实际完成的工程量（单位：m³）：1 月 500；2 月 800；3 月 700；4 月 600。

问：预付款是多少？每月的工程价款是多少？

7. 某施工单位承包某项工程项目，发承包双方签订的关于工程价款的合同内容有：

(1) 建筑安装工程造价 660 万元，建筑材料及设备费占施工产值的比例为 60%。

(2) 工程预付款为建筑安装工程造价的 20%。工程实施后，工程预付款从未施工工程尚需的主要材料及构件的产值相当于工程预付款数额时起扣，从每次结算工程价款中按材料和设备占施工产值的比例扣抵工程预付款，竣工前全部扣清。

(3) 工程进度款逐月计算。

(4) 工程保修金为建筑安装工程造价的 3%，竣工结算月一次扣留。

(5) 材料和设备价差调整按规定进行，上半年材料和设备价差上调 10%，在 6 月份一次调增。

工程各月实际完成产值见表 8-2。

表 8-2　各月实际完成产值　　　　　　　　　　　　　（单位：万元）

月　　份	2	3	4	5	6
完成产值	55	110	165	220	110

求：

(1) 该工程的工程预付款、起扣点是多少？

(2) 工程 2~5 月每月拨付工程款为多少？累计工程款为多少？

(3) 6 月份办理工程竣工结算，该工程竣工结算价为多少？发包人应付工程结算款为多少？

8. 某工程采用以直接费为计算基础的全费用单价计价，混凝土分项工程的全费用单价为 446 元/m³，直接费为 350 元/m³，间接费费率为 12%，利润率为 10%，营业税税率为 3%，城市维护建设税税率为 7%，教育费附加费费率为 3%。施工合同约定：

(1) 工程无预付款；进度款按月结算；工程量以监理工程师计量的结果为准；工程保留金按工程进度款的 3% 逐月扣留。

(2) 若混凝土实际分项工程量减少超过计划工程量的 15%，则混凝土分项的全部工程量执行新的全费用单价，新的全费用单价的间接费和利润调整系数分别为 1.1 和 1.2，其余数据不变。该混凝土分项工程的计划工程量和实际工程量见表 8-3。

表 8-3　计划工程量和实际工程量　　　　　　　　　　（单位：m³）

月　　份	1	2	3	4
计划工程量	500	1200	1300	1300
实际工程量	500	1200	700	800

试求 4 月份的应付工程款和监理工程师签发的实际付款金额。

第9章 竣 工 决 算

9.1 概述

9.1.1 竣工决算及分类

建设项目竣工决算是指在竣工验收、交付使用阶段，由建设单位编制的建设项目从筹建到竣工投产或使用全过程实际成本的经济文件。它也是建设单位向国家报告建设项目实际造价和投资效果的重要文件。

为了严格执行基本建设项目竣工验收制度，正确核定新增固定资产价值，考核投资效果，建立健全经济责任制，按照国家关于基本建设项目竣工验收的规定，所有的新建、扩建、改建和重建的建设项目竣工后都要编制竣工决算。根据建设项目规模的大小，可分为大、中型建设项目竣工决算和小型建设项目竣工决算两大类。

施工企业为了总结经验，提高经营管理水平，在单位工程竣工后，往往也编制单位工程竣工成本决算，核算单位工程的实际成本、预算成本和成本降低额，作为实际成本分析，反映经营成果，总结经验和提高管理水平的手段。它与建设项目竣工决算，在概念的内涵上是不同的。

9.1.2 竣工决算的作用

1. 作为国家对基本建设投资实行计划管理的重要手段

按国家规定，在批准基本建设项目计划任务书时，按投资估算，估计基本建设计划投资数额；在确定基本建设项目设计方案时，按设计概算，决定基本建设项目计划总投资最高数额。为了保证投资计划的实施，在施工图设计时，编制施工图预算，确定单项工程或单位工程的计划价格，并且规定它不能超过相应的设计概算。施工企业要在施工图预算指标控制之下，编制施工预算，确定施工计划成本。然而，在基本建设项目从筹建到竣工投产或交付使用的全过程中，各项费用的实际发生数额，基本建设投资计划的执行情况，只能从建设单位编制的建设项目竣工决算中全面地反映出来。通过把竣工的各项费用数额与设计概算中的相应费用指标对比，得出节约或超支的情况，分析节约或超支的原因，总结经验和教训，加强投资的计划管理，提高基本建设投资效果。

2. 作为国家对基本建设实行"三算"对比的基本依据

"三算"对比中的设计概算和施工图预算都是人们在建筑施工前，根据不同建设阶段有关资料进行计算，确定拟建工程所需要的费用。在一定意义上，它属于人们主观上的估算范畴。建设项目竣工决算所确定的建设费用，是人们在建设中实际支付的费用。因此，它在"三算"对比中具有特殊的作用，能够直接反映出固定资产投资计划完成情况和投资效果。

3. 作为竣工验收的主要依据

按基本建设程序规定，当批准的设计文件规定的工业项目，经负荷运转和试生产，生产出合格的产品；民用项目符合设计要求，能够正常使用时，应该及时组织竣工验收工作，对建设项目进行全面考核。按工程的不同情况，由负责验收单位组织验收委员会或小组进行验收。

在竣工验收之前，建设单位向主管部门提出验收报告，其中主要组成部分是建设单位编制的竣工决算文件，作为验收委员会（或小组）的验收依据。验收人员要检查建设项目的实际建筑物、构筑物和生产设备与设施的生产和使用情况，同时，审查竣工决算文件中的有关内容和指标，确定建设项目的验收结果。

4. 作为确定建设单位新增固定资产价值的依据

在竣工决算中，详细地计算了建设项目所有的建筑工程费、安装工程费、设备费和其他费用等新增固定资产总额及流动资金，作为建设管理部门向企事业使用单位移交财产的依据。

5. 作为基本建设成果和财务的综合反映

建设项目竣工决算包括了基本建设项目从筹建到建成投产（可使用）的全部实际费用。它除了用货币形式表示基本建设的实际成本和有关指标外，还包括建设工期、工程量和投产的实物量，以及技术经济指标。它综合了工程的年度财务决算，全面地反映了基本建设的主要情况。

9.2　竣工决算的编制

9.2.1　竣工决算的编制依据

建设项目竣工决算编制的依据主要有：

1）经批准的建设项目可行性研究报告、投资估算书。

2）经批准的建设项目初步设计或扩大初步设计和总概算书及其批复文件。

3）经批准的建设项目设计图、说明（包括总平面图、建筑工程施工图、安装工程施工图及有关资料）及其施工图预算书。

4）设计变更记录、施工记录或施工签证单及其他施工发生的费用记录。

5）招标控制价、承包合同、工程结算等有关资料。

6）竣工图及各种竣工验收资料。

7）历年基建计划、历年财务决算及批复文件。

8）设备、材料调价文件和调价记录。

9）有关财务核算制度、办法和其他有关资料。

9.2.2　竣工决算的内容

建设项目竣工决算应包括从筹建到竣工投产全过程的全部实际费用，即包括建筑工程费、安装工程费、设备工器具购置费用及预备费等费用。建设项目竣工决算的内容包括竣工财务决算说明书、竣工财务决算报表、工程竣工图和工程造价对比分析四个部分，前两个部分又称为建设项目竣工财务决算，是竣工决算的核心内容和重要组成部分。

1. 竣工财务决算说明书

竣工决算说明书主要包括以下内容：

1）建设项目概况。

2）建设项目概算和基本建设计划的执行情况。

3）各项技术经济指标完成和各项拨款的使用情况。

4）建设成本和投资效果分析，以及建设中的主要经验。

5）存在的问题和解决的建议。

2. 建设项目竣工财务决算报表

建设项目竣工财务决算报表，按大、中型建设项目和小型建设项目分别制定。

（1）建设项目竣工财务决算审批表

大、中、小型建设项目均要填报此表，其格式见表9-1。主要内容包括：

1）建设性质是指新建、扩建、改建、迁建和恢复建设项目等。

2）主管部门是指建设单位的主管部门。

3）所有建设项目均须先经开户银行签署意见后，由相应主管部门批准。中央级小型项目由主管部门签署审批意见；中央级大、中型建设项目报所在地财政监察专员办事机构签署意见后，再由主管部门意见报财政部审批；地方级项目由同级财政部门签署审批意见。

4）已具备竣工验收条件的项目，3个月内应及时填报审批表。

表9-1　建设项目竣工财务决算审批表

建设项目法人（建设单位）		建设性质	
建设项目名称		主管部门	
开户银行意见： 盖　章 年　月　日			
专员办审批意见： 盖　章 年　月　日			
主管部门或地方财政部门审批意见： 盖　章 年　月　日			

（2）大、中型建设项目概况表

1）大、中型建设项目的一般情况包括建设项目或单项工程名称、建设地址、建设时间和批准情况。

2）建设规模包括占地面积，新增生产能力、完成主要工程量和建设成本。

3）主要技术经济指标包括主要材料消耗指标、单位面积造价、单位生产能力投资、单位产品成本和投资回收年限等。

该表填列的主要内容为全面考核基本建设计划完成情况、概预算的执行情况和分析投资效果提供依据。大、中型建设项目竣工工程概况表其格式见表9-2。

（3）大、中型建设项目竣工财务决算表

该表采用现金平衡表形式，填列了建设项目从开工到竣工止全部资金来源和资金占用情况，全面地反映基本建设的实际收入和支出，是考核资金来源和使用情况以及分析投资效果的依据。大、中型建设项目竣工财务决算表格式见表9-3，其主要内容包括：

表 9-2　大、中型建设项目竣工工程概况表

建设项目或单项工程名称							项　目	核算	实际	主要指标
主要设计单位			主要施工企业			基建支出	建筑安装工程			
占地面积	计划		实际				设备 工具 器具			
		总投资/万元	设计		实际		待摊投资			
			固定资产	流动资金	固定资产　流动资金		其中:建设单位管理费			
新增生产能力	能力（效益）名称		设计		实际		其他投资			
							待核销基建支出			
建设起止时间	设计	从　年　月开工 至　年　月竣工					非经营项目转出投资			
	实际	从　年　月开工 至　年　月竣工					合　计			
设计概算批准文号						主要材料消耗	名　称	单　位	概算	实际
完成主要工程量	建筑面积/m²	设计	实际				钢　材	t		
	设备（台套·t）	设计	实际				木　材	m²		
	投资额	设计	实际				水　泥	t		
收尾工程	工程内容		完成时间			主要技术经济指标				

1) 基建资金来源。基建预算拨款、基建其他贷款、应付款、固定资金和专用基金等。

2) 基建资金占用。交付使用财产、应核销的投资支出、银行存款现金及专用基金资产等。

表9-3　大、中型建设项目竣工财务决算表

资　金　来　源	金额	资 金 占 用	金额	补　充　资　料
一、基建拨款		一、基本建设支出		1. 基建投资借款期末余额
1. 预算拨款		1. 交付使用资金		
2. 基建基金拨款		2. 在建工程		2. 应收生产单位投资借款期末数
3. 进口设备转账拨款		3. 待核销基建支出		
4. 器材转账拨款		4. 非经营项目转出投资		3. 基建结余资金
5. 煤代油专用基金拨款		二、应收生产单位投资借款		
6. 自筹资金拨款		三、拨付所属投资借款		
7. 其他拨款		四、器材		
二、项目资本		其中:待处理器材损失		
1. 国家资本		五、货币资金		
2. 法人资本		六、预付及应收款		
3. 个人资本		七、有价证券		
4. 外商资本		八、固定资产		
三、项目资本公积		固定资产原值		
四、基建借款		减:累计折旧		
五、上级拨入投资借款		固定资产净值		
六、企业债券资金		固定资产清理		
七、待冲基建支出		待处理固定资产损失		
八、应付款				
九、未交款				
1. 未交税金				
2. 未交基建收入				
3. 未交基建包干节余				
4. 其他未交款				
十、上级拨入资金				
十一、留成收入				
合　　　计		合　　　计		

(4) 大、中型建设项目交付使用资产总表

交付使用资产总表是反映建设项目建成后，交付使用新增固定资产、流动资产、无形资产和其他资产的全部情况及价值，作为财产交接、检查投资计划完成情况和分析投资效果的依据。大、中型建设项目交付使用总资产总表其格式见表9-4，其主要内容包括：

1) 建设项目交付使用的固定资产。各工种项目的名称，建筑安装工程资产价值，设备工程资产价值和其他费用数额。

2) 流动资金数额。交付使用财产总表填列了建设项目建成后新增固定资产和流动资产的全部价值。它是竣工验收后向生产或使用单位交接财产的依据。

表9-4 大、中型建设项目交付使用资产总表

单项工程项目名称	总计	固定资产					流动资产	无形资产	其他资产
		建筑工程	安装工程	设备	其他	合计			
1	2	3	4	5	6	7	8	9	10

交付单位盖章　年　月　日　　　　　　　　　接收单位盖章　年　月　日

（5）建设项目交付使用资产明细表

大、中、小型建设项目均要填报此表，该表是交付使用财产总表的具体化，反映交付使用固定资产、流动资产、无形资产和其他资产的详细内容，是使用单位建立资产明细账和登记新增资产价值的依据。建设项目交付使用资产明细表其格式见表9-5，其主要内容包括：

1）各项建筑工程的名称、结构形式、建筑面积和价值。

2）各种设备、器具和家具的名称、规格、型号、单位、数量和价值。

3）设备安装费用数额。该表填列了交付使用全部固定资产的详细情况，作为向生产或使用单位交接财产的依据，也是使用单位经营管理的依据。

表9-5 建设项目交付使用资产明细表

单项工程项目名称	建筑工程			设备、工具、器具、家具						流动资产		无形资产		其他资产	
	结构	面积/m²	价值/元	名称	规格型号	单位	数量	价值/元	设备安装费/元	名称	价值/元	名称	价值/元	名称	价值/元
合计															

交付单位盖章　年　月　日　　　　　　　　　接收单位盖章　年　月　日

（6）小型建设项目竣工财务决算总表

该表主要反映小型建设项目的全部工程和财务情况。小型建设项目竣工财务决算总表其格式见表9-6，其主要内容包括：

1）建设项目的概况。名称、地址和占地面积，建设时间及新增生产能力和建设成本等。

2）资金来源和资金占用情况。该表综合了建设项目竣工工程概况表和竣工财务决算表的内容，它表示了工程的主要情况、财务实际收入和支出。

3. 建设工程竣工图

建设工程竣工图是真实地记录各种地上地下建筑物、构筑物等情况的技术文件，是工程进行交工验收、维护改建和扩建的依据，是国家的重要技术档案。国家规定：各项新建、扩建、改建的基本建设工程，特别是基础、地下建筑、管线、结构、井巷、峒室、桥梁、隧道、港口、水坝以及设备安装等隐蔽部位，都要编制竣工图。竣工图应根据下述情况确定：

1）按图竣工没有变动的，由施工单位（包括总包和分包施工单位）在原施工图上加盖"竣工图"标志后，作为竣工图。

表9-6　小型建设项目竣工财务决算总表

建设项目名称				建设地址		
初步设计概算批准文号						
占地面积		总投资/万元	计划	固定资产		流动资产
			实际	固定资产		流动资产
新增生产能力	能力(效益)名称	设计			实际	
建设起止时间	计划	从　年　月开工至　年　月竣工				
	实际	从　年　月开工至　年　月竣工				

	项目	概算/元	实际/元
基建支出	建筑安装工程		
	设备、工具、器具		
	待摊投资		
	其中:建设单位管理费		
	其他投资		
	待核销基建支出		
	非经营项目转出投资		
	合　计		

资金来源		资金运用	
项目	金额/元	项目	金额/元
一、基建拨款		一、交付使用资产	
其中:预算拨款		二、待核销基建支出	
二、项目资本		三、非经营项目转出投资	
三、项目资本公积		四、应收生产单位投资借款	
四、基建借款		五、拨付所属投资借款	
五、上级拨入借款		六、器材	
六、企业债券资金		七、货币资金	
七、待冲基建支出		八、预付及应收款	
八、应付款		九、有价证券	
九、未交款		十、原有固定资产	
其中:未交基建收入			
未交包干结余			
十、上级拨入资金			
十一、留成收入			
合　计		合　计	

2）在施工过程中，虽有一般性设计变更，但能将原施工图加以修改补充作为竣工图的，可不重新绘制，由施工单位（包括总包和分包施工单位）负责在原施工图（必须是新蓝图）上注明修改的部分，并附以设计变更通知单和施工说明，加盖"竣工图"标志后，作为竣工图。

3）结构形式改变、施工工艺改变、平面布置改变、项目改变及其他重大改变，不宜再在原施工图上修改、补充者，应重新绘制改变后的竣工图。由设计原因造成的，由设计单位负责重新绘制；由施工原因造成的，由施工单位负责重新绘制；由其他原因造成的，由建设单位自行绘制或委托设计单位绘制。施工单位负责在新图上加盖"竣工图"标志，并附以有关记录和说明，作为竣工图。

4）为了满足竣工验收和竣工决算需要，还应绘制能反映竣工工程全部内容的工程设计平面示意图。

4. 工程造价比较分析

经批准的概、预算是考核实际建设工程造价的依据，在分析时，可将决算报表中所提供的实际数据和相关资料与批准的概预算指标进行对比，以反映出竣工项目总造价和单方造价是降低还是超支，在比较的基础上，总结经验教训，找出原因，以利改进。在实际工作中，侧重分析以下内容：

（1）主要实物工程量

概预算编制的主要实物工程量的增减必然使工程概预算造价和竣工决算实际工程造价随之增减。因此，要认真对比分析和审查建设项目的建设规模、结构、标准、工程范围等是否遵循批准的设计文件规定，其中有关变更是否按照规定的程序办理，它们对造价的影响如何。对实物工程量出入较大的项目，还必须查明原因。

（2）主要材料消耗量

在建筑安装工程投资中，考核材料费的消耗是重点。在考核主要材料消耗量时，要按照竣工决算表中所列三大材料实际超概算的消耗量，查清是哪一个环节超出量最大，并查明超额消耗的原因。

（3）建设单位管理费、建筑安装工程措施费等

要根据竣工决算报表中所列的建设单位管理费数额进行比较，确定其节约或超支数额，并查明原因。对于建筑安装工程措施费等费用项目的取费标准，国家和各地均有统一的规定，要按照有关规定查明是否多列或少列费用项目，有无重计、漏计、多计的现象以及增减的原因。

以上所列内容是工程造价对比分析的重点，应侧重分析。但对具体项目应进行具体分析，选择哪些内容作为考核、分析重点，还得因地制宜，视项目的具体情况而定。

9.2.3 竣工决算的编制步骤

1. 收集、整理和分析有关资料

在竣工验收阶段，应注意收集资料，系统地整理所有的技术资料，工程结算的经济文件、施工图和各种变更与签证资料，并分析它们的准确性，为准确与迅速编制竣工决算制造条件。

2. 清理各项账务、债务和结余物资

在收集、整理和分析有关资料过程中，要特别注意建设工程从筹建到竣工投产（或使

用）全部费用的各项账务、债权和债务的清理，做到工完账清。既要核对账目，又要查点库有实物的数量，做到账与物相符，对结余的各种材料、工器具和设备，要逐项清点核实，妥善管理，并按规定及时处理，收回资金。对各种往来款项要及时全面清理，为竣工决算的编制提供准确的数据和结果。

3. 填写竣工决算报表

按照建设项目决算报表内容，根据编制依据中的有关资料进行统计或计算各个项目的数量，并将其结果填到相应表格的栏目内，完成所有的报表的填写。

4. 编写竣工决算说明

按照建设项目竣工决算说明的内容要求，根据编制依据材料和填写在报表中的结果，编写文字说明。

5. 上报主管部门审查

将编写的文字说明和填写的表格经核对无误后，装订成册，即为建设项目竣工决算文件。将其上报主管部门审查，同时，抄送有关部门，并把其中财务成本部分送交开户银行签证。

9.2.4 新增资产价值的确定

根据现行财务制度，新增资产由各个具体的资产项目构成，按经济内容不同，可以将企业的资产划分为固定资产、流动资产、无形资产和其他资产。

1. 固定资产的确定

（1）核定新增固定资产价值的意义

固定资产是指使用期限超过一年，单位价值在规定标准以上，并且在使用过程中保持原有物质形态的资产。新增固定资产价值是投资项目竣工投产后所增加的固定价值，即交付使用的固定资产价值，是以价值形态表示建设项目的固定资产最终成果的指标。核定新增固定资产，从宏观角度考虑，新增固定资产意味着国民财产的增加，不仅可以反映出固定资产再生产的规模与速度，同时也可以据此分析国民经济各部门的技术构成变化及相互间适应的情况，是计算投资经济效果指标的重要数据。从微观角度考虑，新增固定资产是建设项目最终成果的体现，分析其完成情况，是加强工程造价全过程管理工作的重要方面。

（2）新增固定资产价值的内容

新增固定资产价值的内容包括：已经投入生产或交付使用的建筑安装工程造价；达到固定资产标准的设备工器具的购置费用；增加固定资产价值的其他费用，包括土地征用及迁移费（即通过划拨方式取得无限期土地使用权而支付的土地补偿费、附着物和青苗补偿费、安置补偿费、迁移费等）、联合试运费、勘察设计费、项目可行性研究费、施工机构迁移费、报废工程损失费和建设单位管理费中达到固定资产标准的办公设备、生活家具、用具和交通工具等的购置费。

（3）新增固定资产价值的计算

新增固定资产价值的计算以独立发挥生产能力的单项工程为对象。单项工程建成经有关部门验收鉴定合格，正式移交生产或使用，即应计算新增固定资产价值。一次交付生产或使用的工程，一次计算新增固定资产价值；分期分批交付生产或使用的工程，应分期分批计算新增固定资产价值。计算中应注意以下几种情况：

1）对于为了提高产品质量、改善劳动条件、节约材料消耗，保护环境而建设的附属辅助工程，只要全部建成，正式验收或交付使用后就要计入新增固定资产价值。

2）对于单项工程中不构成生产系统，但能独立发挥效益的非生产性工程，如住宅、食堂、医务所、托儿所、生活服务网点等，在建成并交付使用后，也要计算新增固定资产价值。

3）凡购置达到固定资产标准不需安装的设备、工器具，应在交付使用后计入新增固定资产价值。

4）属于新增固定资产价值的其他投资，应随同受益工程交付使用的同时一并计入。

5）交付使用财产的成本，应按下列内容计算：

① 房屋、建筑物、管道、线路等固定资产的成本包括建筑工程成本和应分摊的待摊投资。

② 动力设备和生产设备等固定资产的成本包括需要安装设备成本、安装工程成本、设备基础支柱等建筑工程成本或砌筑锅炉及各种特殊炉的建筑工程成本和应分摊的待摊投资。

③ 运输设备及其他不需要安装的设备、工具、器具、家具等固定资产一般仅计算采购成本，不分摊待摊投资。

6）共同费用的分摊方法。增加固定资产的其他费用，如果是属于整个建设项目或两个以上单项工程的，在计算新增固定资产价值时，应在各单项工程中按比例分摊。一般情况下，建设单位管理费按建筑工程、安装工程、需安装设备价值总额作等比例分摊；土地征用费、勘察设计费等费用则只按建筑工程造价分摊。

2. 流动资产的确定

流动资产是指可以在一年内或者超过一年的一个营业周期内变成或者运用的资产，包括现金、各种存款，以及其他货币资金、短期投资、存货、应收和预付款项等，在确定流动资产价值时，应注意以下几种情况：

1）货币性资金，即现金、银行存款和其他货币资金，应根据实际入账价值核定。

2）应收和预付款，包括应收票据、应收账款、其他应收款、预付货款和待摊费用。一般情况下，应收和预付款项按企业销售商品、产品或提供劳务实际成交金额入账核算。

3）各种存货，应当按照取得时的实际成本计价。存货主要来自外购和自制两种途径。外购的，其实际成本按照买价、运输费、装卸费、保险费、途中合理损耗、入库前加工、整理和挑选费用以及缴纳的税金等费用之和计算；自制的，按照制造过程中的各项实际支出计算。

4）短期投资，包括股票、债券、基金。股票和债券根据是否可以上市流通分别采用市场法和收益法确定其价值。

3. 无形资产的确定

无形资产是指企业长期使用但没有实物形态的资产。它包括：专利权、生产许可证、特许经营权、租赁权、矿产资源勘探权和采矿权、版权、计算机软件、商标权、土地使用权、非专利技术、商业信誉等。无形资产的计价，原则上应按取得时的实际成本计价，在其计价入账以后，应在其有限使用期内分期摊销。

（1）无形资产计价原则

企业通过自创、外购等不同的方式取得无形资产时，发出的费用支出不一样，其无形资产的计价也不一样。根据无形资产不同的获取方式，新财务制度按下列原则确定无形资产的价值。

1）投资者将无形资产作为资本金或者合作条件投入的，按照评估确认或者合同协议约定的金额计价。

2）购入的无形资产，按照购买时实际支付的价款计价。

3）企业自创并依法申请取得的，按开发过程中的实际支出计价。

4）企业接受捐赠的无形资产，按照发票账单所持金额或者同类无形资产市价作价。

（2）无形资产的计价

根据无形资产的计价原则，各种无形资产可按下列方式分别计价。

1）专利权的计价。专利权分为自创和外购两类。对于自创专利权，其价值为开发过程中的实际支出，主要包括专利的研究开发费用、专利登记费用、专利年费和法律诉讼费等各项费用。专利转让时（包括购入和卖出），其费用主要包括转让价格和手续费。专利是具有专有性并能带给企业超额利润的生产要素，因此，其转让价格依据其所能带来的超额收益估价，而不是按其开发成本估价的。

2）非专利技术的估价。非专利技术分为自创和购入两种情况。由于非专利技术在自创时难以确定是否成功，因此，一般不作为无形资产入账，而在其自创过程中发生的费用，可以根据新财务制度作当期费用处理。对于购入的非专利技术，应由法定评估机构确认后再进一步估价，一般是通过其产生的收益进行估价，其基本思路同专利权的计价方法。

3）商标权的计价。当商标是自创时，一般不作为无形资产入账。商标在创造过程中的费用，如商标设计、制作、注册和保护、广告宣传等费用，直接作为销售费用计入当期损益。只有当企业购入或转让商标时，才需要对商标这一无形资产计价，商标权的计价一般根据被许可方新增的收益来确定。

4）土地使用权的计价　根据土地使用权取得的方式，可按下列两种情况计价：一是建设单位向土地管理部门申请土地使用权并为之支付一笔出让金，这种情况下，土地使用权应作为无形资产进行核算；二是建设单位获得土地使用权是通过行政划拨的，此时，土地使用权不能作为无形资产核算，只有在将土地使用权有偿转让、出租、抵押、作价入股或投资，按规定补交土地出让价款时，才作为无形资产核算。

4. 其他资产的确定

其他资产是指不能全部计入当年损益，应当在以后年度分期摊销的各种费用，包括开办费、租入固定资产改良支出等。

（1）开办费的计价

开办费是指筹建期间建设单位管理费中未计入固定资产的其他各项费用。如建设单位经费，包括筹建期间工作人员工资、办公费、差旅费、印刷费、生产职工培训费、样品样机购置费、农业开荒费、注册登记费等，以及不计入固定资产和无形资产购建成本的汇兑损益、利息支出。按照新财务制度规定，除了筹建期间不计入资产价值的汇兑净损失外，开办费从企业开始生产经营月份的次月起，按照不短于5年的期限平均摊入管理费用中。

（2）租入固定资产改良支出的计价

租入固定资产改良支出是企业从其他单位或个人租入的固定资产。所有权属于出租人，但企业依合同享有使用权。通常双方在协议中规定，租入企业应按照规定的用途使用，并承担对租入固定资产进行修理和改良的责任，即发生的修理和改良支出全部由承租方负担。对租入固定资产的大修理支出，不构成固定资产价值，其会计处理与自有固定资产的大修理支出无区别。对租入固定资产实施改良，因有助于提高固定资产的效用和功能，应当另外确认为一项资产。由于租入固定资产的所有权人不属于租入企业，不宜增加租入固定资产的价值而作为其他资产处理。租入固定资产改良及大修理支出应当在租赁期内分期平均摊销。

复习思考题

1. 竣工决算的作用是什么？
2. 竣工决算分哪几类？
3. 竣工决算的依据有哪些？
4. 简述竣工决算的内容。
5. 简述竣工决算编制的步骤。

参 考 文 献

[1] 张守健. 土木工程预算 [M]. 北京：高等教育出版社，2009.

[2] 许程洁. 建筑工程估价 [M]. 2 版. 北京：机械工业出版社，2008.

[3] 谭大璐. 工程估价 [M]. 北京：中国建筑工业出版社，2005.

[4] 齐宝库，黄昌铁. 工程估价 [M]. 2 版. 大连：大连理工大学出版社，2010.

[5] 贾宏俊. 建设工程技术与计量 [M]. 北京：中国计划出版社. 2013.

[6] 柯洪. 建设工程计价 [M]. 北京：中国计划出版社，2014.

[7] 齐宝库. 工程造价案例分析 [M]. 北京：中国城市出版社，2013.

[8] 郝增锁，郝晓明. 建筑工程量快速计算实用公式与范例 [M]. 北京：中国建筑工业出版社，2010.

[9] 刘迪. 工程估价 [M]. 大连：大连理工大学出版社，2012.

[10] 全国造价工程师执业资格考试培训教材编审委员会. 建设工程造价管理 [M]. 北京：中国计划出版社，2013.

[11] 王晓燕. 工程估价 [M]. 郑州：郑州大学出版社，2009.

[12] 王雪青. 工程估价 [M]. 北京：中国建筑工业出版社，2006.

[13] 住房和城乡建设部标准定额研究所，四川省建设工程造价管理总站. GB 50500—2013 建设工程工程量清单计价规范 [S]. 北京：中国计划出版社，2013.

[14] 四川省建设工程造价管理总站，住房和城乡建设部标准定额研究所. GB 50854—2013 房屋建筑与装饰工程工程量计算规范 [S]. 北京：中国计划出版社，2013.

[15] 中国建筑标准设计研究院 . 11G101—1 混凝土结构施工图平面整体表示方法制图规则和构造详图 [S]. 北京：中国计划出版社，2011.